中药智能制造专利研究

—— 主编 ——

刘二伟　　何俗非

上海科学技术出版社

内 容 提 要

本书以"中药智能制造"为主要研究对象,通过对中药智能采收、自动化炮制、制剂前处理智能化、制剂成型智能化、制药用水智能化、灭菌、药品包装智能化以及质量智能管理的专利大数据分析,系统研究了包括人工智能、大数据、传感器、数字孪生等在内的智能技术专利申请情况,并对中药智能制造专利核心技术进行前瞻性分析,以期推进中药产业守正创新、传承发展。

本书是了解中药智能制造行业技术发展现状并预测未来走向,帮助相关企业做好专利预警的重要工具书,可供广大中药制药领域从业人员使用。

图书在版编目(CIP)数据

中药智能制造专利研究 / 刘二伟,何俗非主编.
上海 : 上海科学技术出版社, 2025. 1. -- ISBN 978-7-5478-6889-8
　Ⅰ. TQ461
中国国家版本馆CIP数据核字第20248BL594号

中药智能制造专利研究
主编　刘二伟　何俗非

上海世纪出版(集团)有限公司
上海　科　学　技　术　出　版　社　出版、发行
(上海市闵行区号景路 159 弄 A 座 9F-10F)
邮政编码 201101　www.sstp.cn
上海新华印刷有限公司印刷
开本 787×1092　1/16　印张 14.5
字数:300 千字
2025 年 1 月第 1 版　2025 年 1 月第 1 次印刷
ISBN 978-7-5478-6889-8/R·3136
定价:168.00 元

编 委 会

主　编

刘二伟　何俗非

副主编

王晓宏　李　媛　杨　虹

编　委

（按姓氏笔画排序）

王　硕　王明芳　卢　珑　田剑平　任树杰　刘　阔

李　正　李梦羽　李新科　余河水　张丽娜　张楠喆

陈艳华　林玉华　孟凡英　胡　莹　端华倩

前　言

　　党的十八大以来，以习近平同志为核心的党中央高度重视中医药工作，把发展中医药摆在重要位置，推动我国中医药事业取得显著成绩。党的二十大报告指出，促进中医药传承创新发展，这为推动中医药事业高质量发展指明了方向。

　　中药智能制造是基于新一代信息通信技术与先进制造技术深度融合，贯穿于中药生产、管理、服务等制造活动的各个环节，具有自感知、自学习、自决策、自执行、自适应等功能的新型生产方式。智能制造将进一步改善中药制造的柔性化和自动化水准，中药生产过程通过智能化的系统来判断识别生产过程中药品的质量变化，并反馈给相应的工艺或设备控制点，以保证生产过程的全程可控，并将显著减少药品制造过程的人力、物力和能源消耗，提高制药行业的整体水平。

　　习近平总书记在主持中共中央政治局第二十五次集体学习时强调，"创新是引领发展的第一动力，保护知识产权就是保护创新"。加强知识产权保护，是完善产权保护制度最重要的内容，也是提高中国经济竞争力的最大激励。2024年1月5日，世界知识产权组织发布的《知识产权事实与数据2023》（*IP Facts and Figures 2023*）指出，2022年全球有效专利数量增长了4.1%，达到约1730万件，中国以约420万件有效专利的数量位居世界第一。

　　专利分析工作则是以专利大数据为基础，将技术与企业、产业、市场等信息相结合，多维度、多层次进行信息挖掘，从而为科技进步、产业规划和政府决策提供客观依据。本书以"中药智能制造"为主要研究对象，通过对智能采收、自动化炮制、制剂前处理智能化、制剂成型智能化、制药用水智能化、灭菌、药品包装智能化以及质量智能管理的专利大数据分析，系统分析包括人工智能、大数据、传感器、数字孪生等在内的智能技术专利申请情况，以把握中药智能制造技术国内外发展热点方向，选择技术突破方向，从而为技术创新、产业升级提供专利信息资源的支撑。

　　本书编写人员均为相关领域资深的专家和审查员,有效保证了数据检索和处理的准确性和科学性。由于时间仓促,加之智能制造技术发展速度较快,相关研究成果仅供广大读者参考借鉴。此外,本书也难免存在疏忽、偏差等问题,敬请广大读者批评指正。

编　者

2024 年 8 月

目　录

第一章
绪　　论

本章主要介绍了智能制造的概念及其在中药制造领域的应用,包括产业与政策环境,以及我国中药智能制造的发展现状;详细阐述了中药智能制造的技术流程分解,包括一级、二级和三级技术分支;描述了数据检索的方法、数据来源以及数据处理的步骤,包括去噪、标引和申请人名称统一。在本章的最后,对本书中的关键术语和定义进行了说明。

第一节　中药智能制造专利研究背景及目的

一、技术概况

美国于 1988 年首次提出智能制造的概念,此后,各个国家开始关注和重视智能制造的研究。2015 年,在工业和信息化部公布的"2015 年智能制造试点示范专项行动"中,智能制造被定义为基于新一代信息通信技术与先进制造技术深度融合,贯穿于设计、生产、管理、服务等制造活动的各个环节,具有自感知、自学习、自决策、自执行、自适应等功能的先进制造过程、系统与模式的总称。智能制造具有以智能工厂为载体,以关键制造环节智能化为核心,以端到端数据流为基础,以网络互联为支撑等特征,可有效缩短产品研制周期、降低运营成本、提高生产效率、提升产品质量、降低资源能源消耗。

智能制造包括智能制造技术与智能制造系统两大重要特征。其中智能制造技术是指在制造业的各个流程环节,实现大数据、人工智能、3D 打印、物联网、仿真等新型技术与制造技术的深度融合。它能够对生产过程中产生的问题进行自我分析、自我推理、自我处理,同时对智能化制造运行中产生的知识库不断积累、完善和共享。智能制造系统则是通过智能软件系统、机器人技术和智能控制等来对制造技术与专家知识进行模拟,最终实现物理世界和虚拟世界的衔接与融合,使得智能机器在没有人干预的情况下进行生产。

中国作为世界制造业大国,《中国制造 2025》的发布旨在通过"三步走"战略,使中国由制造业大国发展成为制造业强国。在"第一步"的十年行动纲领中,明确提出,加快推动新一代信息技术与制造技术融合发展,把智能制造作为"两化"深度融合的主攻方向,并将生物医药及高性能医疗器械、新一代信息技术等列为十大重点领域。

中药智能制造是基于新一代信息通信技术与先进制造技术深度融合,贯穿于中药生产、管理、服务等制造活动的各个环节,具有自感知、自学习、自决策、自执行、自适应等功能的新型生产方式。传统中药制造过程大多比较粗放,智能制造将进一步改善中药制造的柔性化和自动化水准,生产过程通过智能化的系统来判断识别生产过程中药品的质量变化,并反馈给相应的工艺或设备控制点,以保证生产过程的全程可控,并将显著减少药品制造过程的人力、物力和能源消耗,提高制药行业的整体水平。

本书中的"中药智能制造"是指用于中药饮片以及中成药智能制造的方法及装置,按照中药制药流程,应用智能制造关键技术的先进制造技术。中药智能制造主要包括智能采收、自动化炮制、制剂前处理智能化、制剂成型智能化、制药用水智能化、灭菌和药品包装智能化以及质量智能管理。其中具备中药特点的制药流程包括炮制、提取、制膏、制丸等,目前已用于中药制药的智能制造手段主要包括人工智能、大数据、数字孪生、传感器等,见图1-1。

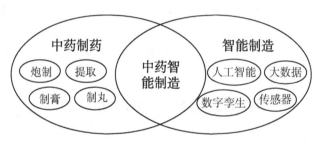

图1-1 中药智能制造涵盖范围

二、产业与政策环境

1. 产业规模。中药制造行业的主营业务收入包括中药饮片以及中成药,根据中国医药企业管理协会发布的医药工业运营情况,对于中药饮片行业,2013—2017年,中药饮片销售情况持续走高,但增长幅度整体呈现下降趋势,之后两年,受质量标准提高及行业监管趋严,例如GMP认证等,行业增速趋缓,2018年销售收入同比减少14.26%,达1581亿元;2019年行业收入有所回升,达1933亿元,较2018年增长12.69%。2020年中国中药饮片行业主营业务收入为1809亿元,2021年上升至2057亿元,2022年和2023年分别达到2170亿元以及2172.8亿元。对于中成药行业,2013—2016年,中国中成药制造行业主营业务收入表现为逐年增长趋势,2017年开始波动下降,到2019年实现主营业务收入4587亿元,同比下降1.47%,2020年中成药生产行业主营业务收入为4347亿元,2021年上升至4862亿元,2022年和2023年分别达到了5234.5亿元以及4922.4亿元。

根据国家药监局发布的《药品监督管理统计年度数据》统计,截至2021年底,全国共有中药生产企业4318家,其中中成药企业2178家、饮片企业2140家;到2022年底,全国共有中药生产企业4569家,其中中成药企业2319家、饮片企业2250家,均较2021年有大幅增长。

2024 年 4 月,工业和信息化部在国务院新闻办公室举办的新闻发布会上,介绍 2024 年一季度工业和信息化发展情况时透露,中国智能制造装置产业规模已经达到了 3.2 万亿元以上。为了发展智能制造,工业和信息化部联合国家发展改革委员会等四部门,连续三年实施智能制造试点示范行动,培育了 421 家国家级示范工厂,万余家省级数字化车间和智能工厂,人工智能、数字孪生等技术在 90% 以上的示范工厂得到应用。工业和信息化部还联合国家标准化管理委员会发布国家智能制造标准体系建设指南,累计发布国家标准 408 项、主导制定国际标准 48 项,推动了中国智能制造的标准化、规范化、系统化发展。

2. 政策环境。一直以来,工业和信息化部高度重视智能制造的推进工作。2015 年,工业和信息化部就启动了智能制造试点示范专项行动,2015—2018 年,有多家企业入选,其中与中药领域相关的企业有 7 家。2018 年,工业和信息化部与国家标准化管理委员会正式印发《国家智能制造标准体系建设指南》,为制造业智能制造健康有序发展起到指导、规范、引领和保障作用。

中药行业属于智能制造政策支持力度较大的行业之一,《中国制造 2025》将生物医药列为重点领域。2020 年,为了指导和帮助不同发展阶段、不同细分领域的制药企业推进智能制造,工业和信息化部正式发布《中国制药工业智能制造白皮书(2020 年版)》,旨在明晰当前中国制药工业智能制造的出发点和主要内容,建立起与制药工业紧密结合的智能制造技术架构和规范。

除了以上相关政策之外,国家还出台了一系列利好政策。《"十四五"中医药发展规划》中提出要"加快中药制造业数字化、网络化、智能化建设,加强技术集成和工艺创新,提升中药装备制造水平,加强中药生产工艺、流程的标准化和现代化";《中医药发展战略规划纲要(2016—2030 年)》等明确提出要大力发展中医药事业,推动中医药产业与现代科学相结合,促进中药智能制造产业升级。越来越多的"物联网""大数据""人工智能"等新兴技术应用于中药制剂产业中,促进中药产业高质量发展。2023 年 3 月,国务院办公厅印发《中医药振兴发展重大工程实施方案》,其中提出要"开展中药品质智能辨识与控制工程化技术装备研究,研发推广中药材生产与品质保障、中药饮片智能炮制控制与调剂工程化、中成药制造核心工艺数字化与智能控制等技术装备";2023 年 7 月 14 日,国家药监局发布《中药饮片标签管理规定》,进一步规范了中药饮片标签管理。

三、中国中药智能制造发展现状

通过调研以及专利基础分析发现,中药制造前端流程具有中药的特殊性,例如炮制等,在中药制造后端流程上基本与化学制药通用,例如制剂成型。同时,药品包装等中药制造后端流程还可以与其他行业(如食品行业)通用。基于产业发展的特征,化学制药以及食品等制造行业较中药行业发展起步早,智能化程度更高。因此,中药智能制造的前端流程智能化程度落后于末端流程,即炮制、提取等具备中药特色的自动化、智能化程度普遍较低,整体处于"工业 2.0"的水平,甚至其中某些特色技术仍处于"工业 1.0"的水平;而中药智能制造的末端流程有化学制药等基础,工艺技术水平可以达到"工业 3.0",甚至"工业 4.0"。

第二节　中药智能制造专利研究方法及相关事项约定

一、技术分解

中药智能制造涉及中药制药的工艺流程以及智能制造关键技术,体系复杂。通过与行业龙头企业以及科研院所的多位技术专家进行咨询论证,对产业和技术进行了充分的调研和分析,以中药制备工艺流程为基础,将中药智能制造流程划分为智能采收、自动化炮制、制剂前处理智能化、制剂成型智能化、制药用水智能化、灭菌、药品包装智能化以及质量智能管理8个部分,作为专利分析的一级技术分支。对于一级技术分支中的智能化关键核心技术——制剂前处理智能化、制剂成型智能化以及质量智能管理进行了二级解构,将制剂前处理智能化划分为粉碎、筛析、混合、提取、浓缩以及干燥,将制剂成型智能化划分为制粒、制片、制液、制膏、制丸、制胶囊以及包衣,将质量智能管理划分为质量追溯、全流程质量控制以及流程中质量控制,作为专利分析的二级技术分支。为了更准确地分析中药制造的智能化,按照中药智能制造涉及的智能关键技术对二级技术分支进行三级解构,划分为机器视觉、大数据、人工智能、物联网、区块链、数字孪生、云计算、传感器、工业机器人、智能标签系统、数字化控制以及智能生产管理系统12类,最终形成如表1-1所示的中药智能制造技术分解表。

表1-1　中药智能制造技术分解

课题名称	一级分支	二级分支	三级分支
中药智能制造	智能采收	采收	机器视觉 大数据 人工智能 物联网 区块链 数字孪生 云计算 传感器 工业机器人 智能标签 数字化控制 智能生产管理系统
	自动化炮制	炮制	
	制剂前处理智能化	粉碎	
		筛析	
		混合	
		提取	
		浓缩	
		干燥	
	制剂成型智能化	制粒	
		制片	
		制液	
		制膏	
		制丸	

(续表)

课题名称	一级分支	二级分支	三级分支
中药智能制造		制胶囊	
		包衣	
	制药用水智能化	制药用水	
	灭菌	灭菌	
	药品包装智能化	包装	
	质量智能管理	质量追溯	
		全流程质量控制	
		流程中质量控制	

二、数据检索与处理

(一)数据检索

1. 数据来源。本书使用的专利数据来源为 incoPat 科技创新情报平台。incoPat 科技创新情报平台收录了全球 112 个国家、组织、地区的 1 亿余件专利信息,数据采购自各国知识产权官方和商业机构,更新速度快,且融合了专利诉讼、转让、许可、复审无效、通信标准声明、海关备案信息,并深度加工了一系列专利同族信息,便于专利数据的分析,可以满足研究需要。

2. 检索方法。基于表 1-1,中药智能制造的一级分支中,自动化炮制等为中药制造中的专有流程,而制剂成型智能化、药品包装智能化等为制药领域的通用流程,针对上述特点,采用分总式的检索方法,对表 1-1 的二级分支进行单独检索,构建包括二级分支以及三级分支的检索式,并将各个二级分支检索结果进行合并。由于中药智能制造涉及的分类号较为分散,因此具体检索采用关键词精确检索以及适当扩展检索相结合的方式,在摘要库和全文库中进行初步检索,以保证数据的全面性。经过初步检索、补充检索以及去噪三个阶段,最终形成专利分析样本数据库。数据检索时间截至 2024 年 3 月 15 日。

(二)数据处理

数据处理包括数据去噪、数据标引以及重点申请人名称统一。

1. 数据去噪。由于专利检索时主要采用关键词进行检索,因此会存在部分噪声数据。为了去除噪声数据,先使用关键词批量处理的方式进行初步去噪,再进行人工阅读浏览手工去噪。

2. 数据标引。对于去噪后的专利数据,使用表 1-1 中的二级分支以及三级分支名称相关的关键词进行了数据标引。

3. 重点申请人名称统一。由于子母公司等因素,检索结果中存在部分申请人名称表述不一致的问题,因此,对重点申请人的名字进行了统一处理。

数据处理后的专利检索结果如表 1-2 所示。

单位:项

表 1－2 检索结果

一级分支	二级分支	机器视觉	大数据	人工智能	物联网	区块链	数字孪生	云计算	传感器	工业机器人	智能标签	数字化控制	智能生产管理系统
智能采收	采收	12	3	4	1	—	1	1	11	4	1	11	—
自动化炮制	炮制	158	24	118	61	—	—	9	741	74	60	894	76
	粉碎	90	7	37	32	—	—	1	298	24	13	420	22
	筛析	178	16	96	20	—	—	1	356	17	8	334	15
制剂前处理智能化	混合	414	30	226	50	1	—	16	933	44	59	785	74
	提取	109	11	71	30	—	1	5	327	10	32	343	45
	浓缩	207	8	96	8	—	—	5	294	13	14	220	41
	干燥	313	28	183	41	—	1	2	868	69	20	578	89
	制粒	26	4	25	4	—	—	—	62	5	—	35	11
	制片	34	5	12	4	—	—	—	50	2	2	58	4
	制液	4	—	2	—	—	—	—	4	2	—	7	2
制剂成型智能化	制膏	35	4	22	10	2	—	1	114	6	8	107	12
	制丸	62	4	29	7	7	—	—	147	10	2	116	9
	制胶囊	34	5	17	4	1	—	—	65	5	3	85	5
	包衣	15	3	8	—	2	—	—	26	1	—	32	5
制药用水智能化	制药用水	3	—	1	1	—	—	—	22	1	—	16	5
灭菌	灭菌	32	3	16	15	—	—	4	275	38	36	207	27
药品包装智能化	包装	284	22	102	109	2	1	10	997	298	222	950	143
质量智能管理	质量追溯	103	41	103	24	7	—	16	31	1	45	21	20
	全流程质量控制	19	10	23	8	1	—	4	8	2	7	10	17
	流程中质量控制	681	64	430	13	2	1	8	114	11	12	182	30

（三）查全率与查准率

查全率和查准率是评估专利检索结果优劣的指标。查全率用以评估检索结果的全面性，查准率用以衡量检索结果的准确性。为了确保专利分析结果的有效性，对检索结果进行了查全率与查准率的验证，查全率采用重要申请人进行验证，查准率采用在不同位置随机抽取 100 项专利进行人工阅读判断的方式进行验证，其中，专利总体的查全率为 92％，查准率为 95％，说明检索结果满足研究需要。

三、相关事项约定

本节对书中上下文出现的专业术语或现象，一并给出如下解释。

项。同一项专利发明可能在多个国家、地区或者组织提出专利申请，incoPat 科技创新情报平台将这些相关的多件申请作为一条记录收录。在进行专利申请数据统计时，对于数据库中以一族（同族）数据的形式出现的一系列专利文献，计算为"1 项"。一般情况下，专利申请的项数对应于技术的数目。

件。在进行专利申请数量统计时，例如为了分析申请人在不同国家、地区或组织所提出专利申请的分布情况，将同族专利申请分开进行统计，所得到的结果对应于申请的件数。一项专利申请可能对应于 1 件或多件专利申请。

专利族或同族专利。同一项发明创造在多个国家、地区或组织申请专利而产生的一组内容相同或基本相同的专利文献，称为一个专利族或同族专利。从技术角度来看，属于同一专利族的多件专利申请可视为同一项技术。

中国申请或在华申请。申请人在中国国家知识产权局的专利申请。

全球申请。申请人在全球范围内的各专利管理机构的专利申请。

国内申请。中国申请人在中国国家知识产权局的专利申请。

国外来华申请。外国申请人在中国国家知识产权局的专利申请。

有效专利。专利申请被授权后，仍处于有效状态的专利。

有效专利占比。有效专利数量/专利授权总量。

第二章
中药智能制造专利总体情况分析

本章内容涉及全球中药智能制造专利技术分析,包括全球专利申请趋势、地域布局、主要申请人和技术构成;中国中药智能制造专利技术分析,包括中国专利申请趋势、省市分布、主要申请人、技术构成、法律状态和专利转化运用等信息。本章还总结了全球和中国中药智能制造专利的分析结果。

第一节 全球中药智能制造专利技术分析

一、申请趋势

全球中药智能制造专利申请始于 20 世纪 80 年代末,发展 30 多年来,专利申请数量整体呈上升趋势,见图 2-1。根据总体发展趋势曲线的走势,可以划分为四个阶段:①技术萌芽期(1989—2001 年),年专利申请量较少,未超过 20 项。②技术起步期(2002—2008 年),年申请量开始小幅度递增,从 2002 年的 36 增长到 2008 年的 93 项。③平稳发展期(2009—2014),年专利申请量较上一阶段增长明显,2009—2014 年年专利申请平均增长率为27.99%。④快速发展期(2015—2023 年),自进入 2015 年,年专利申请量呈现快速增长趋势,2021 年起略有下降但申请数量依旧较多。

二、地域布局

目标市场国家/地区分析能够反映出技术的主要流向,并且进一步帮助判断全球主要国家/地区对该市场的重视程度。中国是最主要的目标市场国,其专利申请量为 8 978 项,占总申请量的 96.98%。20 世纪 90 年代以来,随着中药以及智能制造行业的发展,全球制药产业在中国逐渐增多,带动中国中药智能制造市场快速增长;图 2-2 为中药智能制造国外专利申请目标国家/地区分布。由图 2-2 可以看出,德国、美国、韩国等创新主体也纷纷到中国进行专利布局。得益于中药的发展及智能制药技术的研发,韩国、美国、德国、日本

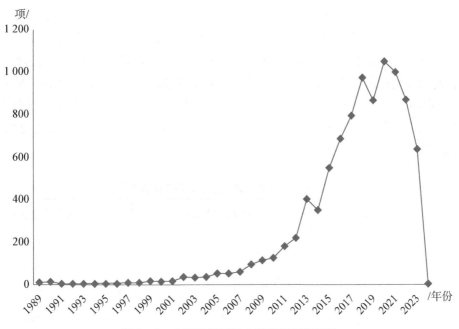

图2-1　中药智能制造全球专利申请趋势

的中药智能制造也得到了很好的发展,目标市场为韩国、美国的中药智能制造专利申请为 39 项,占总申请量的 0.42%;德国、日本在中药智能制造领域也有较多的专利申请,分别为 36 项、19 项,分别占总申请量的 0.39% 和 0.21%。

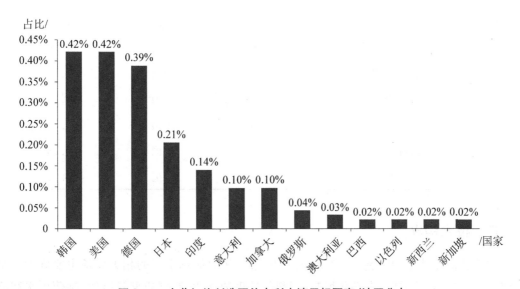

图2-2　中药智能制造国外专利申请目标国家/地区分布

三、主要申请人

表2-1为中药智能制造全球专利申请量排名前 15 位的申请人及其发明专利占比(自

身发明专利申请量占自身专利申请总量的比例）。排名前 15 位的申请人中，中国申请人数
量最多，共 7 家企业，6 家高校院所，且占据前五名的位置。其中楚天科技申请量最多，有
376 项专利申请，其中有 44.95％的专利申请为发明专利；其次是浙江大学，有将近 300 项专
利申请，发明专利的占比为 90.44％。国外申请人中排名最靠前的是伊马集团（IMA），共有
81 项专利申请，全部为发明专利。具体来看，目前全球中药智能制造领域中，中国的申请人
较多，这与国内对于中药的研究起步较早且较为重视有关。主要申请人中企业更侧重于申
请实用新型，高校院所更侧重于申请发明专利。

表 2 - 1　中药智能制造全球专利申请人排名

排名	申请人	申请总量(项)	国别	发明专利占比(%)
1	楚天科技	376	中国	44.95
2	浙江大学	293	中国	90.44
3	东富龙	286	中国	36.01
4	新华医疗	157	中国	28.66
5	天士力	106	中国	68.87
6	东阿阿胶	100	中国	53.00
7	伊马集团	81	意大利	100.00
8	迦南科技	78	中国	43.59
9	东华原医疗	76	中国	53.95
10	天津中医药大学	62	中国	82.26
11	南京中医药大学	57	中国	84.21
12	北京中医药大学	53	中国	92.73
13	浙江中医药大学	53	中国	77.36
14	中国中医科学院中药研究所	47	中国	87.23
15	瑞阳制药	45	中国	33.33

四、技术构成

中药智能制造是围绕制药工艺路线为主线的，满足制剂生产的相关设备主要分为 8 个
一级技术分支：智能采收、自动化炮制、制剂前处理智能化、制剂成型智能化、制药用水智能
化、灭菌、药品包装智能化以及质量智能管理。从中药智能制造一级技术分支全球专利技
术构成可以看出，制剂前处理智能化为中药智能制造专利局核心技术领域，占比最高，为
38.98％，其次为药品包装智能化、自动化炮制以及质量智能管理，占比分别为 21.99％、
15.69％和 9.05％；智能采收和制药用水智能化占比相对较低，见图 2 - 3。

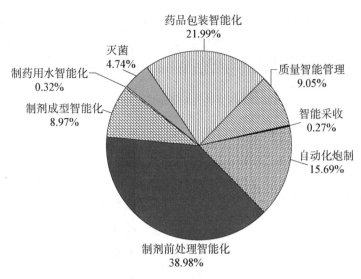

图 2-3　中药智能制造一级技术分支全球专利技术构成

2004 年以前,各一级技术分支专利申请量均不高。从 2005 年开始,制剂前处理智能化技术专利申请量开始显著增长,并在 2012 年后进入快速增长阶段,与其他领域逐渐拉开差距,成为 6 个一级技术分支中增长最为明显的技术领域。药品包装智能化技术紧随其后,在 2000 年后呈现增长趋势,已成为增长第二突出的技术领域。值得一提的是,独具中医药特色的质量智能管理技术专利申请量虽然不高,但 2003—2023 年专利申请增幅明显,表明近年的技术创新活跃度逐渐增强,见图 2-4。

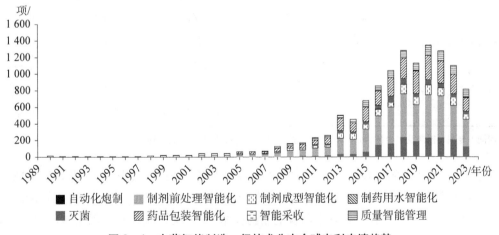

图 2-4　中药智能制造一级技术分支全球专利申请趋势

表 2-2 为中药智能制造一级技术分支和二级技术分支全球专利技术构成。其中,在一级分支中,制剂前处理智能化的占比最高,占比为 50.59%;其次是药品包装智能化和自动化炮制,占比为 28.54% 和 20.36%。在二级分支中,药品包装智能化中的包装占比最高,为 28.54%;其次是制剂前处理智能化中的混合和自动化炮制中的炮制,占比分别为 22.82% 和 20.36%。

表2-2 中药智能制造一级技术分支和二级技术分支全球专利技术构成

一级分支	一级分支专利数量(项)	一级分支专利占比(%)*	二级分支	二级分支专利数量(项)	二级分支专利占比(%)
智能采收	33	0.04	采收	33	0.36
自动化炮制	1885	20.36	炮制	1885	20.36
制剂前处理智能化	4684	50.59	粉碎	844	9.12
			筛析	850	9.18
			混合	2113	22.82
			提取	795	8.59
			浓缩	707	7.64
			干燥	1776	19.18
制剂成型智能化	1078	11.64	制粒	123	1.33
			制片	142	1.53
			制胶囊	182	1.97
			制液	15	0.16
			制膏	261	2.82
			包衣	72	0.78
			制丸	325	3.51
制药用水智能化	38	0.41	制药用水	38	0.41
灭菌	569	6.15	灭菌	569	6.15
药品包装智能化	2642	28.54	包装	2642	28.54
质量智能管理	1086	11.73	质量追溯	184	1.99
			全流程质量控制	51	0.55
			流程中质量控制	865	9.34

*:因同一专利可能涉及多个技术分支,表中根据技术分支划分同时计算,后表同理。

表2-3为中药智能制造三级技术分支全球专利技术构成,其中,在三级分支中数字化控制的占比最高,占比为40%;其次是传感器,占比为38.03%;机器视觉和人工智能的占比也都超过了10%。可见,在全球中药智能制药技术中,传统智能技术应用较为广泛,而新兴的智能技术的应用有待提升。

表2-3 中药智能制造三级技术分支全球专利构成

三级分支	三级分支专利数量(项)	三级分支专利占比(%)
机器视觉	1625	17.55
大数据	208	2.25

（续表）

三级分支	三级分支专利数量(项)	三级分支专利占比(%)
人工智能	993	10.73
物联网	307	3.32
区块链	11	0.12
数字孪生	3	0.03
云计算	60	0.65
传感器	3 521	38.03
工业机器人	478	5.16
智能标签	346	3.74
数字化控制	3 703	40.00
智能生产管理系统	389	4.20

第二节　中国中药智能制造专利技术分析

一、申请趋势

1987 年,国家医药管理局决定制药设备不再实行统一分配,全面放开制药设备产品供应,所有产品全部进入市场,中国的制药技术创新水平有了新的突破,同时随着中国专利制度的实施,中国制药装备专利技术开始萌芽。中药智能制造中国专利申请趋势大致分为 4个阶段:①1989—2001 年为技术萌芽期,该时间段中药智能制造专利申请量较少,年均专利申请量为个位数;②2002—2005 年为技术起步期,随着中药智能制造行业不断发展,该领域的相关专利技术开始发展,年均专利申请量达 30 项,是上一阶段的 3 倍;③2006—2011 年为平稳发展期,国内制药生产实力得到显著提高,产业规模逐步扩大,技术研发实力不断增强,年均专利申请量上升至 100 项,是上一阶段的 3 倍多;④2012—2024 年为快速发展期,随着国家政策推动制药产业的不断发展,国内专利申请量呈爆发式增长,年均专利申请量高达 685 项,是上一阶段的 6 倍多,见图 2-5。

二、地域分布

图 2-6 为中药智能制造中国各省市专利申请量占比。可以看出,浙江省在中国主要省市中排名第 1 位,占总量的 11.61%;山东省和江苏省紧随其后,分别排在第 2 位和第 3 位,占比分别为 9.72% 和 8.40%;广东省、湖南省排在第 4 位和第 5 位,占比 7.40%、6.81%;上海市、安徽省、北京市、四川省和天津市等也有一定量的专利申请。其中,浙江省、山东省、江苏省、广东省、湖南省、上海市占据了该领域总量的约 51%,显示专利区域集中度相对较高。

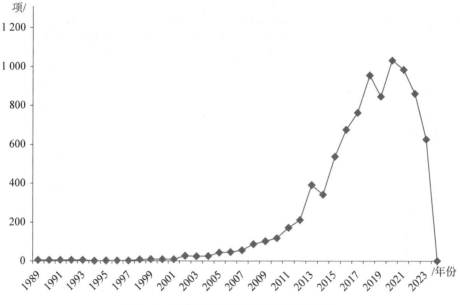

图 2-5 中药智能制造中国专利申请趋势

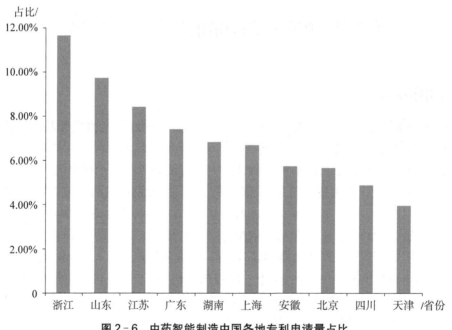

图 2-6 中药智能制造中国各地专利申请量占比

三、主要申请人

中药智能制造中国专利申请量排名前 10 的申请人排名情况中，楚天科技的申请量最大，拥有超过 350 项的专利申请；其次是浙江大学，也有将近 300 项的专利申请；东富龙、新华医疗、天士力分别排在第 3 位至第 5 位，见图 2-7。全国申请量排名前十的申请人以企业为主，具体包括 7 家企业、3 家高校院所，由此可以看出，该领域技术产业化程度相对较高。具体来看,目前国内申请人专利申请量较为分散、集中度不高,排名前10的专利申请人的申请量占全国申请量的17.69%。

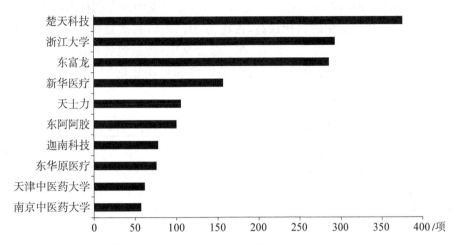

图2-7 中药智能制造中国专利申请量排名前10的申请人的排名情况

表2-4为中药智能制造中国专利申请量排名前5的申请人的专利情况,包括专利申请活跃度、专利类型及专利有效性。其中,专利申请活跃度包含产业技术领域占比和近五年专利占比两个方面,产业技术领域占比为该机构的专利申请量占该领域专利申请总量的比例,近五年专利占比为2020—2024年专利申请量占该机构专利申请总量的比例。从专利申请活跃度来看,排名前四的申请人近年来技术活跃度较高,近五年专利占比均超过25%。从专利类型来看,浙江大学的发明专利占比最高,发明专利占比为90.44%;其次是天士力,发明专利占比为68.87%。从专利有效性来看,天士力、新华医疗和楚天科技的发明有效专利维持情况相对较好,分别为58.90%、55.56%和55.03%,新华医疗和东富龙的实用新型有效专利维持情况相对较好,有效率分别为71.34%和63.99%。

表2-4 中药智能制造中国专利申请量排名前5的申请人的专利情况

	评价指标	楚天科技	浙江大学	东富龙	新华医疗	天士力
专利申请活跃度	产业技术领域占比	4.18%	3.26%	3.18%	1.74%	1.18%
	近五年专利占比	31.38%	28.67%	25.52%	26.11%	19.81%
专利类型	发明专利占比	44.95%	90.44%	36.01%	28.66%	68.87%
专利有效性	发明	有效 55.03% 审查中 32.54%	有效 45.66% 审查中 13.21%	有效 44.66% 审查中 34.95%	有效 55.56% 审查中 22.22%	有效 58.90% 审查中 12.33%
	实用新型有效专利占比	55.05%	9.56%	63.99%	71.34%	51.52%

四、技术构成

表2-5为中药智能制造一级技术分支和二级技术分支中国专利技术构成。其中,在一级分支中,制剂前处理智能化的占比最高,占比为51.59%;其次是药品包装智能化和自动化炮制,占比分别为28.02%和20.79%。在二级分支中,药品包装智能化中的包装占比最高,为28.02%;其次是制剂前处理智能化中的混合和自动化炮制中的炮制,占比分别为23.34%和20.79%。

表2-5 中药智能制造一级技术分支和二级技术分支中国专利技术构成

一级分支	一级分支专利数量(项)	一级分支中国专利占比(%)	二级分支	二级分支专利数量(项)	二级分支中国专利占比(%)
智能采收	33	0.37	采收	33	0.37
自动化炮制	1 871	20.79	炮制	1 871	20.79
制剂前处理智能化	4 644	51.59	粉碎	837	9.30
			筛析	850	9.44
			混合	2 101	23.34
			提取	776	8.62
			浓缩	707	7.85
			干燥	1 773	19.70
制剂成型智能化	994	11.04	制粒	120	1.33
			制片	111	1.23
			制胶囊	146	1.62
			制液	13	0.14
			制膏	260	2.89
			包衣	66	0.73
			制丸	313	3.48
制药用水智能化	36	0.40	制药用水	36	0.40
灭菌	562	6.24	灭菌	562	6.24
药品包装智能化	2 522	28.02	包装	2 522	28.02
质量智能管理	1 062	11.80	质量追溯	182	2.02
			全流程质量控制	45	0.50
			流程中质量控制	848	9.42

表2-6为中药智能制造三级技术分支中国专利技术构成。其中,在三级分支中,数字化控制的占比最高,占比为39.92%;其次是传感器,占比为38.18%。机器视觉和人工智能

的占比也都超过 10%。可见,传统的智能技术的应用比较广泛,新兴智能技术的应用还有待进一步发展。

表 2-6 中药智能制造三级技术分支中国专利技术构成

三级分支	三级分支 专利数量(项)	三级分支 中国专利占比(%)
机器视觉	1 607	17.85
大数据	204	2.27
人工智能	978	10.87
物联网	301	3.34
区块链	11	0.12
数字孪生	3	0.03
云计算	58	0.64
传感器	3 437	38.18
工业机器人	466	5.18
智能标签	336	3.73
数字化控制	3 593	39.92
智能生产管理系统	380	4.22

五、法律状态

图 2-8 展示了中药智能制造中国专利法律状态占比。其中,有效专利的占比最高,约为 46.93%;失效专利占比次之,约为 40.31%,国内从业者可以对这些失效专利信息进行研究和使用;审查中专利的占比约为 12.76%。通过进一步分析发现,专利权利终止是导致专利失效的主要原因,包括专利保护期届满和企业主动放弃专利权等情况,如未按期缴纳年费导致权利终止。

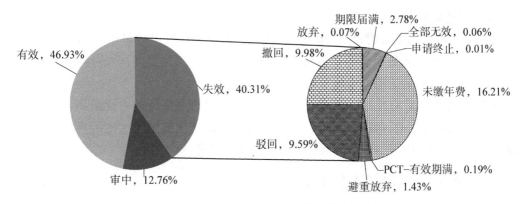

图 2-8 中药智能制造中国专利法律状态占比

六、专利转化运用

专利运营是专利价值体现的重要方式,常见的专利运营方式包括转让、许可、质押和诉讼,其中转让和许可是最常用的专利运营方式。全国专利转让活动呈总体上升趋势,已经发生转让的专利数量共计609项,转让量最高的年份是2018年和2020年的专利申请,其转让专利数量为81项,见图2-9。1999—2023年,许可的专利数量共计70项,每年许可的专利数量较少,都不超过10项。另外,有121项专利涉及质押、7项专利涉及诉讼。

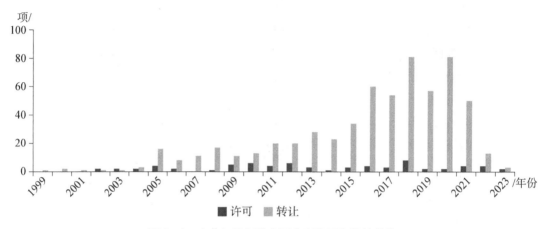

图2-9 中药智能制造中国专利许可和转让趋势

第三节 小 结

一、全球中药智能制造专利分析

通过对全球专利的分析,全球中药智能制造专利申请始于20世纪80年代末,1989—2001年为技术萌芽期,2002—2008年为技术起步期,2009—2014为平稳发展期,2015—2023年为快速发展期。

从申请人分布角度来看,中国申请人数量最多,楚天科技申请量最大,其次是浙江大学,国外申请人中排名最靠前的是伊马集团,其次是博世。可见目前中药智能制造领域在中国应用较为广泛,缺乏国外市场布局。

从技术构成角度来看,在一级技术分支中制剂前处理智能化的占比最高,在二级分支中药品包装智能化中的包装占比最高,在三级分支中数字化控制的占比最高,可见传统的智能技术的应用较为广泛,新兴智能技术的应用还有待进一步发展。

二、中国中药智能制造专利分析

随着中国专利制度的实施,中国制药装备专利技术开始萌芽。1989—2001年为技术萌芽期,2002—2005年为技术起步期,2006—2011年为平稳发展期,2012—2024年为快速发展期。

从地域分布角度分析,浙江省的专利申请量占比在中国主要城市中排名第1位,山东省、江苏省、广东省、湖南省和上海市紧随其后,该6个省(区、市)的专利申请量占据了该领域总量的51%,表明专利地域集中度较高。

从申请人分布角度分析,楚天科技的申请量最大,其次是浙江大学、东富龙、新华医疗、天士力。该领域技术产业化程度相对较高,国内申请人专利申请量较为分散、集中度不高。另外,排名前4的申请人中,浙江大学的发明专利占比最高,天士力、新华医疗和楚天科技的发明有效专利维持情况相对较好,东富龙的实用新型有效专利维持情况相对较好。

从技术构成角度分析,在一级分支中制剂前处理智能化的占比最高,在二级分支中药品包装智能化中的包装占比最高,在三级分支中数字化控制的占比最高,可见传统的智能技术的应用比较广泛,新兴智能技术的应用还有待进一步发展。

从法律状态角度分析,有效专利的占比最高;专利权利终止是导致专利失效的主要原因,包括专利保护期届满和企业主动放弃专利权等情况,如未按期缴纳年费导致权利终止,国内从业者可以充分利用这些失效专利信息进行研究和使用。

从专利转化运用角度分析,全国专利转让活动呈总体上升趋势,转让量最高的年份是2018年和2020年的专利申请;1999—2023年每年许可的专利数量较少。

第三章
关键核心技术专利分析

本章涉及制剂前处理智能化分析,包括制剂前处理智能化技术概况、全球专利申请分析、重点企业关键核心技术分析、重要高校技术攻关情况分析以及提取关键技术专利分析;制剂成型智能化技术概况、全球专利分析以及重点企业关键核心技术分析;质量智能管理技术概况、专利分布、重点企业关键核心技术分析、重要高校技术攻关情况分析。本章还总结了关键核心技术专利分析的结果。

第一节 制剂前处理智能化

一、技术概况

中药制剂前处理工艺是将配方中各药味制成可供制剂使用的半成品的过程。通过前处理工艺可以富集方中药效成分,降低药物服用量,去除或降低毒性成分,改变物料性质,最终为制剂工艺提供高效、安全、稳定的半成品。前处理工艺主要包括粉碎、筛析、提取、浓缩、干燥等环节。粉碎可增加药物的表面积,加速其中有效成分的溶出,提高生物利用度。混合提取是将药效成分从饮片中抽提出来以实现富集,并进一步精制处理,达到除去无效或有害物质,减少服用量的目的。浓缩与干燥是去除中药提取物中所含溶剂的两种方式,经浓缩可得到浓稠液体或半固体状浸膏,对浓缩物料的干燥则可得到固体浸膏,与后续制剂工序紧密相关。由于最终所制得的剂型不同,其前处理各有不同,如固体制剂的前处理还有混合等过程。中药前处理过程在制药过程中的作用越来越受到重视,其作用可概括为:

(1)去除无效成分,以减少服用剂量。如通过一定的方法提取出有效成分,除去大量植物纤维等杂质,可以大大降低服药剂量。

(2)提高疗效。如珍珠通过微粉化,有利于珍珠的溶解和吸收,从而提高其疗效。

(3)有利于进一步制成其他制剂。中药材只有经过必要的前处理,才能进一步加工制成片剂、颗粒剂、口服液、丸剂、气雾剂等制剂用于临床。

（4）纯化有效成分，有利于制成现代新制剂。通过提取和纯化工艺，可将复方制剂的有效成分提纯到 50% 以上，而制成注射剂，可将有效成分纯化至 98% 以上，甚至单体，而进一步制成控释或靶向制剂。

（5）利于贮存和运输。中药经过干燥、灭菌等前处理，可以防止其霉变而利于贮存。中草药经过提取纯化、干燥、灭菌制成浸膏粉，可大大降低体积，且除去了大部分蛋白质、糖等杂质，吸湿性变小，细菌被杀灭，因而更利于贮存和运输。

中药制剂前处理是中药生产过程中的重要环节，直接关系到制剂的质量和疗效。在传统的中药前处理中，药材的粉碎、筛析、混合等步骤大多依赖于人工和机械操作，这不仅效率较低，而且存在一定的质量控制风险。

随着智能制造技术的发展，中药制剂前处理也在向信息化、智能化的方向转型升级。智能制造通过引入数字智能化技术，有效解决了中药制造全过程多组分整体性控制、全产业链多要素系统性控制等行业共性问题。例如，天士力通过智能制造确保了每一粒滴丸产品的质量与疗效一致，同时数智化生产还有助于降本增效，显著提升了人均生产效率。

在智能制造的框架下，中药前处理的生产信息化管理系统建设成为关键。该系统包括制造执行系统与数据采集与监视控制系统的建设，旨在实现生产控制、优化、调度、管理和经营的综合信息化管控。通过集成中药前处理数控设备与工艺设计系统、生产组织系统及其他管理系统，可以提高制造系统的柔性，提升生产质量和效率。

制造执行系统包括工厂主数据管理、配方管理、生产管理、电子批次记录、物料管理、设备管理、过程控制集成、数据采集等功能模块，并与自动化物流系统、电子看板系统进行了集成，实现生产流程的全面信息化管理。监视控制系统能够对底层各单机设备进行数据采集，并上传至系统，实现设备运行、维护、预报警控制的数字化、实时化、自动化管理。

此外，智能制造还涉及提取车间的数字化、智能化、标准化生产，这是中药工业数字化转型的关键环节。红日药业的智能工厂通过 11 条前处理生产线、4 层 U 型提取矩阵、全封闭智能化制剂车间的灵活协作，实现了 600 多种中药原料的差异化产前炮制、提取与制剂，年产精制中药饮片 3 000 吨，配方颗粒 2 500 吨。

总之，中药制剂前处理智能化的应用不仅提升了生产效率和产品质量，还有助于实现中医药的现代化和标准化，为中医药的传承与创新提供了新的动力和方向。

二、全球专利申请分析

1. 申请趋势。制剂前处理智能化技术是制药行业智能制造的重要组成部分，其发展经历了从起步到快速发展的过程。根据图 3-1 所示的全球专利申请趋势，可以观察到这一技术领域的专利申请量整体呈现出显著的增长趋势，这一趋势反映了制剂前处理智能化技术在全球范围内受到的重视程度以及其在制药行业中的实际应用价值。

技术萌芽期（1989—2001 年）：在这个阶段，制剂前处理智能化技术刚刚起步，相关的专利申请数量较少，年均不足 4 项。这表明在 20 世纪 80 年代末，制药行业对于智能制造技术的探索还处于初级阶段。这一时期的专利申请主要集中在基础研究和概念验证上，为后续

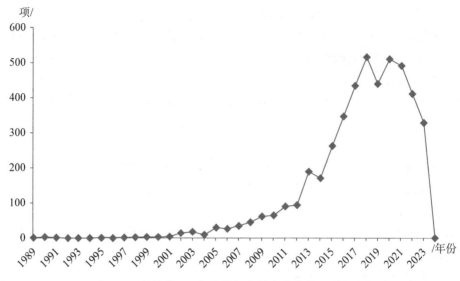

图3-1　制剂前处理智能化相关技术全球专利申请趋势

技术的发展奠定了基础。

缓慢发展期(2002—2012年)：进入21世纪,随着科技的进步,制剂前处理智能化技术开始逐渐受到关注。在这一时期,专利申请量虽然有所增长,但增速相对较慢,年均增长率不高。这可能与当时智能制造技术的整体发展水平、制药企业的技术接受度以及市场需求有关。

快速发展期(2013—2024年)：自2013年起,随着互联网、物联网、大数据等新技术的快速发展,制剂前处理智能化技术迎来了快速发展期。这一时期,专利申请量呈现出显著的增长,特别是在中药制药领域,受到政策支持和市场需求的双重驱动,大量创新主体开始投入研发,以提高生产效率和产品质量。从2012年的97项增长到2018年的517项,增长超过了4倍,这一数据充分展示了制剂前处理智能化技术在制药行业中的应用潜力和市场前景。

总体来看,制剂前处理智能化技术的全球专利申请趋势反映了制药行业对于智能制造技术的不断探索和应用。随着技术的不断成熟和市场的不断扩大,预计未来这一领域的专利申请量将继续保持增长态势,为制药行业的智能化转型提供强有力的技术支撑。

2. 目标市场国家/地区。截至检索日,全球主要国家/地区公开的中药制剂前处理智能化设备专利申请共计4673项。其中共有4628项专利选择在中国申请,占比高达99.04%。这一显著的数字比例表明,制剂前处理智能化技术的研发和市场应用主要集中在中国,而海外市场在此领域的份额相对较小。

图3-2的数据显示,韩国和日本在该领域的国外专利数量分别位居第1和第2,这在一定程度上揭示了制剂前处理智能化技术与中药饮片的产地加工之间的紧密联系。韩国和日本作为中国的邻国,同样拥有使用中药的传统和需求,这使得这两个国家成为制剂前处理智能化技术的重要市场。相比中国市场的成熟和竞争激烈,韩国和日本的市场仍具有较大的发展潜力和空间,可以被视为市场的"蓝海"。

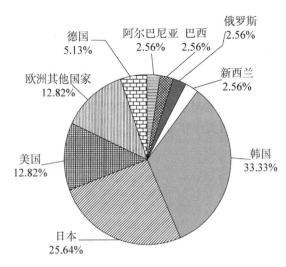

图 3-2　制剂前处理智能化相关技术国外专利目标市场国家/地区分布

3. 技术来源国家/地区。截至检索日,全球制剂前处理智能化相关专利同族合并后共计4 684项。中国在该领域的专利申请量极为突出,共有4 639项专利,占比高达99.04%。这一显著的比例反映出中国在制剂前处理智能化技术领域的创新活力和研发实力,凸显出中国作为该领域创新主要来源地的地位。

与此同时,源自其他国家/地区的创新在该领域相对较少,其中韩国的申请量为15项,位居第1。这一情况可能与韩国在该技术领域的研发投入、市场规模以及产业布局有关。韩国作为亚洲的发达国家之一,虽然在某些技术领域具有较强的研发能力,但在制剂前处理智能化这一特定领域,其创新活动相较于中国还显得较为有限。此外,其他国家/地区在该领域的专利申请量更是稀少,这可能与全球制药行业的地域分布、技术发展水平以及各国/地区对相关技术重视程度的差异有关,见图3-3。

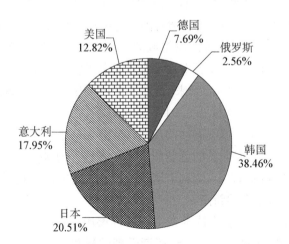

图 3-3　制剂前处理智能化相关技术全球专利技术来源国家/地区分布

三、中国专利申请分析

（一）申请趋势

制剂前处理智能化技术领域的专利申请趋势，清晰地揭示了该技术在中国的发展历程，见图 3-4。整体上，专利申请量呈现出明显的增长势头，这一现象反映出制剂前处理智能化技术在中国受到越来越多的关注和重视。

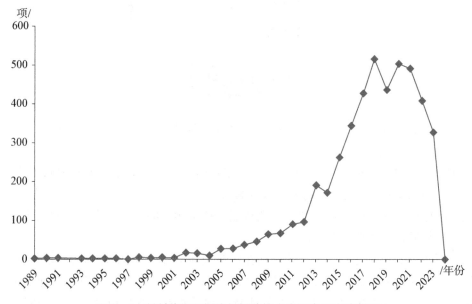

图 3-4　制剂前处理智能化相关技术中国专利申请趋势

在技术萌芽期（1989—2001 年），制剂前处理智能化技术的专利申请活动开始出现。这一时期，以 1989 年的专利申请为起点，标志着中国在该技术领域的初步探索。尽管这一阶段的年均申请量相对较低，大约为 3 项，但它为后续的技术发展和创新奠定了基础。

进入缓慢发展期（2002—2012 年），随着国家对中药制剂行业的重视程度提升，以及"十五"和"十一五"科技支撑计划的支持，该领域的专利申请量开始逐步增长。这一时期的年均申请量达到了 45 项左右，显示出行业对于技术创新的需求和追求。

快速增长期（2013—2024 年）的到来，得益于中国创新驱动发展战略的提出和实施，以及《药品管理法》（2015 年第二次修正）、《中医药法》（2016 年发布）、《古代经典名方目录（第一批）》（2018 年公布）和《药品管理法》（2019 年修订）等一系列政策的出台，这些政策极大地激发了中药制剂前处理研究人员的创新积极性。在这一时期，专利申请量呈现出显著的增长，特别是在 2015 年和 2017 年，专利申请量的增长尤为突出。到了 2018 年，专利申请量达到了 516 项，创下了历年来的新高。

总体来看，制剂前处理智能化技术在中国的发展历程可以分为三个阶段，每个阶段都有其特点和成就。从最初的技术探索，到逐渐受到重视和支持，再到政策推动下的快速增长，这一领域的技术进步和创新活力不断增强。随着专利申请量的持续增长，制剂前处理智能化技术在中国的发展前景十分广阔,预示着该技术将在未来发挥更加重要的作用。

(二) 地域布局

中国制剂前处理智能化技术领域的专利申请量在地域分布上呈现出明显的不均衡性,见图 3-5。

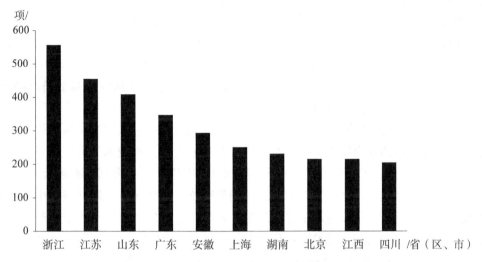

图 3-5　制剂前处理智能化相关技术专利申请量排名前 10 的省(区、市)

浙江省以 558 项的申请量位居全国首位,占比达到 12.06%,显示出该省在该技术领域中的创新活力和领先地位。浙江省拥有良好的中药产业基础,形成了以杭州、绍兴、金华等地区为代表的中药产业集群,为中药制剂前处理的智能化提供了良好的产业生态。浙江省在中药领域实施了一系列重大科技项目,加强了中医药领域的科技成果遴选和转化,如《推动浙江省中药产业传承创新发展行动方案(2022—2024 年)》。浙江省强化了全流程质量监管,加强了中药追溯体系建设,提升了中药材和饮片检验能力,大力实施项目招大引强,鼓励中药大市大县积极腾挪空间支持中药产业发展,如浙江省经济和信息化厅等十部门印发《推动浙江省中药产业传承创新发展行动方案(2022—2024 年)》。浙江大学程翼宇教授团队从 2000 年起就开展中药制药数字化、信息化、网络化、智能化技术研究与工程实践,率先研发完成的首个中药工业大脑在正大青春宝中药智能生产线得到应用。《推动浙江省中药产业传承创新发展行动方案(2022—2024 年)》提出了智能化制剂配制、整体质量控制等关键领域的发展方向。除了浙江大学以外,浙江省还有其他在中医药领域拥有重要地位的高校和企业。

江苏省紧随其后,以 456 项的申请量占据全国第 2 的位置,占比为 9.85%,反映出江苏省在推动智能制造技术发展方面的积极努力和成果。江苏省中医院制剂部早在 1964 年开始进行中药制剂研发和生产,目前拥有生产设备、检验及科研仪器 200 多台(套),为医院中药制剂向新药转化奠定了坚实基础。江苏康缘药业股份有限公司自 2015 年就被工业和信息化部列入首批智能制造试点示范项目——"中药制药智能工厂试点示范",并持续加大对中药智能制造转型升级的投资,先后完成了 6 个智能工厂/车间的升级改造或建设,累计投资超过 10 亿元。2021 年,扬子江药业集团有限公司联合中国标准化研究院起草的江苏省地方标准《中药智能制造技术规程》第 1~3 部分正式发布。江苏省还拥有南京中医药大学和苏州浙远自动化工程技术有限公司等重要申请人。

山东省以 408 项的申请量位列第 3,占比 8.82%,这一成绩同样凸显了山东省在该技术领域的重要地位和发展潜力。山东步长中药绿色智能化制造项目将现代工业信息化技术集成应用到中药生产,实现了中药材从进车间到成品发货出车间全线自动化,实现了中药制剂全流程智能制造,平均生产效率提高了 23%,能源利用率提高了 19%。"十五"计划以来,山东省先后专门出台了《山东省中药产业调整振兴指导意见(2009—2011 年)》和《山东省中药材产业发展规划(2014—2020 年)》。山东省拥有山东新华医疗器械股份有限公司、东阿阿胶股份有限公司等重要申请人。

广东省以 346 项位列第 4,占比 7.48%。1992 年,根据卫生部、国家中医药管理局联合发布的《关于加强中药剂型研制工作的意见》,广东省中医药工程技术研究院前身——广东省中医研究所组织科研团队开始研发中药配方颗粒,创建广东一方制药有限公司,成为首批"中药配方颗粒试点生产企业"和"中药饮片剂型改革生产基地",系统开展了中药配方颗粒的研制、开发、生产、推广和应用工作。广东一方制药有限公司与广东省中医药工程技术研究院共同完成的"中药配方颗粒产业化关键技术研究与应用"项目,荣获 2011 年国家科技进步二等奖。2022 年,他们又共同完成的"中药配方颗粒国家标准体系建立与关键技术创新应用"项目,获得广东省科技进步一等奖。2015 年,广东省人民政府发布了《广东省智能制造发展规划(2015—2025 年)》,该规划提出了发展一批企业主导、产学研用紧密结合的产业技术创新联盟,建立联合开发、优势互补、成果共享、风险共担的产学研用合作机制。

安徽省以 293 项位列第 5,占比 6.33%。安徽省是中医药资源大省,亳州拥有著名的中药材产地和交易市场。2022 年,安徽省中药工业企业共 283 家,营收达到 486.2 亿元,同比增长 14.9%,位于全国前三位。其中,中药饮片生产企业 208 家,数量居全国第一,营收约为 336.3 亿元,占全国的 14.5%。安徽省注重提升中药材源头质量,出台《安徽省规范中药材产地趁鲜切制工作指导意见》,促进产地优势药材种植资源整合,推动中药材产地加工和饮片炮制一体化发展。安徽省推进中药饮片信息化追溯体系建设,中药饮片追溯管理项目被国家药监局列为首批药品智慧监管示范项目。安徽省强化中药质量提升,通过政策引导和强化监管,全省中药饮片生产企业检验能力和水平大幅提升,抽检合格率从 2016 年的 88.7% 上升至 2022 年的 98.2%。安徽省积极搭建中药产业"双招双引"平台,吸引和服务省外医药企业来皖发展,推进中药产业创新发展。截至 2023 年 9 月底,累计达成 20 个医药产业投资项目意向,落地 11 个,实际投资 11 亿元。

上海市以 252 项位列第 6,占比 5.45%。上海市是中国经济、文化、科技最发达的地区之一。上海市发布《上海市中医药发展"十四五"规划》,旨在加快推进上海中医药传承创新发展,构建中医药服务体系,提升服务能力和学科建设。上海市提出上海市国家中医药综合改革示范区建设方案,为促进中医药传承创新发展,满足高品质中医药健康服务需求。上海市致力于中医药文化的传播和科学普及,通过建立传播基地和专业杂志《中医药文化》(英文)推动中医药文化国际传播。

湖南省以 231 项位列第 7,占比 4.99%。2021 年 12 月 31 日,湖南等 7 省市被批复同意建设国家中医药综合改革示范区,以推动中医药振兴发展。2022 年 4 月 8 日,湖南省发布了关于促进中药产业高质量发展的若干措施,包括提升湘产中药材品质品牌、促进中药材产地初精深加工发展等。湖南省计划建设区域中药制剂中心和中药共享调剂配送中心,以提供中药配方颗粒、中药饮片临方调剂等服务。湖南省推动中药及中药衍生产品研究开发,支持企业开展中药大品种临床综合评价,促进中药临床应用。同年,湖南省药监局和中医药管理局公布了医疗机构中药制剂调剂使用的相关事项,以规范中药制剂的使用。截至 2021 年,郴州市中医药工业经过十多年的发展,形成了以华润三九为龙头的中成药生产企业,大诚中药、华夏湘众为主的中药饮片加工企业的产业格局。全市中医药生产企业 6 家,其中中成药生产企业 1 家,中药饮片生产企业 5 家;中医药规模工业产值约 40 亿元。

北京市以 216 项位列第 8,占比 4.67%。北京拥有同仁堂等行业重要企业。在"十四五"时期,北京推动经济社会高质量发展,重视中医药工作的重要论述和党中央决策部署,致力于提升中医药服务供给水平,加强中医治疗优势。北京同仁堂股份有限公司药材前处理分厂,作为全国最大的中药材前处理基地,在北京生物工程与医药产业基地启动投产。该基地总投资 2.2 亿元,预计年处理药材 500 万公斤,提取药材浸膏 50 万公斤,精制饮片 100 万公斤。2022 年 2 月 9 日,北京市药品监督管理局发布通知,进一步加强中药制剂和中药饮片企业的监督管理,全面强化中药制剂和中药饮片的质量与安全。

江西省以 216 项并列第 8,占比 4.67%。江西省拥有 7 个医药产业基地和集群,其中 6 个以中医药为主。2019 年,这些产业基地和集群实现工业主营业务收入 661.38 亿元,占全省医药行业总量的 52.1%。江西省拥有济民可信集团、仁和集团、华润江中、青峰集团、汇仁药业等五大中医药龙头企业,这些企业在处方药和非处方药领域均有较大的行业影响力。江西省实施《科技支撑江西省中医药传承创新发展行动方案(2021—2025 年)》,旨在推动江西省中医药传承创新,实现中医药产业高质量发展。

四川省以 204 项位列第 10,占比 4.41%。四川省在中药资源方面具有显著优势,中药资源蕴藏量全国第一,拥有中药资源 7 290 种,道地药材品种数量也是全国第一,有 86 种道地药材,其中 31 个获得国家地理标志保护。四川省发布了《四川省中药材产业发展规划(2018—2025 年)》,规划中提出到 2020 年中药材种植面积达到 700 万亩,综合产值达 200 亿元以上;到 2025 年,种植面积达到 850 万亩,综合产值达 300 亿元以上。四川省政府办公厅印发了《四川省中医药强省建设行动方案(2021—2025 年)》,旨在实现中医药服务体系更加健全,产业高质量发展等目标。四川省内有多家优秀中药企业,如四川新荷花中药饮片股份有限公司、成都荷花池中药饮片有限公司等,这些企业在中药饮片行业中具有重要地位。四川省药监局在 2019 年推动了 11 家药企上榜中国医药工业百强系列榜单,显示出四川省中药产业的发展实力。

值得注意的是,排名前 10 的省(区、市)的专利申请总量占全国的比例高达 68.71%,这表明中国制剂成型智能化相关技术的研发和创新主要集中在这些地区。这些地区通常具备较为完善的产业基础和中药传统、优越的地理位置、强大的经济实力和良好的创新环境,这些因素共同促进了智能制造技术的发展和专利申请的活跃。相比之下,其他省(区、市)

在该技术领域的专利申请量仅占全国的 31.29%,这一比例反映出中西部及东北部区域在制剂前处理智能化技术方面的发展相对滞后,可能需要更多的政策支持和资源投入以促进技术创新和产业升级。

总体来看,中国制剂前处理智能化技术专利申请量的地域分布情况揭示了中国智能制造技术发展的不均衡性,东部沿海地区在该领域的表现尤为突出。为了实现全国范围内的均衡发展,有必要加大对中西部及东北部地区的支持力度,通过政策引导、资金投入、人才培养等措施,激发这些地区在智能制造技术领域的创新潜力,推动中国制剂前处理智能化技术的全面发展和进步。

在中国制剂前处理智能化领域的专利申请中,企业占据专利申请人主导地位,见表 3-1。特别是湖南、上海和安徽的企业专利数量占比均超过了 80%,这一现象显著表明了这些地区在制剂前处理智能化技术的产业化进程中走在了全国前列。这不仅反映了企业在推动技术创新和产业发展中的重要作用,也反映了这些地区在智能制造领域的市场活力和竞争力。

表 3-1　制剂前处理智能化相关技术专利申请量排名前 10 的省(区、市)申请人类型构成

省(区、市)	企业(%)	高校院所(%)	个人(%)	其他(%)
浙江	51.97	33.69	12.72	1.62
江苏	72.37	16.45	7.24	3.94
山东	59.80	13.24	24.26	2.70
广东	71.39	11.85	14.45	2.31
安徽	81.58	6.48	11.26	0.68
上海	84.52	9.13	2.78	3.57
湖南	86.58	8.66	4.33	0.43
北京	59.73	30.09	8.33	1.85
江西	80.09	14.81	5.09	0.01
四川	73.04	11.77	12.25	2.94

在其他省(区、市)中,企业申请人的占比也普遍超过了 50%,显示出企业在全国范围内都是制剂前处理智能化技术创新的主力军。此外,除了山东、广东和安徽这三地外,高校和院所的专利申请占比普遍位于第 2 位,这表明高校和院所在推动该领域技术创新中也扮演着重要角色,尤其是在基础研究和人才培养方面。

值得注意的是,山东省的专利申请中,高校院所的占比相对较低。而在广东省,虽然企业申请人占比较高,但高校院所和个人的占比也不容忽视,这一定程度上反映了广东省在推动产学研合作和鼓励个人创新方面的积极努力。

总体来看,制剂前处理智能化技术在中国的专利申请情况揭示了企业作为创新主体的主导地位,同时也显示了不同省(区、市)间在技术创新和产业发展上的差异化特征。这些

数据为我们提供了宝贵的信息,有助于政府和相关机构更好地制定政策,促进产业升级和技术创新,推动中国制剂前处理智能化技术的进一步发展。

(三) 主要申请人

制剂前处理智能化技术作为制药行业的重要发展方向,其专利申请情况反映了该领域的技术创新活跃度和产业发展潜力。中国在这一领域的专利申请量排名前10的申请人涵盖了高校、科研院所和企业,显示出技术创新主体的多样性和创新能力的广泛分布,见图3-6。其中,浙江大学作为学术机构的代表,其在制剂前处理智能化领域的专利申请量位居榜首,这不仅体现了高校在基础研究和技术创新中的重要作用,也反映了浙江大学在该领域的研究实力和成果转化能力。

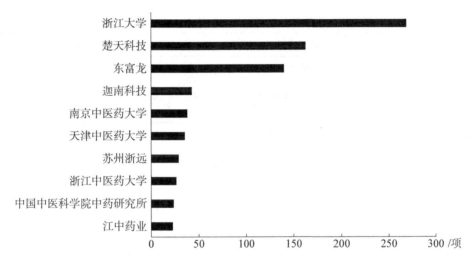

图3-6　制剂前处理智能化制造相关技术全球专利申请数量排名前10的申请人的申请量

楚天科技股份有限公司在制剂前处理智能化技术的专利申请量也位列前茅。东富龙和迦南科技等其他制药机械企业也在专利申请量上表现突出,这些企业通过不断的技术创新和产品升级,推动了制剂前处理智能化技术的发展和应用。

南京中医药大学和天津中医药大学等高校科研院所的专利申请量同样位于前列,这些高校及科研院所在中药饮片和中成药的研究与开发上具有深厚的积累和专业优势,其专利申请的活跃反映了中医药在制剂前处理智能化领域的创新活力和发展潜力。此外,苏州浙远自动化工程有限公司等企业也在该领域展现出较强的技术创新能力,为制剂前处理智能化技术的发展贡献了重要力量。

值得注意的是,尽管排名前10的申请人在专利数量上占有一定比例,但整体来看,制剂前处理智能化领域的技术创新主体较为分散,尚未形成市场垄断的局面。这表明该领域仍具有较大的发展空间和市场机会,各类创新主体都有机会通过技术创新和产业升级来提升自身的竞争力和市场份额。同时,这也提示政府和行业组织需要进一步加强对制剂前处理智能化领域的支持和引导,促进技术创新和产业健康发展,提高专利技术的产业集中度,从而推动中国制药行业的整体进步和国际竞争力的提升。

(四) 技术构成

表 3-2 所展示的数据揭示了制剂前处理智能化领域的智能技术分支在专利申请量及其类型上的分布情况。传感器技术以 1 958 项的申请量位居榜首,这一现象的背后是传感器作为智能制造系统中的基本组成部分,负责数据采集与环境感知,是实现自动化和智能化的核心设备。其技术进步直接推动智能制造的发展,因此成为研发和专利申请的热点领域。传感器在智能制造的各个环节中都有应用,如质量检测、机器人导航、设备监控等,其需求量大,应用场景多样,促使企业和研究机构积极进行技术创新和专利布局。在这 1 958 项申请中,发明专利占据了 1 100 项,占比达到 56.18%,这一比例反映出传感器技术领域的专利质量有待提升。

表 3-2 制剂前处理智能化专利技术构成及法律状态

| 专利类型 | 发明申请 | | | | | | 实用新型 | | | | 总计(项) |
| | 审中 | | 失效 | | 有效 | | 失效 | | 有效 | | |
	项数(项)	占比(%)	项数(项)	占比(%)	项数(项)	占比(%)	项数(项)	占比(%)	项数(项)	占比(%)	
机器视觉	173	21.93	250	31.69	292	37.01	30	3.80	44	5.58	789
大数据	31	44.93	17	24.64	21	30.43	0	0.00	0	0.00	69
人工智能	107	23.26	174	37.83	169	36.74	4	0.87	6	1.30	460
物联网	18	13.74	35	26.72	20	15.27	17	12.98	41	31.30	131
区块链	0	0.00	0	0.00	1	100	0	0.00	0	0.00	1
数字孪生	2	100	0	0.00	0	0.00	0	0.00	0	0.00	2
云计算	7	25.93	15	55.56	4	14.81	0	0.00	1	3.70	27
传感器	202	10.32	575	29.37	323	16.50	396	20.22	462	23.60	1 958
工业机器人	23	16.91	25	18.38	35	25.74	13	9.56	40	29.41	136
智能标签	16	15.84	52	51.49	15	14.85	5	4.95	13	12.87	101
数字化控制	204	10.62	439	22.85	304	15.83	382	19.89	592	30.82	1 921
智能生产管理系统	28	15.38	64	35.16	35	19.23	20	10.99	35	19.23	182

数字化控制技术的申请量紧随其后,共计 1 921 项,其中发明专利占到了 49.30%。这表明在数字化控制技术领域,创新的质量仍待提高,且企业倾向于通过实用新型来保护其技术创新成果。数字化控制是智能制造领域的基础技术,涉及工业生产的各流程,有效降低人力成本,对于产品质量有着直接影响,因此技术创新和专利保护在这一领域尤为重要。

机器视觉技术的申请量为 789 项,发明专利占比高达 90.62%,这一数据证实了机器视觉技术在制剂前处理智能化中的重要性以及相关企业对于创新成果保护的重视。机器视觉技术对于物料的识别和质量检测至关重要,高比例的发明专利申请反映了该技术领域的专业性和技术门槛。这一较高的比例反映出混合设备技术领域的创新活跃度和企业对于核心技术保护的重视。

人工智能技术的申请量虽然只有460项,但发明专利的占比高达97.83%,这一现象表明人工智能技术领域的创新活跃度较高,且企业更倾向于通过发明专利来保护其技术创新。人工智能技术在智能制造中同样扮演着重要角色,人工智能被视为智能制造的核心驱动技术,它涵盖了机器学习、深度学习、计算机视觉、自然语言处理等多个领域,这些技术是实现智能制造自动化和智能化的关键。人工智能领域的原始创新活跃,预计在未来几年还将产生更多的基础技术,这表明该领域的技术更新迭代速度快,需要通过专利保护来维持竞争优势。因此技术创新在这一领域同样受到重视。

在中药特色的制剂前处理智能化领域,虽然整体上相对落后,但发明专利申请占比高的申请量反而较低,这可能意味着在中药制剂前处理智能化的技术创新方面存在一定的困难。这可能是由于中药的特殊性,其复杂的成分和作用机制使得技术创新和专利保护面临更多挑战。

总体来看,制剂前处理智能化领域的专利申请情况反映了不同技术分支的创新活跃度和市场应用的广泛性。混合、干燥、筛析和浓缩设备作为制剂前处理的关键技术,其专利申请量和发明专利占比均显示出较强的创新能力和市场潜力。而中药制剂前处理智能化领域的相对落后则提示了未来技术创新和专利保护的发展方向,需要更多的研究和投入来提升该领域的创新能力。

(五)专利申请类型及法律状态

在制剂前处理智能化领域的中国专利申请中,发明专利的申请量总计为2773项,其中处于审查中的有571项,已经失效的有1296项,而目前有效的发明专利为906项,见表3-3。这一数据反映出,尽管审查中的发明专利占有一定比例,但有效发明的比例仅为32.67%。

表3-3 制剂前处理智能化中国专利申请类型及法律状态

专利类型	有效(项)	失效(项)	审查中(项)	总计(项)
发明	906	1296	571	2773
实用新型	1115	785	—	1900

在实用新型专利方面,总申请量为1900项,其中有效性专利为1115项,占比达到58.68%,而失效专利为785项。实用新型专利的审查程序相较于发明专利而言,通常不涉及实质审查,这种审查制度有助于加快审批速度,使得实用技术能够更快地被社会所利用。因此,实用新型专利的有效性比例相对较高,这也反映了该类型专利在制剂前处理智能化领域的活跃应用和较快的市场响应速度。

从智能技术角度来看,除申请量较少的区块链和数字孪生外,工业机器人的专利有效占比较高,其次为数字化控制和物联网。

总体来看,制剂前处理智能化领域的专利申请呈现出一定的增长趋势,尤其是在发明专利方面,尽管有效专利的比例不高,但审查中的案件数量仍然显示出该领域创新活动的活跃程度。同时,实用新型专利的有效性比例较高,表明在该领域中,企业和技术发明人更倾向于通过实用新型专利来快速保护和实现其技术创新成果的应用。随着专利审查流程的不断优化和改进,预计未来该领域的有效专利比例将会逐步提升,进一步促进制剂前处理智能化技术的创新和产业发展。

四、重点企业关键核心技术分析

通过产业调研,得到制剂前处理智能化设备领域知名企业名单。通过充分融合产业与专利信息,针对业内知名企业的专利进行深入分析可以看出,业内知名企业均为中国企业,从申请量上看,楚天科技和东富龙最具优势,分列第1、第2,而新华医疗、华润集团则较为接近,见表3-4。

表3-4 制剂前处理智能化领域业内知名企业及相关专利申请情况

企业名称	专利申请量(项)
楚天科技	128
东富龙	114
新华医疗	66
华润集团	60
天士力	48
迦南科技	43
同仁堂	29
广州药业	27
康美药业	26
江中药业	25

楚天科技自2010年起就开始在干燥领域进行专利布局,随后又在粉碎、混合、提取和浓缩等领域进行了一系列的技术创新和专利申请。楚天科技在传感器、工业机器人、数字化控制技术的应用方面占据优势,其智能生产管理系统也具有鲜明的特色,将多种智能技术有效融合于干燥技术之中,推动了制药装备产业的技术进步。

东富龙自2004年起开始在干燥领域进行专利布局,其在粉碎、混合、提取等领域也有所建树。东富龙在数字化控制和机器视觉上的专利申请虽少,但其在传感器、工业机器人、数字化控制技术的应用方面同样具有优势,且在机器视觉、人工智能、物联网等新兴技术领域展现出独特的特色。其通过将传感器、数字化控制技术、工业机器人等先进技术应用于干燥领域,提升了产品的技术水平和市场竞争力。

　　根据制剂前处理智能化相关技术全球专利申请人及申请数量排名分析,针对筛选出的排名前 3 的创新主体作为重点企业进行核心专利技术分析。由表 3-5 可知,楚天科技共申请专利 128 项,其中 88 项专利申请用于干燥相关技术,19 项为混合相关技术,12 项为粉碎相关技术;其涉及的智能化手段主要包括数字化控制 52 项、传感器 44 项、工业机器人 25 项、智能生产管理系统 15 项。东富龙共申请专利 114 项,其中 100 项专利申请用于干燥相关技术,12 项为粉碎相关技术,7 项为混合相关技术,6 项为提取技术;其涉及的智能化手段主要包括数字化控制 55 项、传感器 43 项、工业机器人 15 项、机器视觉 7 项。新华医疗共申请专利 66 项,其中 23 项专利申请用于干燥相关技术,19 项为混合相关技术,16 项为浓缩相关技术,15 项为提取相关技术;其涉及的智能化手段主要包括数字化控制 38 项、传感器 24 项、智能生产管理系统 6 项、工业机器人 4 项。

表 3-5　制剂前处理智能化相关重点企业专利申请现状

申请人	专利数量(项)	制剂前处理智能化(项)	主要智能化手段(项)
楚天科技	128	干燥(88) 混合(19) 粉碎(12) 提取(9) 浓缩(6)	数字化控制(52) 传感器(44) 工业机器人(25) 智能生产管理系统(15)
东富龙	114	干燥(100) 粉碎(12) 混合(7) 提取(6)	数字化控制(55) 传感器(43) 工业机器人(15) 机器视觉(7)
新华医疗	66	干燥(23) 混合(19) 浓缩(16) 提取(15) 筛析(4) 粉碎(3)	数字化控制(38) 传感器(24) 智能生产管理系统(6) 工业机器人(4)

　　可见,制剂前处理智能化相关技术中,重点企业在制剂成型智能化技术手段上多集中于干燥、混合、粉碎进行重点技术开发创新,有利于加快产业应用,为企业带来效益。在智能化手段上,现有的重点企业智能化手段多集中于数字化控制、传感器、工业机器人,少数采用人工智能仅是涉及简单的模型或指纹图谱的分析;其智能化手段仍处于早期智能化技术,对于大数据、人工智能、物联网、数字孪生等新的智能化手段技术的专利布局较少,该技术领域在智能化手段创新上有待进一步提高。

五、重要高校技术攻关情况分析

　　通过产业调研,得到制剂前处理智能化领域知名高校名单。通过充分融合产业与专利信息,针对业内知名高校的专利进行深入分析可以看出,业内知名企业均为中国高校,从申请量上看,浙江大学最具优势,位列第 1,南京中医药大学第 2,而陕西中医药大学、浙江工业大学、西南大学、上海中医药大学则较为接近,见表3-6。

表3-6 制剂前处理智能化设备领域业内知名高校及相关专利申请情况

高校名称	专利申请量(项)
浙江大学	144
南京中医药大学	37
陕西中医药大学	12
浙江工业大学	11
西南大学	9
上海中医药大学	9
河南中医药大学	7
黑龙江中医药大学	7
广西中医药大学	6
中国农业大学	6

作为985综合大学,浙江大学自2002年起就在推动混合、提取、浓缩、干燥的专利布局,在混合、干燥、浓缩领域成绩斐然,擅长于机器视觉、人工智能、传感器、数字化技术的应用。浙江大学将现代智能技术应用于中药的现代化分析和提取技术,促进了中药现代化进程。

根据制剂前处理智能化相关技术全球专利申请人及申请数量排名分析,针对筛选出的排名前2的创新主体作为重点高校进行核心专利技术分析。由表3-7可知,浙江大学及其从属单位共申请专利128项,其中92项专利申请用于混合相关技术,77项为干燥相关技术,63项为浓缩相关技术,29项为粉碎相关技术,25项为筛析相关技术,21项为提取相关技术;其涉及的智能化手段主要包括传感器62项、人工智能52项、数字化控制48项、机器视觉28项。南京中医药大学及其从属单位共申请专利39项,其中25项专利申请用于干燥相关技术,18项为混合相关技术,14项为浓缩相关技术,12项为粉碎相关技术,5项为提取相关技术,5项为筛析相关技术;其涉及的智能化手段主要包括机器视觉21项、数字化控制16项、传感器14项、人工智能11项、智能生产管理系统4项。

表3-7 制剂前处理智能化相关重点高校专利申请现状

申请人	专利数量(项)	制剂前处理智能化(项)	主要智能化手段(项)
浙江大学	128	混合(92) 干燥(77) 浓缩(63) 粉碎(29) 筛析(25) 提取(21)	传感器(62) 人工智能(52) 数字化控制(48) 机器视觉(28)

（续表）

申请人	专利数量(项)	制剂前处理智能化(项)	主要智能化手段(项)
南京中医药大学	39	干燥(25) 混合(18) 浓缩(14) 粉碎(12) 提取(5) 筛析(5)	机器视觉(21) 数字化控制(16) 传感器(14) 人工智能(11) 智能生产管理系统(4)

六、提取关键技术专利分析

（一）技术概况

中药提取技术作为中药制剂制备的核心环节，其重要性不言而喻。这一过程涉及从丰富的中药材中提取出具有治疗作用的有效成分，同时尽可能减少无效成分和杂质的混入。传统的提取方法，如煎煮法，虽然在中医实践中沿用千年，但在现代化工业生产中，这些方法往往因效率低下、成本高昂而受到限制。

随着科学技术的快速发展，中药提取技术也在不断地创新和进步。超临界流体提取、微波辅助提取、超声波提取等现代提取技术，已经在实验室研究中显示出其高效性和高适用性。这些技术不仅能够有效提高提取率，保留更多的活性成分，同时减少能耗和溶剂的使用，符合绿色化学和可持续发展的理念。

然而，将这些高新技术从实验室规模推向工业规模，面临着一系列技术和工程难题。例如，如何保证大规模生产中的提取效率和产品质量的一致性，如何实现生产过程的自动化和智能化，以及如何确保生产过程的安全性和环保性等。这些问题的解决需要药学工作者、工程师和生产企业之间的紧密合作，通过跨学科的研究和技术创新，共同推动中药提取技术的现代化进程。

中药饮片的化学成分复杂，包括多种生物活性化合物，如生物碱、苷类、黄酮类以及一些非活性成分和杂质。因此，中药提取不仅要求精确的单元操作，还需要精细的分离、纯化、精制和浓缩等后续工序，以确保最终制剂的质量和疗效。在这个过程中，选择合适的溶剂和提取方法以及优化工艺参数，对于提高提取效率和产品质量至关重要。

为了实现中药提取技术的现代化，需要综合运用现代分析技术、信息技术和自动化技术。例如，利用高效液相色谱、质谱、核磁共振等分析技术，可以对中药提取物进行深入的化学成分分析，明确其有效成分和作用机制。通过信息技术，如大数据、人工智能和云计算，可以实现生产过程的智能监控和管理，提高生产效率和产品质量。自动化技术的应用，如机器人、智能传感器和控制系统，可以实现生产过程的自动化，减少人为错误，确保生产过程的稳定性和可重复性。

总之，中药提取技术的现代化不仅是行业发展的必然趋势，也是中医药走向世界的关键。通过不断的技术创新和产业升级，中药提取将变得更加高效、科学和标准化，有助于中药在全球医药领域的推广和应用,同时也是对中华民族文化瑰宝的传承和发展。随着中药提取技术的不断进步,我们有理由相信,中药这一传统医学宝藏将在未来发挥更大的作用,为人类健康做出更大的贡献。

(二) 全球专利申请分析

1. 申请趋势。智能提取技术是制药行业智能制造的重要组成部分,其发展经历了从起步到快速发展的过程。根据图 3 - 7 所示的全球专利申请趋势,可以观察到这一技术领域的专利申请量整体呈现出显著的增长趋势,这一趋势反映了智能提取技术在全球范围内受到的重视程度以及其在制药行业中的实际应用价值。

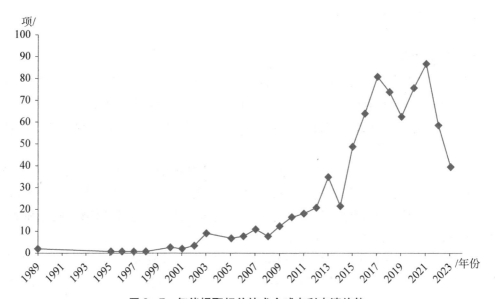

图 3 - 7 智能提取相关技术全球专利申请趋势

技术萌芽期(1989—2001 年):在这个阶段,智能提取技术刚刚起步,相关的专利申请数量较少,这表明在 20 世纪 80 年代末,制药行业对于智能制造技术的探索还处于初级阶段。这一时期的专利申请主要集中在基础研究和概念验证上,为后续技术的发展奠定了基础。

缓慢发展期(2002—2013 年):进入 21 世纪,随着科技的进步,智能提取技术开始逐渐受到关注。在这一时期,专利申请量虽然有所增长,但增速相对较慢,年均增长率不高。这可能与当时智能制造技术的整体发展水平、制药企业的技术接受度以及市场需求有关。

快速发展期(2014—2023 年):自 2015 年起,随着互联网、物联网、大数据等新技术的快速发展,智能提取技术迎来了快速发展期。这一时期,专利申请量呈现出显著的增长,特别是在中药制药领域,受到政策支持和市场需求的双重驱动,大量创新主体开始投入研发,以提高生产效率和产品质量。从 2014 年的 22 项增长到 2021 年的 59 项,增长了近 3 倍,这一数据充分展示了智能提取技术在制药行业中的应用潜力和市场前景。

总体来看,智能提取技术的全球专利申请趋势反映了制药行业对于智能制造技术的不断探索和应用。随着技术的不断成熟和市场的不断扩大,预计未来这一领域的专利申请量将继续保持增长态势,为制药行业的智能化转型提供强有力的技术支撑。

2. 目标市场国家/地区。截至检索日,全球主要国家或地区公开的中药智能提取设备专利申请共计 794 项。中国在该领域的专利申请量极为突出,共有 776 项专利选择在中国申请,占比高达 97.73％。这一显著的比例反映出中国在智能提取技术领域的创新活力和研发实力,凸显出中国作为该领域创新的主要来源地的地位。

海外市场在智能提取技术方面的专利申请量相对较少,这可能与各国在中药领域的研发投入、市场规模以及对相关技术重视程度的差异有关。在中国市场以外的国家或地区中,韩国专利数量最多,其次是欧洲和日本,见图 3-8。这在一定程度上反映了智能提取与中药饮片的产地加工联系密切。相比中国市场,韩国、日本同样处于市场“蓝海”,这意味着这些地区的智能提取技术市场潜力巨大,有待进一步开发和利用。

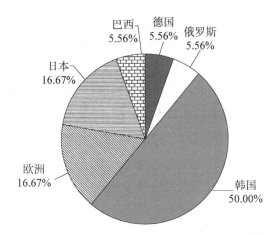

图 3-8　智能提取相关技术国外专利目标市场国家/地区分布

3. 技术来源国家/地区。截至检索日,全球智能提取相关专利同族合并后共计 795 项。这一数据显示了智能提取技术在全球范围内的关注度和发展趋势。其中,中国在该领域的专利申请量尤为突出,共有 776 项专利选择在中国申请,占比高达 97.61％。这一显著的比例反映出中国在智能提取技术领域的创新活力和研发实力,凸显出中国作为该领域创新的主要来源地的地位。

与此同时,韩国在智能提取领域的专利申请量也值得关注,位居中国以外的国家或地区之首,共计 9 项。韩国作为亚洲的发达国家之一,在科技创新方面具有较强的实力,尤其在电子和信息技术领域拥有显著的竞争优势,见图 3-9。韩国在智能提取技术方面的专利申请,可能与其在医药制造和生物技术领域的研究和产业布局有关。

尽管韩国在智能提取技术领域的专利申请量相对较少,但这表明该技术在韩国也受到了一定的关注,并有潜力在未来得到进一步的发展和应用。此外,其他国家或地区在智能提取技术方面的创新相对较少,这可能与各国在中药领域的研发投入、市场规模以及对相关技术重视程度的差异有关。

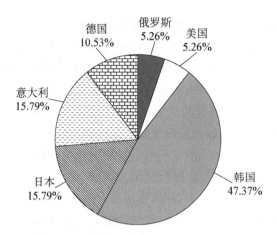

图 3-9　智能提取相关技术全球专利技术来源国家/地区国外分布

（三）中国专利申请分析

1. 申请趋势。智能提取技术作为中药制剂行业的关键技术之一，其发展历程与中药制剂行业的发展紧密相关。从图 3-10 可以看出，智能提取技术领域的专利申请量总体呈现上升趋势，这一趋势反映了智能提取技术在中药制剂行业中的重要性和应用潜力。根据该趋势，可以将智能提取的发展过程分为技术萌芽期、缓慢发展期和快速增长期 3 个阶段。

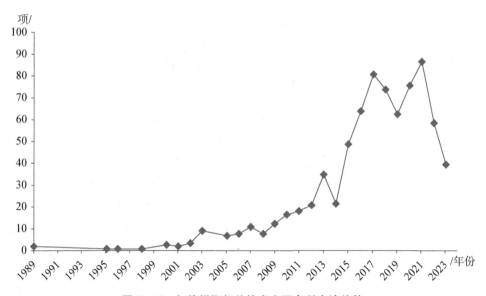

图 3-10　智能提取相关技术中国专利申请趋势

技术萌芽期（1989—2002 年）：智能提取技术刚刚起步，该领域最早的专利由邱方藩于 1989 年申请。此后 12 年间，尽管每年均有相关专利申请，但年均申请量较低，大约为 2 项。这一时期的专利申请主要集中在基础研究和概念验证上，为后续技术的发展奠定了基础。

缓慢发展期（2003—2012 年）：随着国内对中药制剂行业的逐渐重视和监管力度的加强，以及"十五"和"十一五"科技支撑计划的支持，智能提取领域的专利申请量开始缓慢增长,年均申请量约为 12 项。这一时期,行业对于技术创新的需求和追求逐渐增强,专利申请量的增长也反映了行业对于智能提取技术认识的深化和应用的探索。

快速增长期(2013—2023 年):得益于中国创新驱动发展战略的提出和实施,以及《药品管理法》(2015 年第二次修正)、《中医药法》(2016 年发布)、《古代经典名方目录(第一批)》(2018 年公布)和《药品管理法》(2019 年修订)等一系列政策的出台。这些政策极大地激发了中药提取设备研究人员的创新积极性,推动了智能提取技术的快速发展。在这一时期,专利申请量大幅增长,尤其以 2015 年和 2016 年最为明显,其中 2021 年专利申请量达到 87 项,创下了历年来的新高。

总体来看,智能提取技术的 3 个阶段都有其特点和成就。从最初的技术探索,到逐渐受到重视和支持,再到政策推动下的快速增长,这一领域的技术进步和创新活力不断增强。随着专利申请量的持续增长,智能提取技术在中国的发展前景十分广阔,预示着该技术将在未来发挥更加重要的作用。

2. 地域布局。根据图 3 - 11 所示的智能提取中国专利申请量前 10 的省(区、市),江苏省以 106 项申请量位居榜首,占比为 13.66%,显示出江苏省在智能提取技术领域的研发和产业化方面具有显著的领先地位。浙江省紧随其后,以 103 项申请量排名第 2,占比为 13.27%,这表明浙江省在智能提取技术的研发和应用方面也具有较强的实力。山东省则以 68 项申请量排名第 3,占比为 8.76%,这一成绩同样凸显了山东省在该技术领域的重要地位和发展潜力。

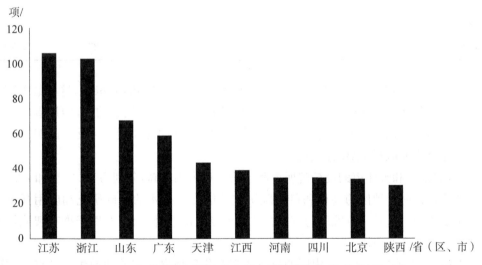

图 3 - 11 智能提取相关技术专利申请量排名前 10 的省(区、市)

申请量排名前 10 的省(区、市)专利申请总量在全国占比 71.39%,这一数据反映出中国智能提取技术的研发和产业化主要集中在这些地区,而其他省(区、市)在该技术领域的专利申请量仅占全国的 28.61%,显示出中国在智能提取技术领域的地域分布存在一定的不均衡性。

表 3 - 8 进一步展示了智能提取中国专利申请量排名前 10 的省(区、市)申请人类型

对比。从各省(区、市)专利申请人类型来看,四川、江苏、江西的企业专利数量占比较高,占比均超过75%,这在一定程度上反映出这些省(区、市)的智能提取产业化程度较高。江苏省的企业专利申请数量占比最高,达到78.30%,这一数据不仅体现了江苏省企业在智能提取技术研发方面的活跃度,也反映出该省在推动技术创新和产业化进程中的积极作用。

表3-8 智能提取相关技术专利申请量排名前10的省(区、市)申请人类型构成

省(区、市)	企业		高校院所		个人	
	项数(项)	占比(%)	项数(项)	占比(%)	项数(项)	占比(%)
江苏	83	78.30	15	14.15	5	4.72
浙江	60	58.25	27	26.21	16	15.53
山东	46	67.65	5	7.35	14	20.59
广东	39	66.10	13	22.03	7	11.86
天津	29	65.91	13	29.55	2	4.55
江西	30	76.92	7	17.95	2	5.13
河南	20	57.14	8	22.86	3	8.57
四川	32	91.43	3	8.57	0	0.00
北京	18	52.94	11	32.35	3	8.82
陕西	7	22.58	1	3.23	23	74.19

浙江省和山东省的企业专利申请数量占比分别为58.25%和67.65%,这些数据同样显示了这两个省份在智能提取技术产业化方面的积极进展。值得注意的是,四川省的企业专利申请数量占比高达91.43%,这一比例在所有省(区、市)中位居首位,反映出四川省在智能提取产业化方面取得了显著的成就。

此外,北京市和天津市的高校院所专利申请数量占比较高,分别为32.35%和29.55%,这可能意味着这两个地区的高校和科研院所在智能提取技术的基础研究和应用开发方面发挥了重要作用。这种高校院所与企业在技术创新上的互补合作,有助于推动智能提取技术的整体进步和产业应用。

综上所述,智能提取技术在中国的研发和产业化呈现出一定的地域集中特点,江苏省、浙江省和山东省等地区在该技术领域的专利申请量和企业参与度较高,显示出这些地区在智能提取产业化方面的领先地位。同时,北京和天津等地区的高校院所在智能提取技术研究中也扮演了重要角色,为技术的创新和应用提供了坚实的科研支持。随着智能提取技术的不断发展和应用,预计未来这些地区的技术优势将进一步巩固,并可能带动其他地区在该领域的技术进步和产业发展。

3. 主要申请人。根据图3-12显示的数据,浙江大学是智能提取领域中国专利数量排

名前10的申请人中的佼佼者。浙江大学在智能提取技术领域的领先地位得到了专利数量的印证,这不仅体现了该校在科研创新方面的强大实力,也反映了其在智能提取技术研究与应用上的广泛布局。浙江大学的科研团队通过跨学科合作,将深度学习、图像处理、知识图谱等前沿技术应用于智能提取技术的研发中,取得了一系列创新成果。

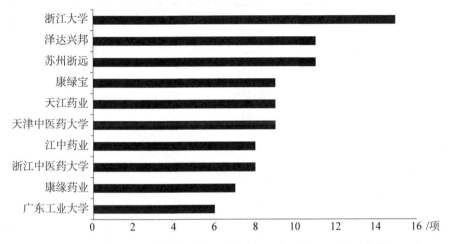

图3-12 智能提取相关技术全球专利申请数量排名前10的申请人的申请量

具体来看,其申请量涵盖了中药饮片和中成药生产企业4家,制药机械企业3家以及高校科研院所3家。从整体来看,前10申请人的专利数量占据了全国智能提取专利申请总量的14%。这表明,目前尚未形成一家独大或几家独大的局面。苏州泽达兴邦医药科技有限公司、苏州浙远自动化工程技术有限公司等企业在智能提取领域的专利申请量也显示出这些公司在技术创新和产业应用方面的活跃性。这些企业通过自主研发和与高校、研究机构的合作,推动了智能提取技术在中药饮片和中成药生产中的应用,提高了生产效率和产品质量。

广东康绿宝科技实业有限公司、江阴天江药业有限公司等其他企业则通过专利申请保护了其在智能提取技术方面的创新成果,这些成果有助于企业在激烈的市场竞争中保持优势,同时也为整个行业的技术进步做出了贡献。

天津中医药大学、浙江中医药大学等高校科研院所的专利申请活动体现了它们在智能提取技术基础研究和应用研究方面的努力。这些机构通过深入研究中药提取的科学原理和方法,为智能提取技术的发展提供了理论基础和技术支持。

总体来看,智能提取技术领域的专利申请情况显示了中国在该领域的技术创新活力和产业发展潜力。尽管目前尚未形成市场垄断的局面,但技术创新主体的分散性也为未来的技术发展和产业升级提供了广阔的空间。随着更多的机构和企业加入该领域,智能提取技术的应用范围和市场规模有望进一步扩大,推动整个行业的持续繁荣和发展。

4. 技术构成。表3-9的数据显示,智能提取的三级技术分支专利申请量及专利类型分布呈现出一系列特征。首先,从总量上来看,数字化控制的申请量最高,达到343项,其中发明类型占了145项,实用新型则有198项,发明类型的占比达到了42.27%。这表明数字化控制技术分支在创新活跃度上相对较高。这种现象的背后,可能是因为数字化控制技术在制药工艺各流程中的广泛应用,拥有更大的市场需求,从而激发了更多的创新动力。

表 3-9 智能提取相关技术专利技术构成

专利构成	发明		实用新型		总计(项)
	数量(项)	占比(%)	数量(项)	占比(%)	
机器视觉	90	82.57	19	17.43	109
大数据	11	100.00	0	0.00	11
人工智能	68	95.77	3	4.23	71
物联网	16	53.33	14	46.67	30
数字孪生	1	100.00	0	0.00	1
云计算	5	100.00	0	0.00	5
传感器	155	47.40	172	52.60	327
工业机器人	6	60.00	4	40.00	10
智能标签	28	87.50	4	12.50	32
数字化控制	145	42.27	198	57.73	343
智能生产管理系统	29	64.44	16	35.56	45

其次,传感器技术分支申请量也达到了 327 项,其发明类型的占比高达 47.40%。相较之下,机器视觉技术分支的申请量虽然较低,只有 109 项,但是发明类型的占比却高达 82.57%。这意味着在机器视觉领域,创新更加集中于发明类型的专利申请,显示出这个技术分支的高质量创新潜力。

从产业调研结果来看,智能提取领域中药特色的创新相对滞后,发明类型的申请量占比较低,这提示该领域创新能力提升存在一定的挑战。然而,智能提取领域涌现出的各种新兴技术,尽管数量较少,但是发明类型的占比较高,这表明了这些新兴技术具有较大的创新潜力和发展空间。

在大数据领域,虽然专利申请总量只有 11 项,但所有申请均为发明类型,占比达到 100%,这显示了大数据技术在智能提取领域的创新水平较高。同样,云计算和数字孪生技术的发明类型申请也占据了全部申请量,分别为 5 项和 1 项,占比均为 100%,这进一步印证了这些新兴技术领域的创新活跃度和潜在的市场应用前景。

在人工智能领域,68 项专利申请中有 65 项为发明类型,占比高达 95.77%,这一数据表明人工智能在智能提取技术中的应用和创新非常活跃,且创新质量较高。物联网技术的申请量为 30 项,其中发明类型占比也超过了一半,达到 53.33%,这反映了物联网技术在智能提取领域的应用潜力和创新趋势。

　　最后,工业机器人技术分支的申请量较少,共计 10 项,其中 60％为发明类型,这可能表明工业机器人在智能提取领域的应用还在探索阶段,但已有的创新显示出较高的质量和技术含量。总体来看,智能提取领域的技术创新活跃,各技术分支的发展态势和市场需求紧密相关,新兴技术的高发明申请比例预示着未来的发展潜力和方向。

　　5. 技术路线。在 2003 年以前,中国中药产业的生产壁垒相对较低,智能化技术尚未成熟,智能提取技术的专利申请数量稀少。这一时期,中药生产主要依赖传统的手工操作和简单的机械设备,生产效率和产品质量控制水平有限。然而,随着中国对中药行业监管水平的提高和智能技术的兴起,自 2003 年起,智能提取技术专利申请开始逐步增加,见图 3－13。

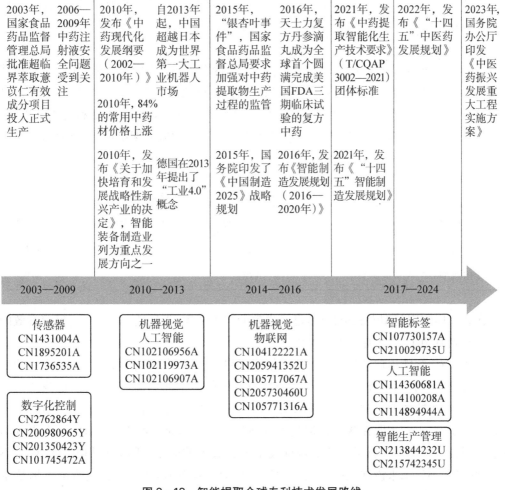

图 3－13　智能提取全球专利技术发展路线

　　2003—2009 年,智能提取技术的创新主要集中在传统的传感器和数字化控制领域。这些技术的应用提高了自动化效率,实现了人力节约,为中药生产的现代化和标准化奠定了基础。2010—2013 年,随着早期智能技术的兴起,智能提取专利申请的焦点开始转向机器视觉、人工智能等新兴领域。这一转变反映了中药产业对于提高生产智能化水平的需求以及对于提升产品质量和降低生产成本的追求。

2013—2016 年,智能提取技术在传统基础上持续向物联网等新兴技术发展,不断进行创新。这一时期,中药产业开始探索如何利用物联网技术实现生产过程的实时监控和远程管理,以及如何通过智能技术提升药材的追溯能力和生产过程的透明度。而在 2017—2024 年,智能提取技术的专利申请不仅涌现了大数据、智能标签、智能生产管理系统等新技术,还强调了现有智能技术之间的融合,如将人工智能与大数据分析相结合,以实现更高效的生产决策和质量控制。

预计未来,新技术的引入和智能技术之间的融合将成为智能提取技术发展的主要趋势。这将推动中药产业向更加智能化、自动化的方向发展,提高生产效率和产品质量,同时降低生产成本和环境风险。当然,尽管专利申请数量和质量已经有所提升,但在这方面仍然存在着较大的努力空间,特别是在中药产业的智能化改造和技术创新方面,需要持续的投入和研究。

6. 专利申请类型及法律状态。根据表 3-10 的数据,智能提取领域的中国专利申请类型及法律状态显示,在 421 项发明专利申请中,有 81 项处于审查中,占比约 19.24%。已经失效的专利有 221 项,占比超过一半,达到 52.49%。目前有效的发明专利有 119 项,占比约 28.27%。审查中案件占有一定比例,这可能是因为该领域近期申请量的激增,给审查工作带来了短期压力。

表 3-10　智能提取中国专利申请类型及法律状态

专利类型	有效(项)	失效(项)	审查中(项)	总计(项)
发明	119	221	81	421
实用新型	201	172	—	373

在 373 项实用新型专利申请中,已经失效的有 172 项,占比约 46.11%。目前有效的实用新型专利有 201 项,占比约 53.89%。

总体来看,智能提取领域的专利申请情况反映了技术创新的活跃度和市场应用的广泛性。尽管发明专利的审查中比例较高,但有效发明的比例并不高,这提示了在该技术领域内,创新主体可能需要更加注重专利质量的提升和专利策略的优化。同时,实用新型专利的有效性比例较高,表明在智能提取技术的应用和推广方面,企业和技术发明人更倾向于通过实用新型专利来快速保护和实现其技术创新成果的应用。随着专利审查流程的不断优化和改进,预计未来该领域的有效专利比例将会逐步提升,进一步促进智能提取技术的创新和产业发展。

(四) 重点企业关键核心技术分析

通过产业调研,得到智能提取设备领域知名企业名单。充分融合产业与专利信息,针对业内知名企业的专利进行深入分析可以看出,业内知名企业均为中国企业,从申请量上看,新华医疗略具优势,各家申请量都较低,见表 3-11。

表 3–11　智能提取领域业内知名企业及相关专利申请情况

企业名称	专利申请量(项)
新华医疗	14
华润集团	12
科达机电	11
天士力	11
泽达易盛	11
康绿宝	9
楚天科技	9
江中药业	9
康缘药业	7
东富龙	6

　　新华医疗作为智能提取设备领域的头部企业,自2013年起就开始推动数字化控制在提取技术中的应用。该公司在人工智能、传感器、智能生产管理系统等方面的专利申请数量也显示出其在智能化技术创新上的积极探索和应用。新华医疗利用人工智能技术优化提取过程控制,确保工艺质量,同时将PLC等数字控制技术应用于生产流程控制,提升了生产效率和产品质量。

　　华润集团自2014年起开始在传感器和数字化控制领域进行专利布局,并在机器视觉方面也有所涉猎。这些技术的集成应用有助于提升智能提取设备的精准度和自动化水平,同时也为华润集团在智能提取技术领域的持续创新提供了技术支撑。

　　根据智能提取相关技术全球专利申请人申请数量排名分析,针对筛选出的排名前2的创新主体作为重点企业进行核心专利技术分析。由表3–12可知,新华医疗共申请专利25项,其涉及的智能化手段主要包括数字化控制13项,人工智能技术5项,传感器技术5项。华润集团共申请专利12项,其涉及的智能化手段主要包括传感器9项、数字化控制4项、机器视觉1项。

表 3–12　制剂前处理智能化相关重点企业专利申请现状

申请人	专利数量(项)	主要智能化手段(项)
新华医疗	25	数字化控制(13) 人工智能(5) 传感器(5) 机器视觉(3) 智能生产管理系统(3) 智能标签(1)

（续表）

申请人	专利数量（项）	主要智能化手段（项）
华润集团	12	传感器（9） 数字化控制（4） 机器视觉（1）

可见,智能提取相关技术中,在智能化手段上,现有的重点企业智能化手段多集中于数字化控制、传感器;其智能化手段仍处于早期智能化技术,对于大数据、人工智能、物联网、数字孪生等新的智能化手段技术的专利布局较少,该技术领域的在智能化手段创新上有待进一步提高。

（五）重要高校技术攻关情况分析

通过产业调研,得到智能提取领域知名高校名单。充分融合产业与专利信息,针对业内知名高校的专利进行深入分析可以看出,业内知名企业均为中国高校,从申请量上看,浙江大学最具优势,位列第1,南京中医药大学第2,其他大学差距较小,见表3-13。

表3-13 智能提取领域业内知名高校及相关专利申请情况

高校名称	专利申请量（项）
浙江大学	15
南京中医药大学	5
西南大学	4
清华大学	3
哈尔滨工业大学	2
陕西中医药大学	2
浙江工业大学	2
东北大学	1
广州大学	1
河北工业大学	1

浙江大学自2002年起就在推动人工智能和机器视觉应用于提取技术,而在数字化控制、传感器、智能生产管理系统、工业机器人、云计算上也有一定数量的专利申请。浙江大学在新技术应用上特别具有创新活力,将人工智能和机器视觉应用于提取过程的检测分析技术。

根据智能提取相关技术全球专利申请人申请数量排名分析,针对筛选出的排名前三的创新主体作为重点高校进行核心专利技术分析。由表3-14可知,浙江大学从属单位共申请专利21项,其涉及的智能化手段主要包括人工智能9项、数字化控制6项、传感器3项、机器视觉 2 项、智能生产管理系统 2 项。南京中医药大学共申请专利 5 项,其涉及的智能化手段主要包括数字化控制 3 项、机器视觉 2 项、传感器 1 项。

表 3 - 14　制剂前处理智能化相关重点高校专利申请现状

申请人	专利数量(项)	主要智能化手段(项)
浙江大学	21	人工智能(9) 数字化控制(6) 传感器(3) 机器视觉(2) 智能生产管理系统(2) 大数据(1) 工业机器人(1) 数字孪生(1) 云计算(1)
南京中医药大学	5	数字化控制(3) 机器视觉(2) 传感器(1)

第二节　制剂成型智能化

一、技术概况

中药制剂成型智能化技术是指运用先进的信息技术、自动化技术和智能化设备,对中药制剂成型智能化过程进行智能化控制和优化的技术。具体包括:

1. 智能化设备。包括具有自动化控制和智能化功能的中药成型设备,如智能压片机、智能制丸机、智能包衣机等。这些设备能够实现自动化生产、自适应调节和远程监控等功能。

2. 数据采集与分析。运用传感器和物联网技术,实时采集生产过程中的数据,包括温度、湿度、压力等参数,通过数据分析和挖掘,优化生产过程,提高生产效率和产品质量。

3. 智能化控制系统。建立智能化的控制系统,集成先进的控制算法和人机交互界面,实现对生产过程的实时监控、智能调节和远程控制,提高生产的稳定性和可控性。

4. 质量检测与追溯。结合机器视觉和人工智能技术,实现对成型产品的质量检测和识别,确保产品符合标准,同时通过追溯系统实现产品生产全程的可追溯性。

5. 柔性化生产。通过智能化技术,实现生产过程的柔性化调整和定制化生产,满足不同规格和批次的中药制剂生产需求,提高生产的灵活性和适应性。

中药制剂成型智能化技术的应用,可以提高中药制剂生产的自动化水平、生产效率和产品质量,促进中药产业的现代化和智能化发展。

二、全球专利分析

截至检索日,关于中药制剂成型智能化相关技术的专利申请,全球范围内公开的专利申请共 1078 项,合并同族后共 1061 项。基于上述制剂成型智能化的专利数据从专利申请趋势、地域布局、主要申请人和技术构成 4 个方面进行全球专利现状分析。

(一)申请趋势

由图 3-14 可知,制剂成型智能化相关技术的专利申请量总体上呈现增长的态势,根据图中趋势曲线的走势,将制剂成型智能化相关技术的发展过程大致可以分为下述三个阶段。

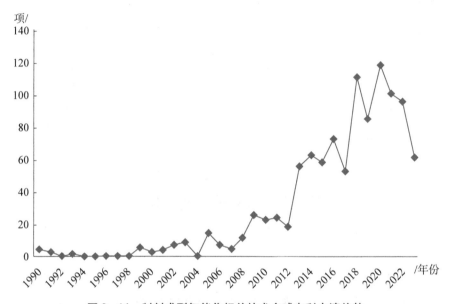

图 3-14 制剂成型智能化相关技术全球专利申请趋势

技术萌芽期(1990—2004):制剂成型智能化相关技术的专利申请开始于 20 世纪 90 年代,1990—2004 年专利申请数量较少,呈现低水平波动,反映了该技术处于早期发展阶段,技术创新和应用较为有限。在这段时间内,相关技术研究主要集中在技术基础的探索,通过理论研究、实验验证等方式来探讨中药制剂智能制造的可行性和技术路径。

缓慢发展期(2005—2012):在这段时间里,关于制剂成型智能化相关技术的专利申请量逐年缓慢增加,其原因有三,一是中药制药的生产通常依赖于传统的手工制造或半自动化生产线,这种生产模式在很长一段时间内成为主流,使得智能制造技术难以得到应用和推广;二是中药制药生产设备的更新换代周期相对较长,企业对新技术的接受和应用持保守态度,且中药制剂成型智能化的研发需要大量的资金支持,这段时间内可能受到资金和资源的限制;三是中药制剂智能制造的相关标准和规范可能还没有完善,技术研发需要多学科交叉的专业人才短缺,这对于技术的研发、推广和应用造成了一定的障碍。

快速发展期(2013—2024):进入 21 世纪 10 年代,互联网、网络化、信息技术、物联网、大数据等新技术开始蓬勃发展,中药智能制造得到制药相关政策的支持,中药制剂成型智能化企业的需求增加,相关的行业标准和规范逐渐完善,大量创新主体为提高生产效率和质量,加大了对制剂成型智能化相关技术研发力度,经过近二十年的技术积累后,专利申请量开始呈现快速增长态势,从 2012 年的 19 项增加到 2020 年的 119 项,增长了近 6 倍。

综合来看,中药制剂成型智能化技术的全球专利申请趋势反映了制药行业对于智能制造技术的不断探索和应用。中药制剂成型智能化相关技术专利申请量的增长趋势主要受到技术发展、政策支持和市场需求等因素的影响。随着技术的不断进步和市场的变化,相关专利申请量可能会出现波动,但整体趋势仍然是向着快速发展的方向。

(二) 地域布局

1. 目标市场国家/地区。中国是专利申请数量最多的国家,占全球总申请量 93％。图 3－15 展示了制剂成型智能化相关技术国外专利目标市场国家/地区分布,美国、印度、韩国、欧洲等其他国家和地区在专利申请数量上占比仅为 7％,相对较少,但也反映了全球范围内中药制剂成型智能化技术的广泛关注和研究。

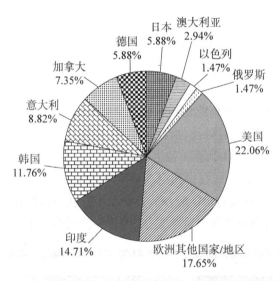

图 3－15　制剂成型智能化相关技术国外专利目标市场国家/地区分布

综合来看,中国作为中药制剂成型智能化技术的主要发展和应用地区,在专利申请数量上占据绝对优势。而国际其他国家的申请数量虽然相对较少,但也反映了该领域的全球性关注和研究势头。这些数据反映了全球范围内中药制剂成型智能化技术的活跃程度和发展趋势。

2. 技术来源国家/地区。中国是中药制剂成型智能化技术专利的主要来源国,占比95％。图 3－16 展示了制剂成型智能化相关技术国外专利技术来源国家/地区分布。美国、韩国、欧洲专利局、意大利等其他国家和地区在中药制剂成型智能化技术上占比 5％,表明了这些国家在中药制剂成型智能化领域有一定的研究活动。

综上所述,中药制剂成型智能化相关技术的专利来源国分布显示了中国在这一领域的主导地位,同时也反映了全球对于中药智能制造技术的关注和投入。随着中药产业的现代化和国际化,预计未来会有更多的国际合作和技术交流,推动中药制剂成型智能化技术的进一步发展。

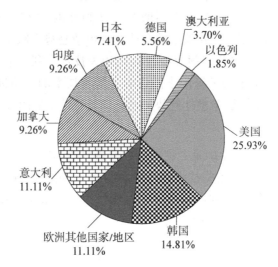

图3-16 制剂成型智能化相关技术国外专利技术来源国家/地区分布

(三) 主要申请人

由图3-17可知,制剂成型智能化相关技术全球专利申请数量排名前10的申请人为东阿阿胶、伊马集团、天士力、迦南科技、浙江大学、羚锐制药、迪尔制药、新马制药、东富龙和华圆制药。9位主要申请人来自中国,1位主要申请人来自意大利,东阿阿胶股份有限公司以44项专利位列第1,显示出该公司在中药制剂成型智能化技术领域的研发实力和领先地位。紧随其后的伊马集团公司也拥有40项专利,反映出企业在技术创新方面的积极参与。其他如天士力、迦南科技等也有较多的专利申请,表明这些公司在技术开发上的投入较大。

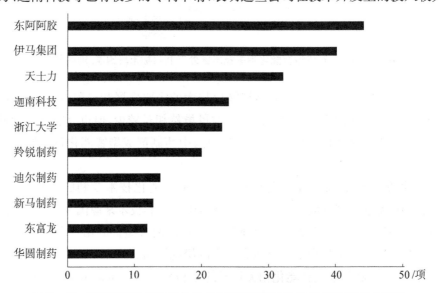

图3-17 制剂成型智能化相关技术全球专利申请数量排名前10的申请人

综上所述,中药制剂成型智能化相关技术的专利申请人主要集中在具有一定研发实力的企业以及部分高校和研究机构。其中,企业因追求生产效率和产品质量的需求而成为技术创新的主体,而高校和研究机构则提供了科学研究和人才培养的支持。未来,这一领域的技术革新和产业应用有望在各方共同努力下继续深化和拓展。

(四) 技术构成

制剂成型智能化相关技术的专利按照成型技术分类,可划分为制丸、制膏、制胶囊、制片、制粒、制液和包衣。由图 3-18 可知,中药制剂成型智能化相关技术的技术构成主要集中在制丸、制膏、制胶囊和制片等几大类。制丸是中药制剂中最常见的一种剂型,占比 29%,这表明制丸技术在中药制剂成型智能化中占据了重要地位。这可能是因为丸剂在中医临床应用中广泛使用,且易于服用和保存。制膏技术占比 23%,膏剂适合长期服用,且便于调整剂量,因此在中药制剂中也占有一席之地。制胶囊占比 16%,胶囊剂型以其便于携带、剂量精确等优点,成为现代中药制剂中常见的一种形式。制片占比 13%,片剂具有剂量准确、稳定性好等特点,适合现代化大规模生产。制粒技术占比 11%,颗粒剂型方便调配和使用,且易于实现自动化生产。包衣技术和制液共占比 8%,包衣可以改善药物的外观、口感和稳定性,提高患者的依从性。制液技术在某些特定情况下仍然不可或缺,如口服液等。

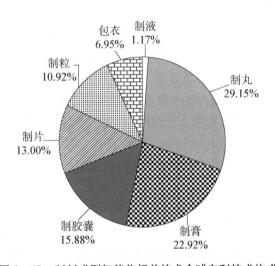

图 3-18　制剂成型智能化相关技术全球专利技术构成

制剂成型智能化相关技术中按照其智能化手段进行分类,可划分为传感器、大数据、工业机器人、机器视觉、人工智能、数字化控制、物联网、智能标签、智能生产管理系统等。由图 3-19 可知,在中药制剂成型智能化领域,智能化手段的应用分布主要集中在传感器技术和数字化控制上,其他技术如机器视觉、人工智能等也有不同程度的应用。以下是对这些智能化手段的具体分析:传感器技术占比 34%,是中药制剂成型智能化中应用最广泛的智能化手段。传感器在监测和控制生产过程中的温湿度、压力等关键参数方面发挥着至关重要的作用。数字化控制占比 32%,这表明数字化控制在中药制剂生产中同样占据了重要位置。数字化控制系统能够实现生产过程的精确调控,保证产品质量的一致性和稳定性。机器视觉占比15%,机器视觉在质量检测、成品筛选等环节提供了有效的技术支持,提高了生产效率和产品质量。人工智能占比9%,但人工智能在数据分析、模式识别等方面的应用正逐渐成为中药智能制造的一个重要方向。智能生产管理系统占比3%,显示出生产管理层面对智能化的需求,这有助于提升整个生产流程的效率和透明度。

图3-19 制剂成型智能化相关技术全球专利智能化手段技术构成

物联网、工业机器人、大数据、智能标签这些技术虽然专利申请量相对较少,但在连接设备、自动化操作、数据收集和产品追踪等方面也起到了辅助作用。

综上所述,中药制剂成型智能化相关技术的技术构成显示出多样化的特点,其中制丸、制膏、制胶囊和制片等技术因其广泛的应用和适应性而成为研究的热点。中药制剂成型智能化相关技术的智能化手段分布情况显示了该领域的技术发展重点在于传感器技术和数字化控制,同时,其他辅助技术也在逐步融入,共同推动中药制造业的智能化升级。其智能化手段仍处于早期智能化技术,对于人工智能、智能生产管理系统、物联网等新的智能化手段技术的专利布局较少,在智能化手段创新上有待进一步提高。随着技术的不断进步,预计未来这些智能化手段将更加深入地应用于中药制剂的生产流程中,进一步提升产品质量和生产效率。

三、中国专利申请分析

中国在制剂成型智能化相关技术领域中占据绝对优势,为了解制剂成型智能化相关技术中国专利现状,本部分对该领域的中国专利申请趋势、地域布局和法律状态进行分析。

(一) 申请趋势

由图3-20可知,中国中药制剂成型智能化相关技术的专利申请趋势整体上呈现出显著的增长态势。中国制剂成型智能化相关技术专利申请量经历了萌芽期(1990—2004)、缓慢发展期(2005—2012)和快速发展期(2013—2024),总体呈现波动上升趋势。由于中国专利占全球专利数量的93%,其申请量趋势与全球专利申请量趋势基本一致。

萌芽期(1990—2004):在这一时期,中药制剂成型智能化相关技术的专利申请数量相对较少,增长缓慢。这反映出该领域在初期阶段的技术积累和市场探索。

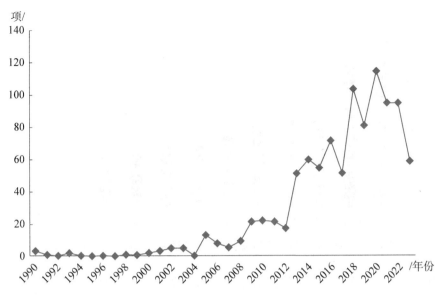

图 3-20 制剂成型智能化相关技术中国专利申请趋势

缓慢发展期(2003—2015):从 2003 年开始,专利申请数量逐年增加,尤其是在 2013 年之后,增长趋势更为明显。这可能与中国政府在中医药产业的政策支持、市场需求的增长以及科技进步有关。

快速发展阶段(2013—2024):这一阶段的专利申请量迅速增长,达到一个高峰期,这表明中药制剂成型智能化技术得到了快速发展,技术创新活跃。

总的来说,中药制剂成型智能化相关技术的中国专利申请趋势与中国中药产业的发展密切相关,随着中药新药的不断获批上市和中药抽检合格率的高水平保持,可以预见,未来中药制剂成型智能化技术将继续朝着数智化、高效化方向发展,以适应市场需求和科技进步的趋势。

(二)地域布局

由图 3-21 可知,中国中药制剂成型智能化技术的专利申请地区主要分布在东部沿海和中部地区,其中浙江、山东、广东、江苏为申请专利数量最多的地区。具体分析如下:

浙江:拥有 116 项专利申请,占比 11.9%,位居首位。这与浙江省对医药产业的大力投资有关,同时该省也是中国经济较为发达的地区之一,具有较强的科技实力和创新能力。

山东:有 112 项专利申请,占比 11.5%。山东省同样在医药产业方面有着显著的发展,且拥有一些知名的医药企业和研究机构,如东阿阿胶、新马制药等。

广东:有 81 项专利申请,占比 8.3%。广东省是中国的经济大省,拥有完善的工业体系和创新环境,对智能制造技术的需求较大。

江苏、天津、江西、河南、北京、上海、安徽的专利申请数量也在 45 项以上,显示出这些地区在中药制剂成型智能化技术领域也有一定的研究和发展。

综上所述,中药制剂成型智能化技术的中国专利申请地域布局主要集中在经济较发

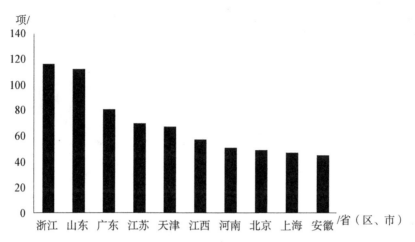

图 3-21　制剂成型智能化相关技术专利申请量排名前 10 的省(区、市)

达、科技创新能力较强的省份,相关技术专利申请主要集中在东部沿海和中部地区。这些地区的企业可能在引进信息化手段、优化生产流程、规范生产过程等方面进行了积极的探索和实践。此外,中药作为中国传统医学的重要组成部分,其现代化和国际化的趋势也促使相关技术和产品需要通过专利保护来获得更好的发展。

中国中药制剂成型智能化相关技术的专利申请中,企业是主要的申请人类型,其次是高校院所和个人,见表 3-15。具体分析如下:

表 3-15　制剂成型智能化相关技术专利申请量排名前 10 的省(区、市)申请人类型构成

省(区、市)	企业(%)	高校院所(%)	个人(%)	其他(%)
浙江	63	25	10	2
山东	79	8	10	3
广东	83	5	11	1
江苏	74	15	4	7
天津	85	8	6	1
江西	82	11	7	0
河南	90	6	2	2
北京	64	18	14	4
上海	72	16	6	6
安徽	89	2	7	2

1. 企业作为主要申请者。在各地区的专利申请中,企业占据了主导地位,比例从 63% 到 90% 不等。这表明企业在中药制剂成型智能化领域的研发活动中扮演着核心角色。企业具有将研发成果转化为实际生产力的能力,对于推动技术创新和产业发展起到了关键作用。

2. 高校院所的参与。高校院所在专利申请中的比例一般在 8%～25%,这说明高等教育和科研机构在中药制剂成型智能化技术的研发中也占有一席之地。高校院所通常拥有较强的理论基础和科研能力,能够提供前沿的科学研究成果和技术创新。

3. 个人申请者的存在。个人申请者在专利申请中的比例相对较小,大约在 2%～14%。这可能包括独立发明人或者从事相关领域研究的科研人员,他们在特定领域或技术上可能有独到的创新和发明。

4. 其他类型的申请者。包括一些机关团体或科研单位等,虽然比例不高,但在推动行业发展和标准化建设方面可能具有一定的影响力。

综上所述,中药制剂成型智能化相关技术的中国专利申请主要由企业主导,高校院所和个人也有贡献,这种分布状况反映了中国在该领域的研发活动结构。企业作为技术创新的主体,与高校院所合作,可以加速科技成果的转化和应用,而个人和其他类型申请者的参与则为技术创新提供了更多元化的视角和动力。

(三) 专利申请类型及法律状态

中国中药制剂成型智能化相关技术的专利申请类型主要包括发明专利和实用新型专利,以发明为主,共 771 项,占比 64%,见表 3 - 16。具体分析如下:发明专利有效 188 项,这些是在当前仍然维持有效的发明专利,反映了该领域的核心技术和创新成果。发明专利失效有 240 项,这可能包括因各种原因未能维持其有效性的专利,如未按时缴纳年费、专利权主动放弃或被宣告无效等。发明专利审查中有 123 项,这表明该领域仍有相当数量的新技术正在申请过程中,尚未获得授权。实用新型专利共 429 项,有效有 278 项,这些是在当前仍然维持有效的实用新型专利,通常涉及对产品的形状、结构等方面的改进;失效有 149 项,同样可能因为各种原因导致专利失效。

表 3 - 16　制剂成型智能化相关技术专利申请类型和法律状态

专利类型	审查中(项)	失效(项)	有效(项)	总计(项)
发明	123	240	188	551
实用新型	—	149	278	427
总计	123	389	466	978

综上所述,中药制剂成型智能化相关技术的中国专利申请状况显示了该领域技术创新的活跃程度和知识产权保护的现状。有效专利的数量表明,目前有一定比例的创新技术得到了法律保护,可以为企业带来竞争优势。失效的专利数量也提示申请人需要关注专利的维护和管理。审查中的专利申请则反映了未来可能的技术趋势和行业发展的新动态。

四、重点企业关键核心技术分析

根据制剂成型智能化相关技术全球专利申请人申请数量排名,对排名前 3 的创新主体作为重点企业进行核心专利技术分析。由表 3 - 17 可知,中国关键申请人在中药制剂成型智能化相关技术方面的技术构成表现出数字化控制、传感器应用和人工智能技术的明显趋势。

表 3-17　制剂成型智能化相关重点企业专利申请现状

申请人	专利数量(项)	制剂成型智能化(项)	智能化手段(%)
东阿阿胶	44	制膏(43) 制胶囊(1)	数字化控制(38.6) 传感器(25.0) 人工智能(18.2) 智能标签、机器视觉、物联网、大数据(18.2)
伊马集团	40	制胶囊(24) 制片(12) 包衣(4)	数字化控制(64.2) 传感器(23.8) 机器视觉、物联网、大数据(12.0)
天士力	32	制丸(29) 制膏(2) 制胶囊(1)	传感器(37.5) 人工智能(37.5) 数字化控制(25.0)

1. 东阿阿胶。主要专注于制膏技术；智能化手段中数字化控制在其技术构成中占据了38.6%，显示出该公司在生产过程中对数据和流程管理有较高程度的数字化集成，如申请日为20140115,专利申请号为CN201420022915.8的专利申请"一种阿胶注胶冷却成形一体机"。包括一个可绕中心转动的圆盘，所述圆盘中心固定有一贮水筒，所述贮水筒外设有一环形总管和加压泵，所述加压泵与贮水筒、环形总管通过管线相通；所述环形总管外环绕有 N 个下模，每个下模带有一与环形总管相通的进水管和一与贮水筒相通的出水管，每个进水管、出水管上设有磁感应阀；贮水筒外侧固定有弧形磁板；每个下模上方固定有一个伸缩油缸或气缸，其下端设有一个上模；所述贮水筒上方设有一贮胶罐，通过注胶管与上模相通；由 PLC 控制器控制所述进水管、出水管、注胶管的通断及伸缩油缸或气缸的运动。本实用新型具有结构紧凑，自动化程度高，冷却效果好，阿胶块均匀、完整，适合生产阿胶。

传感器技术应用占比25.0%,这表明在生产过程中，东阿阿胶重视通过传感器进行实时监控和控制。如：申请日为20140807,专利申请号为CN201410387156.X 的专利申请"一种利用电子鼻技术鉴别阿胶的方法"。本发明公开一种利用电子鼻技术鉴别阿胶的方法，选取特定厂家的阿胶产品作为样本；对样本中每个样品分别检测，将样品粉碎成碎末后称取一定量置于密封样本瓶中，搅动一段时间后将样本瓶中的气体抽出一部分注射入电子鼻气室，电子鼻气室中的传感器阵列采集样品数据；对该样本中的样品数据划分为校正集数据和验证集数据，采用校正集数据建立判别模型，并通过验证集数据对所建立的判别模型进行验证；采集待检测阿胶样品的样品数据，计算待检测阿胶样品的主成分数据与培训集的主成分分析模型的主成分中心的距离，得到待检测阿胶样品的 F 值，根据设定的方差齐性检验的置信区间，判断其精密度是否有显著性差异，不存在显著性差异的为该特定厂家的阿胶。

人工智能占比 18.2%,如:申请日为 20130506,专利申请号为 CN201310162814.0 的专利申请"一种采用近红外光谱快速测定复方阿胶浆中总皂苷含量的方法"。本发明方法通过浓缩稀释配制不同浓度的复方阿胶浆样本,与成品样本共同组成样本集,采集样本集的近红外光谱图,首先进行异常样本剔除和样本集的划分,然后选择合适的光谱波段、预处理方法得到复方阿胶浆样本特征光谱信息,以香草醛-高氯酸比色法测得复方阿胶浆样本的总皂苷含量为参考值,应用化学计量学技术,构建复方阿胶浆近红外光谱与其总皂苷含量之间关系的定量校正模型,对未知含量的复方阿胶浆样本采集其近红外光谱,利用构建的定量校正模型快速计算其总皂苷含量。本发明方法有利于提高复方阿胶浆的质量控制水平,保证成品质量稳定、可靠。

其他智能化手段如智能标签、机器视觉、物联网、大数据等技术占 18.2%,这些技术的运用可能旨在提高生产效率、质量控制和智能化水平。如:申请日为 20190911,专利申请号为 CN201910858211.1 的专利申请"一种用于阿胶浆生产的智能供盒机器人"。本发明实例公开了一种用于阿胶浆生产的智能供盒机器人,基座上设置有水平转向组件,水平转向组件的输出端连接有水平转向台,水平转向台上设置有主臂转向组件,主臂转向组件的输出端连接有机器人主臂,机器人主臂上设置有支臂转向组件,支臂转向组件的输出端上设置有机器人支臂,机器人支臂上设置有夹具竖直转向组件,夹具竖直转向组件的输出端连接有夹具转向台,夹具转向台上设置有夹具水平转向组件,夹具水平转向组件的输出端上设置有海绵吸盘,海绵吸盘能够在很大的空间范围内任意移动,从而将不同堆垛上的礼盒抓取至流水线上,提升阿胶浆生产使得自动化性能,降低人力成本,提升加工效率。

2. 伊马集团。多样化的制剂成型技术,涉及制胶囊(24 项)、制片(12 项)和包衣(4 项),显示了该公司在多个方面的技术研发能力。其智能化手段上数字化控制在技术构成中比例最高,达到 64.2%,反映了该公司在整体生产管理中高度依赖数字技术。如:申请日为 20210511,专利申请号为 EP21734205 的专利申请"用于填充胶囊的填充机"。一种用于至少一种产品填充胶囊(100)或类似容器的填充机(1),包括:用于在胶囊(100)上操作的多个操作站(3~8);移动系统(2),所述移动系统用于将所述胶囊(100)传送通过所述多个操作站(3~8),所述多个操作站至少包括第一给料站(3)和第二给料站(4),所述第一给料站和第二给料站是可激活的并且被构造成用相应的产品填充所述胶囊(100);移动系统(2)包括:线性电动机(10);导轨(13),其沿着闭环运动路径(P)延伸并包括线性电动机(10)的定子(11);以及多个传送托架(14),其与导轨(13)相关联并设置有各自的座(21,22)以容纳所述胶囊(100)的主体(102)和盖(101),所述传送车(14)包括所述线性电动机(10)的相应转子(12),所述相应转子分别且独立地与由所述定子(11)产生的相应磁场相互作用,以便使相应传送车(14)在所述第一定量站(3)被激活时,至少在所述第一定量站处以间歇运动和/或在所述第二定量站(4)被激活时,至少在所述第二定量站处以连续运动沿着所述导轨(13)移动,见图 3-22。

传感器技术也有相当比例的应用,占 23.8%。机器视觉、物联网、大数据等技术的应用相对较少,占 12.0%,但仍表明公司在探索综合运用多种智能化手段。

3. 天士力。主要集中在制丸技术(29 项),同时也有少数制膏(2 项)和制胶囊(1 项)的

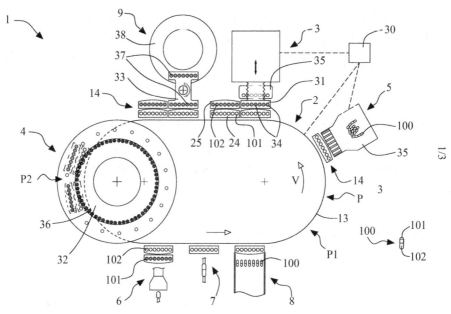

图 3-22　专利 EP21734205 说明书

申请。天士力在传感器和人工智能各占 37.5%,在数字化控制方面的占比为 25.0%,这可能意味着天士力在自动化和智能决策方面投入较多。如:申请日为 20061230,专利申请号为 CN200620172870.8 的专利申请"具有在线检测功能的数字化滴丸机"。本实用新型公开了一种滴丸机,包括具有化料装置、滴制装置、制凝装置和制凝介质循环装置的滴丸机主机,其特征在于包括近红外在线检测系统,所述的近红外在线检测系统包括近红外在线检测传感器和近红外仪,其中,近红外在线检测传感器安装在所述的化料装置或/和滴制装置、制凝装置上,用于采集物料的近红外光谱信息,并传给近红外仪。该滴丸机采用近红外检测系统不仅能够无损、实时反映料液状态的均一程度、药液性质的稳定程度、冷凝液性质对制剂成型的有效程度、滴丸成形后的丸形及有效成分含量等指标,同时该检测方法不影响药液质量,符合 GMP 生产要求,而且避免了在采集样本和分析之间存在时间延迟,提高了生产效率和产品质量。

　　综上所述,上述重点企业在中药制剂成型智能化相关技术方面,多集中于单一种类中药制剂成型技术的开发,这样有利于加快产业应用,尽快为企业带来效益。在智能化手段上,其中数字化控制、传感器技术和人工智能成为主要的研发方向。其智能化手段仍处于早期智能化技术,对于机器视觉、大数据、人工智能、物联网、数字孪生、智能生产管理系统等新的智能化手段技术的专利布局较少,在智能化手段创新上有待进一步提高。

五、重要高校技术攻关情况分析

　　根据制剂成型智能化相关技术全球专利申请人申请数量排名,筛选出浙江大学、北京中医药大学、浙江中医药大学作为重点高校进行核心专利技术分析。由表 3-18 可知,其在中药制剂成型智能化相关技术方面的技术构成主要集中在人工智能、数字化控制和传感器应用。具体分析如下：

表 3-18　制剂成型智能化相关重点高校专利申请现状

申请人	专利数量(项)	制剂成型智能化(项)	智能化手段(%)
浙江大学	23	制粒(8) 制膏(6) 制胶囊(5) 制丸(3) 制片(1)	人工智能(43.5) 数字化控制(16.7) 传感器(16.7) 机器视觉(16.7) 其他(6.4)
北京中医药大学	11	制丸(5) 制片、制膏、制胶囊、包衣(6)	人工智能(90.9) 数字化控制(9.1)
浙江中医药大学	9	制丸(4) 制粒(3) 制膏(2)	传感器(55.6) 数字化控制(44.4)

1. 浙江大学。涉及多种制剂成型智能化技术,包括制粒(8 项)、制膏(6 项)、制胶囊(5 项)、制丸(3 项)和制片(1 项)。在智能化手段方面,人工智能的应用占据了最大比例,为 43.5%,这可能表明浙江大学在智能算法和数据处理方面的深入研究。如:申请日为 20221230,专利申请号为 CN202210938277.3 的专利申请"一种滴丸滴制过程故障检测系统及方法"。本发明公开了一种滴丸滴制过程故障检测方法,用于检测滴丸滴制过程中各种因素造成的滴丸丸重或丸形等质量指标超标。本方法基于 CN112903508A 所述的激光检测系统,对检测到的液滴宽度序列进行分析。本方法对滴制过程中产生的每个液滴对应的宽度序列,计算相应的特征指标;利用正常滴制条件下的特征指标建立 PCA 模型;模拟多种异常滴制条件,将异常条件下计算的特征指标输入 PCA 模型进行预测,以验证模型的故障检测性能。本方法可用于滴丸的实际生产过程故障检测,当发现滴丸指标异常时,会自动报警,提示检查工艺参数。

数字化控制、传感器和机器视觉各占 16.7%,这表明浙江大学在实现生产过程中的精确控制和自动化方面有均衡的技术布局。其他智能化手段占 6.4%,可能包括物联网、大数据等技术。

2. 北京中医药大学。虽然专利申请数量较少(11 项),但涵盖了制丸(5 项)和制片、制膏、制胶囊、包衣(6 项)等多个方面。在智能化手段方面,人工智能的应用比例非常高,达到 90.9%,反映了该校在智能化研发上的集中投入和可能的专业优势。数字化控制占 9.1%,显示了对生产流程和管理的数字化集成有一定的关注。如:申请日为 20230221,专利申请号为 CN202221277500.6 的专利申请"一种中药大蜜丸的在线控制装置"。本实用新型公开了一种中药大蜜丸的在线控制装置,其特征在于,所述在线控制装置主要包括采样模块、监控主机和阈值报警模块;所述采样模块可在传送带上方移动以获得更好的近红外信号采集效果,并将所采集信号传导至监控主机;所述监控主机接收信号进行数据处理并发出监控指令;所述阈值报警模块与监控主机相连接,主要由电源模块、灯光控制模块、卤素灯驱动器和红、绿、黄指示灯构成,接收监控主机的指令控制红、绿、黄指示灯的亮灭。本实用新型基于蜜丸生产线的实际需求,可以通过调节位置提高光谱信息采集的效果,利用近红外技术,同时结合阈值报警模块实现信息的及时反馈,避免了传统检测方法的滞后性、偶然性,提高蜜丸的生产质量控制水平。又如:申请日为20210305,专利申请号为CN202110246970.X的专利申请"一种智能制造多源信息融合方法在中药大蜜丸质量评价中的应用"。发明公开一种智能制造多源信息融合方法在中药大蜜丸质量评价中的应用,属于智能制造技术领域。所述方法步骤包括:采集中药大蜜丸的化学成分信息和感官信息;计算中药大蜜丸化学成分信息和感官信息的组间差异和组内差异,获得不同信息源方法的权重;分别建立化学成分信息和感官信息的数学关系模型;结合上述数学关系模型和权重策略,实现多源信息融合的中药大蜜丸的质量评价。本发明创造性地采用组间差异和组内差异的多源信息融合方法评价中药大蜜丸的质量。此外,首次引入基于方差分析的权重表征方法,实现中药大蜜丸的质量评价。

3. 浙江中医药大学。申请专利数量为9项,涉及制丸(4项)、制粒(3项)和制膏(2项)。在智能化手段方面,传感器技术占比55.6%,这表明浙江中医药大学在实时监控和生产过程自动化方面有较强的技术研发和应用。如申请日为20220426,专利申请号为CN202210446433.4的专利申请"一种用于防治外感热病的颗粒药物的智能化混合装置以及混合工艺"。本发明公开了一种用于防治外感热病的颗粒药物的智能化混合装置以及混合工艺,包括混合底座、多个混合罐,所述混合底座呈圆盘状,所述多个混合罐沿着混合底座的边沿分布半圈以内,所述混合底座的一侧设置有智能物料传送结构,智能物料传送结构上具有物料卡紧结构,所述智能物料传送结构的一侧还设置有智能二次混合结构;所述多个混合罐上具有智能驱动结构,该智能驱动结构中包含有智能动力衔接结构。本技术方案采用多工位的混合设备,并且该设备采用卧式设计,有效地减少安装高度,从而降低后期维护的困难,该技术方案的混合液体能够与现有制粒机的上料端直接互联,能够实现全自动、智能化的生产要求,有效地解决了背景技术中所提及的3个现有技术问题。

数字化控制占据44.4%。如申请日为20190719,专利申请号为CN201921137125.3的专利申请"一种全自动新型蜜丸沾蜡机"。本实用新型公开了一种全自动新型蜜丸沾蜡机,涉及一种新型蜜丸沾蜡设备,该蜜丸沾蜡机包括旋转轴、旋转槽、旋转推力器、蜡液槽、电动机、蜜丸进样槽、蜜丸出样槽、蜜丸收集槽、旋转门、数控隔板和温控装置。本实用新型设备安装制作简单,操作方便,能解决目前中药蜜丸沾蜡效率低的问题,从手工沾蜡到全自动机器沾蜡,能提高生产效率,适用于大批量生产蜜丸的沾蜡环节,降低劳动成本,缩短生产时间。

综上所述,在中药制剂成型智能化领域,通过对重要高校技术攻关情况的分析,可以发现浙江大学、北京中医药大学和浙江中医药大学作为关键申请人,在推动技术创新方面具有显著的贡献。这些高校的研究重点和技术优势集中在人工智能、数字化控制和传感器应用等智能化手段上。浙江大学展现了其在人工智能领域的深入研究,占据了其技术构成的43.5%,同时也均衡地发展了数字化控制、传感器和机器视觉技术,各占16.7%,这表明浙江大学在智能算法、数据处理以及生产过程中的精确控制和自动化方面的全面布局。北京中医药大学虽然专利申请数量相对较少,但人工智能在其技术构成中占据高达90.9%,显示出该校在智能化研发上的集中投入和可能的专业优势;数字化控制也占有一席之地,占比9.1%,反映了对生产流程数字化集成的关注。浙江中医药大学则在传感器技术方面表现突出,占比达到55.6%,显示了其在实时监控和生产过程自动化方面的强大技术研发和应用能力;数字化控制技术也占据了44.4%,表明该校在实现生产流程和管理数字化方面的关注。这些高校在中药制剂成型智能化相关技术方面的研究成果,不仅推动了生产效率和产品质量的提升,也为整个中药制造业向智能化、自动化方向发展提供了强有力的技术支持。

相对于重点企业,高校在智能化手段上具有更好的创新性,由此可见,进一步加强产学研融合,有助于提高技术的转化运用和整个行业技术水平。

第三节　质量智能管理

一、技术概况

中药质量智能管理是对中药智能制造中的质量监控,其包括质量追溯、全流程质量控制以及流程中质量控制,其中,质量追溯涉及药材、各个制药环节的溯源打标签等方面,全流程质量涉及整个中药智能制造流程中的质量检测,而流程中质量控制则涉及中药智能制造某个流程的质量检测、质量控制,其中使用的智能制造技术主要包括机器视觉、大数据、人工智能、物联网以及数字化控制等。

在国家制造强国战略引领和推动下,中药工业正通过装备工艺技术与新一代信息通信技术深度融合,加快向高端化、智能化和绿色化方向发展。在中国"十三五"期间和"十四五"初期,工业和信息化部通过开展医药工业智能制造试点示范、组织实施中药大品种先进制造技术标准验证及应用项目等,推动建设了一批中药智能化示范工厂。中药生产企业发展智能制造的内在动力在于产品质量可控,而在中华中医药学会发布的2022年度中医药重大产业技术难题中指出,如何从系统角度应对原料和过程波动,并制造出质量高度均一的制剂产品,仍是当前中药制剂制造过程面临的重要挑战。中药生产过程质量控制技术是达成中药产品质量可控的基础。在中药智能制造由试点示范进入深入应用、全面推广的新阶段,如何提高过程质量控制系统的智能化程度,已成为中药过程质量控制技术发展的瓶颈。

近年来,消费升级带来了高附加值产品需求的增长,而中国消费者和客户群数字化程度较高,对中药药品企业智能化的研发、生产、质量、销售等方面的要求也日益提高。中药药品各关键制造工序分布在全国各地的不同工厂,工厂间工序协同效率亟须优化。为了提高生产效率,制药企业均在积极探索连续制造模式在中药行业的应用。

中药的生产过程一般涉及原料质量控制、提取、浓缩、分离、纯化等一系列工艺环节以及对成品的质量评价,中药成分及其生产过程较为复杂,如果生产环节中缺乏有效的过程监控分析方法,则生产工艺很难得到精确控制,导致产品批次间存在质量差异。

中药质量智能管理可以涉及中药智能制造的整个流程。对于药材质量控制,目前传统的药材鉴别方法已经不能满足生产需求,而智能评价技术在中药材定性定量分析中表现出了独特的优势,包括种属、产地、真伪鉴定以及有效成分含量快速测定等,可为后续的生产过程提供数据基础。对于中药的生产过程,智能分析和控制技术可用于检测提取、分离纯化、浓缩过程等各个生产环节、中间体以及成品,实时反映当前的过程状态。将智能化手段用于中药的质量智能管理可以帮助打造生产安全、质量稳定、过程高效、物料可追溯的中药智能工厂,以满足中药智能制造的产业发展需要。

二、专利分布

(一) 全球专利分析

1. 目标市场国家/地区。截至检索日,全球主要国家或地区公开的中药智能制造质量智能管理技术层面专利申请共计1088项。其中共有1058项专利选择在中国申请,占比高达97.24%,说明质量智能管理技术的市场应用集中于中国,海外市场份额较小,见图3-23。其原因在于中药材加工、中药制造在中国有着十分悠久的历史,对其各个加工环节及全流程的质量的控制需求与日俱增,同时高质量的中药在中国已经形成了巨大的消费市场。

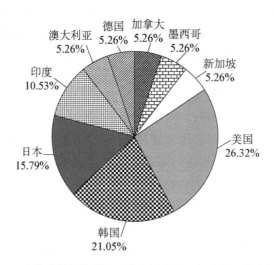

图3-23 中药质量智能管理国外专利主要目标市场国家/地区分布

中国以外的国家或地区中,美国、韩国和日本数量相差不大,这在一定程度上反映了智能质量检测与药材的产地加工密切,国内中药质量智能管理相关创新主体应积极在海外市场布局。

2. 技术来源国家/地区。截至检索日,全球中药智能制造质量智能管理技术相关专利同族合并后共计1088项。全球质量智能管理技术专利中,有1063项来源于中国,占比同样高达97.7%,说明中国是该领域创新主要来源地,而源自其他国家/地区的创新极少,见图3-24。

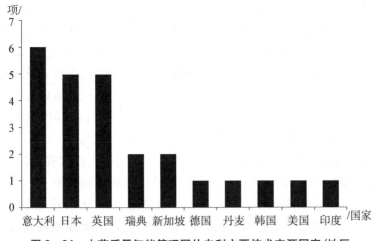

图 3 - 24 中药质量智能管理国外专利主要技术来源国家/地区

（二）中国专利申请分析

1. 申请趋势。中国公开的 1058 项质量智能管理技术专利申请中，发明申请 980 项，实用新型 108 项。从图 3 - 25 可以看出，质量智能管理技术领域的专利申请量总体呈现上升趋势。根据该趋势，可以将质量智能管理技术的发展过程分为技术萌芽期、缓慢发展期和快速增长期三个阶段。

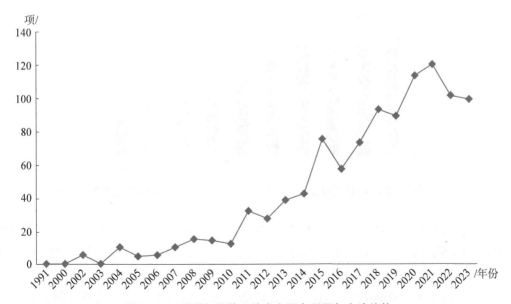

图 3 - 25 质量智能管理技术中国专利历年申请趋势

技术萌芽期（1991—2003 年）：该领域最早的专利由国家医药管理局上海医药工业研究院于 1991 年申请，此后 12 年间每年均有相关专利申请，但申请量较低。

缓慢发展期（2004—2010 年）：随着国内对中药智能制造中质量智能管理行业的逐渐重视和监管力度的加强，该领域专利申请量开始缓慢增长。

快速增长期(2011—2023年):中国创新驱动发展战略的明确提出以及一系列促进中药智能制造领域发展政策的出台,极大地刺激了中药质量智能管理技术研究人员创新积极性。该时间段专利申请量大幅增长,尤其以2014年和2015年最为明显,其中2021年专利申请量达121项,为历年专利申请最高。该时间段实用新型占比有所下降,而发明申请仍保持增长趋势,说明该领域研究人员正从重视专利申请数量向重视申请质量转变。

2. 地域布局。图3-26展示了中药质量智能管理技术中国专利申请量前十的省(区、市)申请量。其中排名第1的是江苏省,申请量为131项,占比为12.38%,显示出江苏省在中药智能制造质量智能管理领域中的领先地位。江苏省为中医药大省,2022年全省中医药规上企业实现营业收入341.2亿元,同比增长1.2%,实现利润总额61.6亿元,同比增长4.9%。中药产业链是江苏省重点打造的50条产业链之一。"加快建设中医强省",写入江苏省第十四次党代会报告。2021年,《江苏省"十四五"医药产业发展规划》发布,明确将中药产业作为"十四五"发展重点之一,鼓励引导企业持续创新攻关,推动中医药产业传承创新和高质量发展。目前,江苏省中药产业领域累计已创建3家国家级企业技术中心、12家省级企业技术中心。省内12家中医药企业被认定为省级"专精特新"企业。2022—2023年度中国医药制造业百强榜首扬子江药业以及国家重点高新技术企业、国家技术创新示范企业康缘药业均在江苏省。

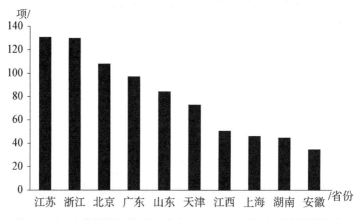

图3-26 中药质量智能管理技术中国省(区、市)专利申请量排名

浙江省的专利申请量仅次于江苏省,总申请量为130项,占比为12.29%。在产业方面,2021年,浙江省中药工业企业主营业务收入达221亿元,同比增长4.8%,总体保持平稳增长。2021年,全省中药材种植面积86.09万亩,总产量27.51万吨,总产值70.16亿元。中药企业梯次发展态势基本形成,省中医药健康产业集团是全国首个省级中医药产业平台企业,康恩贝、永宁药业、万邦德制药、佐力药业、维康药业等5家龙头企业入选全国中药企业百强榜,7家中药企业上市,居全国首位,年销售额1亿以上的中药大品种20个。以杭州、金华、衢州、丽水等地为重点,创建73个省级"道地药园"示范基地,培育4个省级以上中药材特色农业强镇,形成了杭州生物产业国家高技术产业基地、金华市天然药物生产基地、丽水市特色中药材产区、磐安"江南药镇"、"浙八味"特产市场等一批产业集

群、特色小镇和专业市场。浙江省中药材博览会、中国浙西（千岛湖）中药材交易博览会的业内影响力不断扩大。在政策方面，2020年，浙江省委、省政府办公厅联合印发《关于促进中医药传承创新发展的实施意见》，提出要建设中医药强省；2021年5月，浙江省发展和改革委员会等5部门联合印发《浙江省中医药发展"十四五"规划》；2021年9月30日，省人大常委会公布《浙江省中医药条例》；2021年以来，省级有关部门印发《关于浙江省中药产业高质量发展的实施意见》《关于改革完善医疗机构中药制剂管理的若干实施意见》《关于支持中医药传承创新发展的实施意见》《浙江省铁皮石斛、灵芝、山茱萸按照传统既是食品又是中药材物质管理试点工作方案》《浙江省药品上市后变更管理实施细则（试行）》等文件。

北京市的专利申请量为108项，全国排名第3，占比为10.21%。为了促进现代中医药产业的发展，北京市以《中共北京市委　北京市政府关于促进中医药传承创新发展的实施方案》《首都标准化发展纲要2035》《北京市标准化办法》《北京中医药"十四五"规划》实施为总把手，以推动首都中医药标准化工作，充分发挥标准化对中医药事业提速升级的支撑和引擎作用为目标，着力建成与全国政治中心、文化中心、国际交往中心、科技创新中心"四个中心"发展定位相匹配的中医药标准化发展新格局，打造中医药"标准之都"。北京市中药产业标准化水平较高，研制中药研发、生产、评价、检测、应用标准的数目均在全国排名第一。同时，近10年来，北京市饮片质量一直在全国保持领先，并连续多年位居第一。北京中药产业呈现聚集性的发展，目前中药企业总数达127家，其中包括中药饮片企业58家、中成药企业69家，占医药企业总数的45%。2022年度中国医药工业百强榜，北京市有10家企业上榜。

申请量前10名的省（区、市）专利申请总量在全国占比75.61%，除了江苏、浙江、北京以外，还包括广东、山东、天津、江西、上海、湖南以及安徽。

表3-19进一步展示了中药质量智能管理技术中国专利前6名的省（区、市）申请人类型对比，从各省（区、市）专利申请人类型来看，江苏、天津、山东企业专利数量占比较高，均超过50%，一定程度上反映出中国这些省（区、市）关于中药质量智能管理技术产业化程度较高。而浙江、北京的高校院所专利数量占比较高。

表3-19　中药质量智能管理技术中国省（区、市）申请人类型

省（区、市）	企业（%）	高校院所（%）	个人（%）	其他（%）
江苏	72.52	38.17	1.53	2.29
浙江	23.85	80.00	0.02	3.85
北京	32.41	52.78	4.63	15.74
广东	49.48	43.30	3.09	7.22
山东	53.57	42.86	5.95	2.38
天津	67.12	35.62	1.37	1.37

三、技术构成

表 3-20 为中药智能制造一级技术分支中药质量智能管理的二级技术分支与其对应的三级技术分支以及各个技术分支在全球的专利申请数量和占比,其中二级技术分支流程中质量控制的占比最高,占比为 79.58%,而其对应的三级分支中机器视觉技术占比最高,为 78.73%,其次就是人工智能技术,占比为 49.71%,说明机器视觉以及人工智能是流程中质量控制较为常用的智能化技术,数字化控制和传感器占比也都超过了 10%。

表 3-20　中药质量智能管理的二级技术分支和三级技术分支全球专利构成

二级分支	二级分支专利数量(项)	二级分支专利占比(%)	三级分支	三级分支专利数量(项)	三级分支专利占比(%)
质量追溯	184	16.93	机器视觉	103	55.98
			大数据	41	22.28
			人工智能	103	55.98
			物联网	24	13.04
			区块链	7	3.80
			云计算	16	8.70
			传感器	31	16.85
			工业机器人	1	0.54
			智能标签	45	24.46
			数字化控制	21	11.41
			智能生产管理系统	20	10.87
全流程质量控制	51	4.69	机器视觉	19	37.25
			大数据	10	19.61
			人工智能	23	45.10
			物联网	8	15.69
			区块链	1	1.96
			云计算	4	7.84
			传感器	8	15.69
			工业机器人	2	3.92
			智能标签	7	13.73
			数字化控制	10	19.61
			智能生产管理系统	17	33.33

（续表）

二级分支	二级分支 专利数量(项)	二级分支 专利占比(%)	三级分支	三级分支 专利数量(项)	三级分支 专利占比(%)
流程中 质量控制	865	79.58	机器视觉	681	78.73
			大数据	64	7.40
			人工智能	430	49.71
			物联网	13	1.50
			区块链	2	0.23
			数字孪生	1	0.12
			云计算	8	0.92
			传感器	114	13.18
			工业机器人	11	1.27
			智能标签	12	1.39
			数字化控制	182	21.04
			智能生产管理系统	30	3.47

二级技术分支中占比第二的是质量追溯,占比为16.93%,其对应的三级技术分支中占比最高的同样为机器视觉技术和人工智能技术,均为55.98%,其次为占比24.46%的智能标签技术,大数据和传感器技术占比也较多。

二级分支技术中全流程质量控制占比为4.69%,占比最少,其对应的三级技术分支中人工智能技术占比最高,为45.10%,其次是占比为37.25%的机器视觉技术,智能生产管理技术应用也较多,为33.33%,大数据技术、数字化控制技术以及物联网和传感器技术占比相近。

可见,在中药质量智能管理技术中,新兴智能技术的应用较为广泛,流程中质量控制技术涉及中药智能制造某个流程的质量检测、质量控制,因此,应用机器视觉技术和人工智能技术较多,而在质量追溯技术中,部分会涉及通过使用智能标签进行质量溯源,因此智能标签技术在质量追溯二级技术分支中占比较多,而全流程质量控制涉及整个中药智能制造流程中的质量检测,因此其二级分支中除了机器视觉技术和人工智能技术应用较多,智能生产管理系统应用也较为广泛。

四、重点企业关键核心技术分析

表3-21为业内代表性企业在中药智能制造质量智能管理技术专利申请现状。其中总申请量排名第一的是江苏康缘药业股份有限公司,共有专利申请19项,发明专利10项;江苏康缘药业股份有限公司自2015年"现代中药数字化提取精制工厂"被工业和信息化部列入首批智能制造试点示范项目——"中药制药智能工厂试点示范"以来,持续加大对中药智能制造转型升级的投资,先后完成了6个智能工厂/车间的升级改造或建设,累计投资超过

10亿元。康缘药业在国内率先提出中药发挥临床疗效的成分群——"功效物质"的概念,并将其作为中药智能制造研究的基石,系统构建了以功效物质为核心的全过程质量控制体系和智能制造技术体系,实现了功效物质在生产全过程的"点点一致""段段一致""批批一致",显著提升产品质量均一性,保证了临床有效性和安全性。借助"十三五"期间国家大力推动企业开展智能化转型的东风,康缘药业深入开展了智能化建设和改造,并逐步建成和完善了中药智能化提取精制车间、中药注射剂智能制造车间、中药智能化固体制剂工厂、中药智能化口服液车间、中药前处理与提取车间、智能化仓库等6个智能化车间或仓库,设计采用了在线质量控制、自动化控制、智能物流等智能化管理系统。

表3-21 业内代表性企业在中药智能制造质量智能管理技术专利申请现状

申请人	总申请量(项)	发明专利(项)
康缘药业	19	19
楚天科技	18	10
亳州中药材商品交易中心有限公司	11	11

楚天科技股份有限公司共申请专利18项,均为发明专利,其中有12项使用机器视觉技术,4项使用数字化控制技术,其中仅有1项将机器视觉和人工智能结合使用。在信息管理方面,楚天科技可以在生产过程中进行实时监测分析,对药品进行判断,从而保证药品质量。在数字化方面,从数据采集到数据处理再到后续的数据存储,国家对生产过程数据的真实性把控越来越严格。楚天科技的SCADA系统、MES系统等软件产品,可以即时在线、全过程、全方位地对药品的生产制造和流通消费进行自动监控,并可以自动生成不可篡改的数据,实现自动读取数据、将数据存储到云端,达到零延时、无死角、无盲区。此外,楚天科技的智能检测技术和设备通过使用数字化技术,引领了中国中高端灯检技术的创新。除了自动灯检机的发展,视觉检测技术在其他制药工艺上的应用也得到了大力推广。检测技术中,传感器与视觉识别技术的应用非常重要,而楚天科技正在研发无接触式传感技术;在设备监控方面,采用视觉识别技术来检查是否出现故障。

亳州中药材商品交易中心有限公司共有专利申请11项,其中7项使用了人工智能结合物联网、云计算以及传感器和智能标签技术。亳州中药材商品交易中心下设的国家中药材产品质量监督检验中心(安徽)是2014年9月由国家质检总局批准,依托亳州市产品质量监督检验所建立的全国唯一一家中药材专业检验检测技术机构。中心配备有大型先进仪器设备100多台,包括超高效液相三重四极杆串联质谱联用仪、超高效液相色谱仪、高效液相色谱仪等。为了实现中药制造过程中的质量控制,亳州中药材商品交易中心在全国50个核心药材主产区布局的50个产地办事处,覆盖200个大宗常备的核心药材品种,全方位掌握核心品种的种植信息、产量信息、加工信息、质量信息、供应商信息,同时亳州中药材商品交易中心构建了一整套的信息溯源平台,并通过第三方质量检验平台把控中药材产品质量。

针对筛选出的排名前三的创新主体进行核心专利技术分析。由表 3-22 可知,康缘药业共申请相关专利 19 项,全流程质量控制为 3 项,流程中质量控制为 17 项,1 项为混合技术专利;其涉及的智能化手段主要包括机器视觉 14 项、大数据 1 项、人工智能 15 项、物联网 1 项、数字化控制 3 项、智能生产管理系统 2 项,10 项专利将机器视觉与人工智能技术结合。

表 3-22　质量智能管理相关重点企业专利申请现状

申请人	专利数量(项)	质量智能管理(项)	主要智能化手段(项)
康缘药业	19	质量追溯(0) 全流程质量控制(3) 流程中质量控制(17)	机器视觉(14) 大数据(1) 人工智能(15) 物联网(1) 数字化控制(3) 智能生产管理系统(2)
楚天科技	18	质量追溯(1) 全流程质量控制(0) 流程中质量控制(17)	机器视觉(12) 人工智能(1) 传感器(1) 工业机器人(2) 数字化控制(4) 智能生产管理系统(2)
亳州中药材商品 交易中心有限公司	11	质量追溯(9) 全流程质量控制(0) 流程中质量控制(2)	大数据(2) 物联网(7) 云计算(9) 智能标签(9)

楚天科技共申请相关专利 18 项,质量追溯为 1 项,流程中质量控制为 17 项;其涉及的智能化手段主要包括机器视觉 12 项、人工智能 1 项、传感器 1 项、工业机器人 2 项、数字化控制 4 项、智能生产管理系统 2 项,其中 4 项为混合技术专利。

亳州中药材商品交易中心有限公司共申请相关专利 11 项,质量追溯 9 项,流程中质量控制为 2 项;其涉及的智能化手段主要包括大数据 2 项、物联网 7 项、云计算 9 项、智能标签 9 项,9 项为混合技术专利。

五、重要高校技术攻关情况分析

表 3-23 为业内代表性高校科研院所中药智能制造质量智能管理技术专利申请现状。浙江大学共申请专利 96 项,机器视觉与人工智能相结合技术是其主要研究方向;2002 年浙江大学制药工程研究所在其承担的"参麦注射液现代化示范研究"项目中取得系列重大突破。研究人员采用色谱指纹图谱和指标性成分相结合的方法建立了中成药质量控制标准,为形成符合中医药理论和更为科学可靠的中药产品质量保障体系奠定了技术基础,形成了可广泛应用于中药生产的质量控制方法和评价方法。

表 3-23　业内代表性高校科研院所中药智能制造质量智能管理技术专利申请现状

申请人	总申请量(项)	发明专利(项)
浙江大学	96	94
天津中医药大学	22	21
中国中医科学院中药研究所	21	21

天津中医药大学共有专利申请 22 项,机器视觉技术是其主要研究方向。天津中医药大学科技园不仅有规范化、规模化的现代中药农业企业,有致力于提高中药材质量、推进行业良性发展的国家中药材标准化与质量评估创新联盟,还有以科研创新缔造核心竞争力、行业内唯一一家服务于中国中医药产业高质量发展的国家级制造业创新中心,更有协同天津中医药大学完成"三药三方"之一的宣肺败毒颗粒新药研发的天津中一制药有限公司。

中国中医科学院中药研究所共有专利申请 21 项,全部为发明专利,其中人工智能技术是其主要研究方向。

根据质量智能管理相关技术全球专利申请人申请数量排名分析,针对筛选出的前三的创新主体作为重点高校进行核心专利技术分析。由表 3-24 可知,浙江大学的 96 项专利申请中包括机器视觉专利申请 65 项,大数据 6 项,人工智能 56 项,物联网 5 项,云计算 1 项,传感器 20 项,工业机器人和智能标签均 3 项,数字化控制 9 项,智能生产管理系统 4 项;天津中医药大学的 22 项专利申请中包括机器视觉专利申请 18 项,大数据 3 项,人工智能 11 项,传感器 1 项,数字化控制 4 项;中国中医科学院中药研究所共有专利申请 21 项,其中包括机器视觉 16 项,大数据 6 项,人工智能 19 项,传感器、智能标签、数字化控制、智能生产管理系统均为 1 项。

表 3-24　质量智能管理相关重点高校专利申请现状

申请人	专利数量(项)	制剂前处理智能化(项)	主要智能化手段(项)
浙江大学	96	质量追溯(6) 全流程质量控制(5) 流程中质量控制(84)	机器视觉(65) 大数据(6) 人工智能(56) 物联网(5) 云计算(1) 传感器(20) 工业机器人(3) 智能标签(3) 数字化控制(9) 智能生产管理系统(4)
天津中医药大学	22	质量追溯(9) 全流程质量控制(0) 流程中质量控制(13)	机器视觉(18) 大数据(3) 人工智能(11) 传感器(1) 数字化控制(4)

（续表）

申请人	专利数量(项)	制剂前处理智能化(项)	主要智能化手段(项)
中国中医科学院中药研究所	21	质量追溯(12) 全流程质量控制(0) 流程中质量控制(9)	机器视觉(16) 大数据(6) 人工智能(19) 传感器(1) 智能标签(1) 数字化控制(1) 智能生产管理系统(1)

第四节　小　　结

一、制剂前处理智能化专利分析

在本章节中,我们对中药制剂前处理智能化工艺进行了全面的分析和讨论。制剂前处理是中药制备过程中的关键环节,它不仅影响着最终产品的质量和疗效,还直接关系到生产效率和成本控制。通过对全球专利申请的分析,我们了解到中国在该领域的创新活动最为活跃,占据了全球专利申请的绝大多数。同时,我们也观察到韩国和日本市场对于中药制剂前处理技术的需求正在增长,这为国内企业提供了拓展海外市场的重要机遇。

进一步分析中国专利申请的趋势和地域分布,发现自 2013 年以来,随着国家对中药制剂行业的重视和支持,专利申请量呈现出快速增长的趋势。浙江省、江苏省和山东省在专利申请量上位居前列,显示出这些地区在中药制剂前处理技术研究和产业化方面的领先地位。同时,也注意到技术创新主体较为分散,产业集中度较低,这可能意味着行业内存在较大的合作和整合空间。

在技术构成方面,混合设备、干燥设备、筛析设备和浓缩设备的专利申请量较高,显示出这些技术在制剂前处理过程中的重要性。然而,提取领域的创新活跃度相对较低,这可能是未来技术发展的潜在方向。此外,我们还对专利申请类型及法律状态进行了分析,发现发明申请的有效占比相对较低,这可能与申请人寻求尽快获得授权尽快获得保护的专利布局安排有关。

在重点企业的关键核心技术分析中,我们发现楚天科技和东富龙等企业在制剂前处理智能化技术的研发和应用方面走在行业前列。这些企业通过持续的技术创新和专利布局,不仅推动了制药装备产业的技术进步,也为行业的智能化转型提供了强有力的支撑。同时,高校和科研院所在基础研究和人才培养方面也发挥了重要作用,为行业的持续创新提供了源源不断的动力。

在制剂前处理智能化技术的智能化手段方面,数字化控制、传感器和工业机器人是目前应用最为广泛的技术。这些技术的应用不仅提高了生产效率和产品质量,也为制药过程的自动化和智能化奠定了基础。然而,人工智能、物联网、大数据等新兴智能化技术在该领域的应用还处于起步阶段,未来有待进一步的探索和开发。

综上所述,中药制剂前处理智能化技术领域在中国呈现出积极的发展趋势,但仍需关注技术创新的深度和广度,以及行业内的合作与整合。同时,企业应积极布局海外市场,特别是在韩国和日本等地区,以把握行业发展的新机遇。未来,随着政策的支持和市场需求的不断扩大,我们期待看到更多高效、安全、稳定的中药制剂前处理技术的出现,为中药的现代化和国际化贡献力量。

二、制剂前处理智能化关键技术专利分析

智能提取技术是中药现代化进程中的重要组成部分,它涉及从中药材中有效提取活性成分的一系列复杂过程。随着科技的不断进步,传统的中药提取方法正在逐步向智能化、自动化转型,以提升提取效率和产品质量。

全球专利申请分析显示,智能提取技术领域的专利申请量整体呈现增长趋势,特别是在中国,该领域的专利申请量占据了全球的绝大多数。这一现象不仅反映了中国在智能提取技术研究和应用方面的领先地位,也揭示了海外市场在这一领域的巨大潜力。韩国和日本等国家虽然在该领域的专利申请量较少,但随着全球对中医药的认知度提升和中药制剂的国际需求增加,预计这些地区的市场潜力将得到进一步挖掘。

在中国,智能提取技术的专利申请量呈现出明显的上升趋势,这与中国政府对中药行业的重视和支持政策密切相关。江苏省、浙江省和山东省在专利申请量上位居前列,显示出这些地区在智能提取技术研究和产业化方面的活跃程度。同时,企业和技术发明人在智能提取技术的应用和推广方面更倾向于通过实用新型专利来快速保护和实现其技术创新成果的应用。

技术创新主体的分析表明,智能提取技术领域的专利申请较为分散,没有形成明显的集中趋势,这表明技术创新具有广泛的参与度和合作空间。数字化控制、传感器和机器视觉等新兴技术在智能提取领域的应用逐渐增多,显示出技术创新的活跃度和发展潜力。此外,大数据、人工智能、物联网、数字孪生等新技术虽然在专利申请中占比不高,但它们的高发明申请比例预示着未来的发展潜力和方向。

通过对重点企业和高校的专利分析,发现浙江大学在智能提取领域的专利申请量位居高校之首,而华润集团在企业中表现突出。这表明高校和企业在推动智能提取技术的发展中发挥了关键作用。这些机构不仅在基础研究和应用开发方面取得了显著成果,而且在技术创新和产业应用方面也展现出了强大的实力。

综上所述,中药智能提取技术在中国经历了快速的发展,技术创新活跃,应用前景广阔。未来,随着新技术的不断引入和融合,智能提取技术有望实现更大的突破,为中药的现代化和国际化做出更大的贡献。同时,国内企业和研究机构应加强自主创新能力,减少对国外技术的依赖,以实现可持续的技术进步和产业升级。随着智能提取技术的不断发展和应用,预计未来这些地区的技术优势将进一步巩固,并可能带动其他地区在该领域的技术进步和产业发展。

三、制剂成型智能化专利分析

通过对中药制剂成型智能化相关技术的全球专利现状进行了详细分析,涵盖了专利申请趋势、地域布局、主要申请人和技术构成等方面。并从专利申请趋势、地域布局、申请人类型以及专利的法律状态等方面,重点关注了中国在中药制剂成型智能化相关技术方面的专利申请现状。

全球范围内,该领域的专利申请总体呈增长态势,其中中国在申请数量和技术创新上占据主导地位,反映了中药制剂成型智能化技术在中国的重要发展和应用。中药制剂成型智能化相关技术的专利申请量的发展,先后经历了技术萌芽期、缓慢发展期和快速发展期。这一趋势反映了制药行业对于智能制造技术的不断探索和应用,以及政策支持和市场需求的积极影响。地域布局方面,中国是专利申请数量最多的国家,占全球总申请量的93%,显示了中国在中药制剂成型智能化领域的技术实力和创新能力。其他国家虽然申请数量相对较少,但也体现了全球对该技术的关注和研究。主要申请人方面,企业是技术创新的主体,而高校和研究机构则提供了科学研究和人才培养的支持。技术构成方面,制丸、制膏、制胶囊和制片等传统技术仍是研究热点,而智能化手段如传感器技术和数字化控制成为新的研发方向。其他辅助技术如机器视觉、人工智能也在逐步融入,共同推动中药制造业的智能化升级。

中国中药制剂成型智能化相关技术的专利申请量经历了萌芽期、缓慢发展期和快速发展期,目前正处于快速增长阶段。地域布局方面,专利申请主要分布在东部沿海和中部地区,尤其集中在浙江、山东、广东和江苏等经济发达、科技创新能力强的省份。企业是主要的申请者,而高校和研究机构也扮演着重要角色。专利类型和法律状态方面,中国的中药制剂成型智能化相关技术专利申请大多数为发明专利,实用新型专利有效率大于发明专利申请。中国在中药制剂成型智能化技术领域的专利申请情况反映了技术创新的高度活跃性和对知识产权保护的重视。

重点企业在中药制剂成型智能化相关技术的智能化手段上,数字化控制、传感器技术和人工智能成为主要的研发方向。其智能化手段仍处于早期智能化技术阶段,对于机器视觉、大数据、人工智能、物联网、数字孪生、智能生产管理系统等新的智能化手段的专利布局较少,该技术领域的在智能化手段的创新上有待进一步提高。相对于重点企业,高校在智能化手段研究重点和技术优势集中在人工智能、数字化控制和传感器应用等智能化手段上,具有更好的创新性。由此可见,重点企业和高校之间存在技术互补,进一步加强产学研融合,有助于提高技术的转化运用和整个行业技术化水平。

整体而言,中药制剂成型智能化技术的发展受益于技术革新、政策支持和市场需求的推动。随着技术的不断进步,预计未来将有更多的创新出现,推动整个中药制剂成型制造业向智能化、自动化方向发展。加强产学研融合,提高技术转化运用,将是提升整个行业技术水平的关键。

四、质量智能管理专利分析

在本节中,对中药智能制造质量智能管理技术进行了全面的分析和讨论。通过对全球专利申请的分析,可以了解到中国在该领域的创新活动最为活跃,占据了全球专利申请的绝大多数。同时,也观察到美国和日本市场对于中药智能制造质量智能管理技术的需求正在增长,这为国内企业提供了拓展海外业务市场的重要机遇。

进一步分析中国专利申请的趋势和地域分布,发现自2011年以来,中国创新驱动发展战略的明确提出以及一系列促进中药智能制造领域发展政策的出台,极大地刺激了中药质量智能管理技术研究人员创新积极性,专利申请量呈现快速增长趋势。江苏省、浙江省、北京市在专利申请量上位居前列,显示出这些地区在中药智能制造质量智能管理技术研究和产业化方面的领先地位。

技术构成方面,流程中质量控制的占比最高,其对应的三级分支中机器视觉技术占比最高,其次就是人工智能技术,占比第二的是质量追溯,其对应的三级技术分支中占比最高的为机器视觉技术和人工智能技术,其次为智能标签技术,显示出这些技术在中药智能制造质量控制技术中的重要性。

综上所述,中药智能制造质量智能管理技术在中国呈现出积极的发展趋势,但仍需关注创新的深度和广度,以及行业内的合作与整合。同时,企业应积极布局海外市场,特别在美国、韩国、日本等地区,以把握行业发展的新机遇。

第四章
代表性主体专利技术分析

本章涉及国内主体专利分析,包括浙江大学、楚天科技、东富龙和新华医疗等国内代表性主体的专利申请趋势、技术布局、技术发展脉络、重点专利和合作研发分析;还涉及国外主体专利分析包括博世和伊马集团等国外代表性主体的专利申请趋势、技术布局、技术发展脉络和重点专利。同时,总结了国内和国外代表性主体的专利分析结果。

第一节　国内主体专利分析

一、浙江大学

浙江大学在中药智能制造技术方面进行了广泛而深入的研究,自2000年起便开始在中药制药数字化、信息化、网络化、智能化技术领域进行研究和工程实践,特别是在将人工智能技术应用于中药制造过程中实现了重要突破。这得益于有着悠久的学术历史的浙江大学药学院,浙江大学药学院的前身,包括浙江公立医药专门学校药科和国立浙江大学药学系,分别成立于1913年和1944年,为国内较早成立的现代药学教育机构,这为浙江大学在中药领域的研究提供了坚实的学术基础和传统。2016年国家提出"健康中国2030"规划纲要,实现从制药大国向制药强国的转变,加速创新药物研发成为国家重点战略之一,这也为浙江大学的相关研究提供了政策和资金支持。浙江大学长期以来致力于推动中药生产的现代化和智能化,提高中药产品的质量和竞争力,在中药智能制造技术领域展现出了强大的研究实力和创新能力,其研究成果不仅推动了中药制造技术的智能化进程,也为整个中药产业的发展提供了强有力的技术支持,并促进中药产业的可持续发展。

(一)申请趋势

由图4-1可知,浙江大学自2002年开始相关专利申请,2002—2011年,其每年相关专利申请数量较少,在该领域的研究处于初期阶段。自2012年开始,浙江大学在中药智能制造相关技术领域的专利申请量开始逐年上升,2014年以后每年申请量处于20项以上,至

2016 年达到最高后,随着中药制造领域市场需求减少,新版 GMP 认证结束,医药行业变革(药品质量监管等),国家知识产权局整体监管转型(优化专利申请结构和质量),其专利申请量开始呈波动下降趋势。

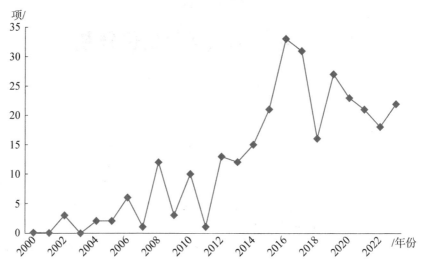

图 4-1 浙江大学中药智能制造相关技术专利申请趋势

(二) 技术布局

1. 地域布局。浙江大学中药智能制造相关技术专利申请主要集中在中国,其将中药传统工艺与最新智能技术相融合,改革中药粗放型生产制造方式,建成符合高效能生产优质中成药要求的中药智能制造平台,成为信息化、网络化、智能化制造中成药的开拓者,为中药制药企业高效营运、提质降本、高质量发展提供了关键核心技术体系,实现了科学、严谨、智能、精准管控中药制药过程的技术跨越。

2. 专利申请类型及法律状态。如表 4-1 所示,浙江大学中药智能制造相关技术中国专利申请类型以发明为主,共 265 项,占比 90%,其中有效发明专利为 120 项,占比 45%,失效发明专利为 110 项,处于审查状态的发明专利申请为 35 项;实用新型共 28 项,其中实用新型有效性专利 13 项,占比 46%,失效专利 15 项。由此可知,浙江大学中药智能制造相关技术专利申请以发明为主,授权且有效专利占比较高,具有较强的知识产权保护意识,能够积极开展专利技术布局,整体技术创新程度较高。然而,也有相当数量的发明专利失效,这可能意味着需要进一步关注专利的维护和管理。总体来看,浙江大学在这一领域的专利申请策略较为积极,但在专利的维护和转化方面可能还有提升空间。

表 4-1 浙江大学中药智能制造相关技术专利申请类型及法律状态

专利类型	审查中(项)	失效(项)	有效(项)	总计(项)
发明	35	110	120	265
实用新型	—	15	13	28
总计	35	125	133	293

3. 技术构成。由图 4-2 可知,浙江大学在中药智能制造技术领域包括中药智能采收、自动化炮制、制剂前处理智能化、制剂成型智能化、灭菌、包装和质量智能管理 7 个技术分支上有专利布局。其中制剂前处理智能化的专利申请量最多,为 140 项,占比 42%,技术活跃度较高,反映其中药智能制造研发方向主要在中药制剂前处理智能化的生产过程中的智能化;其次是质量智能管理,专利申请量为 95 项,占比 29%;另外包装相关技术的专利申请为 40 项,占比 12%;制剂成型智能化相关技术的专利申请为 23 项,占比 7%;灭菌、智能采收相关技术的专利申请分别占比 3%、1%。可见,浙江大学在中药智能制造相关技术领域中的专利申请中,主要研发方向为制剂前处理智能化和质量智能管理,在提高中药前处理效率和质量方面具有较强实力,包装技术也得到了相当的重视,而制剂成型智能化、灭菌、智能采收的智能化技术的专利数量相对较少。

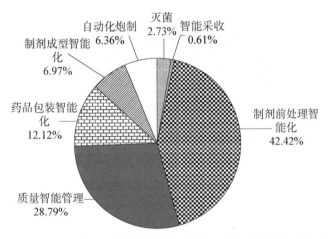

图 4-2　浙江大学中药智能制造相关技术专利申请的技术构成

由图 4-3 可知,浙江大学在中药智能制造专利申请中涉及的智能化手段有传感器、大数据、工业机器人、机器视觉、人工智能、数字化控制、物联网、智能标签、智能生产管理系统等,采用传感器和人工智能技术手段的专利占比最高,均达到 27%,数字化控制占比 17%,机器视觉占比 13%,其他占比 16%。可见,浙江大学在人工智能应用于中药智能制造过程中具有较强的创新能力。总的来说,浙江大学在中药智能制造领域的研究是全面且深入

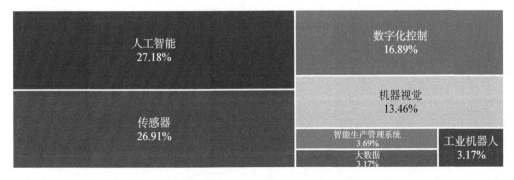

图 4-3　浙江大学中药智能制造相关技术专利申请智能化手段技术构成

的,涵盖了从基础的传感器和数字化控制到前沿的人工智能和大数据处理等多个方面。这种多元化的技术布局有助于推动中药制造向更高水平的发展,同时也体现了学校在科技创新方面的综合实力。

由表4-2可知,浙江大学在制剂前处理智能化技术分支领域的专利申请量最多,在该技术分支的专利申请量达到140项;2002—2016年呈波动缓慢增长态势,从2016年开始,专利申请量出现下降趋势。浙江大学从2002年开始进行质量智能管理技术分支相关专利申请,2003—2011年存在中断现象,2012—2017年开始呈现明显增长的态势。浙江大学在包装智能化技术分支领域进行了一定的专利布局,但自2015年才开始有缓慢连续增加,起步较晚、发展较慢。总体来说,从2002年到2023年,浙江大学在中药智能制造相关技术的专利申请呈现波动增长的趋势,尤其在质量智能管理方面,申请数量显著增加。

表4-2　浙江大学中药智能制造相关技术一级分支专利申请量历年分布

年份	自动化炮制(项)	制剂前处理智能化(项)	制剂成型智能化(项)	灭菌(项)	包装(项)	智能采收(项)	质量智能管理(项)
2002	0	2	0	0	0	0	2
2003	0	0	0	0	0	1	0
2004	0	1	0	0	0	2	1
2005	0	2	0	0	0	3	0
2006	4	2	1	0	0	4	0
2007	0	0	0	0	1	5	0
2008	0	7	0	0	2	6	2
2009	0	1	0	0	0	7	0
2010	0	5	1	0	1	8	4
2011	0	0	0	0	0	9	0
2012	4	4	1	0	0	10	2
2013	2	2	2	0	1	11	8
2014	0	7	2	0	0	12	8
2015	0	12	3	1	2	13	8
2016	1	19	2	0	4	14	9
2017	11	11	1	4		15	16
2018	1	6	0	5		16	6
2019	0	19	3	0	4	1	4

（续表）

年份	自动化炮制（项）	制剂前处理智能化(项)	制剂成型智能化(项)	灭菌（项）	包装（项）	智能采收（项）	质量智能管理（项）
2020	1	8	3	0	5	0	9
2021	3	10	2	2	4	0	5
2022	0	11	1	0	4	0	4
2023	3	10	1	2	3	1	7
2024	0	0	0	0	0	0	0

由图4-4可知,在制剂前处理智能化技术分支中,混合技术领域占比较大,为30%,而在提取和筛析技术领域占比较少,分别为7%和8%。浙江大学在中药智能制造的制剂前处理智能化领域展示了全面的研究布局,尤其在混合、干燥和浓缩等关键技术上投入了大量的研究资源。这些技术的研究有助于提升中药制造的效率和质量。

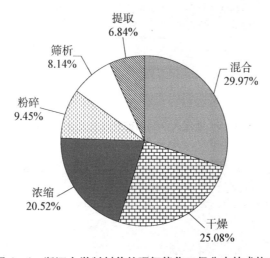

图4-4　浙江大学制剂前处理智能化二级分支技术构成

由图4-5可知,其流程中质量控制技术领域占比较高,为63%,其中进行中药生产过程中成分含量检测为主要质量智能管理方向。浙江大学在中药智能制造的质量智能管理领域展现出了深入的研究布局,特别是在流程中质量控制方面投入了大量资源。这些研究成果有助于提升中药制造的整体质量水平,确保产品的安全性和有效性,同时也为符合国际质量标准和监管要求提供了技术支持。

由图4-6可知,其制剂前处理智能化手段主要集中于人工智能、数字化控制和传感器,三者分别占比29%、25%和23%。

由图4-7可知,其质量智能管理智能化手段中,人工智能占比最高,达到44%,传感器占比16%,机器视觉占比15%,其他占比25%。

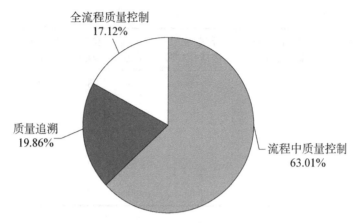

图4-5 浙江大学质量智能管理二级分支技术构成

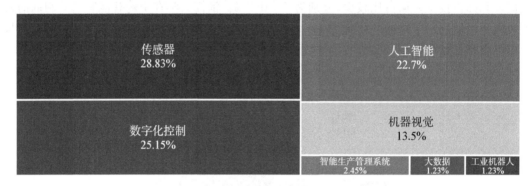

图4-6 浙江大学制剂前处理智能化手段构成

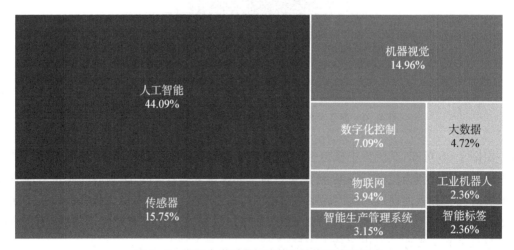

图4-7 浙江大学质量智能管理智能化手段构成

（三）技术发展脉络

　　根据前述内容可知,浙江大学在中药智能制造智能化手段相关技术分支中,人工智能技术分支为其优势技术分支。下面对该分支的技术发展脉络进行分析。

由图4-8可知,浙江大学在中药智能制造的人工智能化手段上布局较早。2004—2009年,焦点主要在于中药提取过程中智能化,用于生产过程优化和质量控制。例如,通过勾兑优化模型(CN1586509A)保证提取物成分稳定性,动态矩阵控制系统(DCS)(CN1962015A)提高纯化过程的控制精度,以及利用软测量技术进行生产监控(CN101673096A,CN101587113A)。这些方法采用了预测模型、神经网络等初步集成了智能化技术的系统。2010—2014年,研究开始关注在线检测和质控指标的实时监控(如CN102621092A),以及

图4-8　浙江大学中药智能制造中主要智能化手段相关专利技术发展路线

应用近红外光谱、线性回归等技术对药材品质进行分析和鉴别（如 CN104062258A）。定量预测模型、偏最小二乘法等先进数学模型与统计分析技术被广泛应用于中药的提取、分离和质量控制过程中。2015—2019 年，出现了更多变量统计过程控制模型，主成分分析的 AP 人工神经网络，以及动力学模型在线识别等复杂数学模型和人工智能算法（如 CN104833651A，CN105319175A）。深度学习技术开始应用于中草药植物图像搜索（CN106777185A）和流化床制备中药颗粒的过程监控（CN105867129A）。2020—2023 年，技术趋向于进一步整合多元数据和高级智能算法，如 YOLOX 模型用于中成药成分检测（CN114299492A），深度学习结合校正模型的质量检测机器人（CN116000895A），以及基于光谱变换融合技术的智能检测方法（CN116794181A）。强调实时监测、自动化和智能化水平显著提升，如声发射检测方法和系统（CN111896617A）和多质量指标检测机器人及方法（CN116038649A）。

总结来说，浙江大学的中药智能制造相关人工智能技术专利申请表明了从初始的过程控制和质量保证向深度集成智能化技术、数据分析、在线实时监控和自动化的方向发展。尤其是近年来，深度学习、大数据分析、智能检测机器人等先进技术的应用，显示了该校在推动传统中药制造向智能制药转型方面所做出的积极努力。

（四）重点专利

浙江大学在中药智能制造中的优势智能化手段为人工智能，现就浙江大学关于该方面的重点专利进行简单筛选和分析。浙江大学在人工智能化手段的重点专利如表 4-3 所示。

表 4-3　浙江大学在中药智能制造的人工智能化手段中的重点专利

公开号	名　　称	申请日
CN101673096A	一种丹参注射液生产浓缩过程密度的软测量方法	2009 年 10 月 26 日
CN101984343A	一种中药大孔树脂分离纯化过程关键点的判别方法	2010 年 10 月 22 日
CN102621092A	一种丹红注射液醇沉过程在线检测方法	2012 年 03 月 17 日
CN104062258A	一种采用近红外光谱快速测定复方阿胶浆中可溶性固形物的方法	2013 年 05 月 07 日
CN103399092A	一种快速评定人参品质的方法	2013 年 07 月 15 日
CN103674638A	一种利用味觉指纹图谱快速鉴别宁夏枸杞生产年份的方法	2013 年 10 月 14 日
CN103913433A	一种丹红注射液双效浓缩过程在线检测方法	2014 年 04 月 04 日
CN104833651A	金银花浓缩过程在线实时放行检测方法	2015 年 04 月 15 日
CN105319175A	中药提取过程动态响应模型的在线识别与终点判定方法	2015 年 11 月 03 日
CN1962015A	高纯精馏的动态矩阵控制系统和方法	2016 年 10 月 30 日
CN106777185A	一种基于深度学习的跨媒体中草药植物图像搜索方法	2016 年 12 月 23 日
CN107578104A	一种中药生产过程知识系统	2017 年 08 月 31 日

（续表）

公开号	名　　称	申请日
CN108956584A	一种桑椹中重金属元素铬的快速准确检测方法	2018 年 07 月 13 日
CN116000895A	一种基于深度学习的中药制药过程质量检测机器人及方法	2023 年 03 月 28 日
CN116038649A	一种检测流化床制粒过程中多质量指标的机器人及方法	2023 年 03 月 28 日
CN116794181A	一种基于光谱变换融合的中药制药过程质量智能检测方法	2023 年 06 月 21 日

- 2004—2009 年重点专利

专利名称：一种丹参注射液生产浓缩过程密度的软测量方法。申请日：2009 年 10 月 26 日。公开号：CN101673096A。

技术方案：本发明提供一种丹参注射液生产浓缩过程密度的软测量方法，首先采集丹参浓缩过程中各传感器及密度计的历史数据，涉及浓缩液密度值和生产过程在线采集的传感器数据；从各传感器数据选取与密度相关程度较高的易于获得的包括气相温度、液相温度、压力、浓缩液液位过程变量，筛选代表性的数据集；使用多变量分析方法，建立密度的软测量模型；在线采集过程变量，使用软测量模型对密度进行实时预测，控制浓缩过程。本发明针对丹参注射液生产的浓缩过程中密度难以实时监测的问题，提供了一种具有高精度的快速密度软测量方法，充分利用了生产过程中得到的各传感器获取的历史数据，有利于提高丹参注射液生产的质量控制。

- 2010—2014 年重点专利

专利名称：一种中药大孔树脂分离纯化过程关键点的判别方法。申请日：2010 年 10 月 22 日。公开号：CN101984343A。

技术方案：本发明提供一种中药大孔树脂分离纯化过程关键点的判别方法，通过建立中药大孔树脂吸附和洗脱过程药液有效成分含量与近红外光谱之间的定量模型，并将模型用于待测样品的含量预测，实现了大孔树脂吸附和洗脱过程有效成分含量的快速定量，从而实现吸附过程泄漏点和终点以及洗脱过程起点与终点的快速判断，使整个大孔树脂分离纯化过程中操作更加合理。本发明具有方法简便、结果准确、分析速度快等优点，可快速判断中药大孔树脂分离纯化过程关键点从而实现这个过程的在线质量监测，解决了传统离线分析方法耗时长、效率低、试剂消耗量大等缺点，为中药大孔树脂分离纯化过程质量控制提供使用方法。

专利名称：一种丹红注射液醇沉过程在线检测方法。申请日：2012 年 3 月 17 日。公开号：CN102621092A。

技术方案：本发明提供一种丹红注射液醇沉过程在线检测方法，包括：①设计近红外在线检测系统；②在线采集丹红注射液醇沉液的近红外透射光谱及醇沉液样本；③采用高效液相色谱法和烘干称重法测得醇沉液样本中各质控指标信息；④剔除异常光谱；⑤选择近红外光谱建模波段和预处理方法；⑥使用多元校正算法建立各质控指标模型，并采用各模型评价指标考察模型性能；⑦将已建模型用于在线分析醇沉过程中各质控指标的变化趋势。本发明将近红外在线检测技术应用于丹红注射液醇沉过程中各化学指标成分及可溶性固形物含量的测定,为丹红注射液醇沉过程的在线控制提供依据及有效的指导。

专利名称:一种采用近红外光谱快速测定复方阿胶浆中可溶性固形物的方法。申请日:2013 年 5 月 7 日。公开号:CN104062258A。

技术方案:本发明公开了一种采用近红外光谱快速测定复方阿胶浆中可溶性固形物含量的方法,属于中医药研究技术领域。本发明通过浓缩稀释配制不同浓度的复方阿胶浆样本,与成品样本共同组成样本集,采集样本集中各样本的近红外光谱图,进行异常样本剔除和样本集的划分,然后选择合适的光谱波段、预处理方法得到复方阿胶浆特征光谱信息,以水分测定仪测得的可溶性固形物含量为参考值,应用化学计量学技术,构建复方阿胶浆近红外光谱与其可溶性固形物含量之间关系的定量校正模型,对未知含量的复方阿胶浆样本采集其近红外光谱,利用构建的定量校正模型可快速计算其可溶性固形物含量。本发明方法有利于提高复方阿胶浆的质量控制水平,保证成品质量稳定、可靠。

专利名称:一种快速评定人参品质的方法。申请日:2013 年 7 月 15 日。公开号:CN103399092A。

技术方案:本发明公开了一种快速无损鉴别人参品质的方法,该方法采用智能香气敏感系统对不同等级人参香气检测,得到传感器响应信号,根据逐步判别法对传感器优化初步后,对比 3 种不同特征值提取方法,得到优化传感器有效特征值作为建模数据。利用GC-MS分析香气化合物的变化规律,测定半倍萜类化合物和芳香族化合物含量,建立它们与优化后传感器间的偏最小二乘(PLS)回归模型,进而实现对未知人参品质的评定。本发明利用气敏传感器阵列和气相质谱联用技术,实现了气敏传感器阵列的合理优化,建立了一种预测芳香族化合物含量和半倍萜类化合物含量的预测模型,进而实现人参品质的预测,为药材市场人参品质鉴别提供了一种新方法。

专利名称:一种利用味觉指纹图谱快速鉴别宁夏枸杞生产年份的方法。申请日:2013 年 10 月 14 日。公开号:CN103674638A。

技术方案:本发明公开了一种利用味觉指纹图谱快速鉴别宁夏枸杞生产年份的方法,分别取不同年份枸杞样品,按设定固液比 1:15~1:25,加入 60~80 ℃冷却后的沸水中浸提 5~15 min,经过滤获得味觉物质的浸提液。将电子舌传感器阵列与样品浸提液接触,产生传感器响应信号,从味觉指纹图谱中提取特征数据,利用多元线性回归分析建立味觉指纹图谱与生产年份之间的相关性,并建立预测生产年份的模型,从而实现利用味觉指纹图谱快速鉴别宁夏枸杞生产年份;本发明的方法解决了枸杞因外部性状相似、内部生物活性成分检测繁杂和耗时的难题,便捷、快速、客观地评价了不同年份的枸杞,为准确、快速、可靠地监测枸杞的药用价值提供依据。

专利名称:一种丹红注射液双效浓缩过程在线检测方法。申请日:2014 年 4 月 4 日。公开号:CN103913433A。

技术方案:本发明提供一种丹红注射液浓缩过程在线检测方法,通过设计近红外在线检测装置,在线采集丹红注射液浓缩液的近红外透射光谱,并收集浓缩液样本,采用烘干称重法和高效液相色谱法分别测得浓缩液样本中各质控指标信息,剔除异常光谱,选择近红外光谱建模波段和预处理方法,使用多元校正算法建立各质控指标定量模型,并采用各模型评价指标考察模型性能,将已建模型用于在线分析浓缩过程中各质控指标的变化趋势。本发明将近红外在线分析技术引入到丹红注射液的浓缩过程,实现对各质控指标(丹参素、原儿茶醛、羟基红花黄色素 A、迷迭香酸、丹酚酸 A 和含水率)的实时监测,有利于提高丹红注射液浓缩过程的质量控制水平,充分保证产品质量稳定、可靠。

● 2015—2019 年重点专利

专利名称:金银花浓缩过程在线实时放行检测方法。申请日:2015 年 4 月 15 日。公开号:CN104833651A。

技术方案:本发明提供一种金银花浓缩过程在线实时放行检测方法,通过采集金银花浓缩过程近红外透射光谱,建立近红外模型,收集终点样本,测定各质控指标,利用 Shewhart 控制图建立定量实时放行检测标准,采集终点样本的近红外光谱,建立多变量统计过程控制模型,获得定性 RTRT 标准,采集异常批次样本,利用近红外模型预测异常批次并绘制 Shewhart 控制图,验证定量 RTRT 可行性,采集异常批次样本光谱,利用 MSPC 模型计算 D 统计量和 Q 统计量,验证 RTRT 可行性。本发明结合近红外和统计过程控制,实现金银花浓缩过程实时放行检测,同时符合定量和定性放行标准的批次方可放行进入后续精制纯化环节,提高了浓缩过程的质量控制水平。

专利名称:中药提取过程动态响应模型的在线识别与终点判定方法。申请日:2015 年 11 月 3 日。公开号:CN105319175A。

技术方案:本发明公开了一种中药提取过程动态响应模型的在线识别与终点判定方法,该方法基于中药提取过程动力学模型,进行模型参数在线识别、模型稳健估计以及提取终点预测,可根据药液浓度变化规律预测提取终点。使提取效果更加稳定,并减少资源浪费。对控制产品质量及提高产品经济效益具有重要的意义。

专利名称:高纯精馏的动态矩阵控制系统和方法。申请日:2016 年 10 月 30 日。公开号:CN1962015A。

技术方案:一种用于高纯蒸馏的动态矩阵控制系统,包括蒸馏塔、智能校验仪、DCS 系统、上位机和现场总线连接。控制系统以塔产物组为目标变量,以回流比为控制变量;上级从 DCS 实时数据库中接收历史温度和压力数据,通过预测控制和动态矩阵控制器,得到当前控制器的输出值作为回流比和再沸比,然后将这两个值反馈给 DCS 系统,对蒸馏对象进行功能化。该系统保证了高纯度的稳定运行,具有较好的动态控制。

专利名称:一种基于深度学习的跨媒体中草药植物图像搜索方法。申请日:2016 年 12 月 23 日。公开号:CN106777185A。

技术方案:本发明公开了一种基于深度学习的跨媒体中草药植物图像检索方法。步骤如下:通过 OCR,文本结构化处理,从《植物分类学》等书籍中抽取植物分类描述文字;使用中文分词工具,对所有植物分类描述文字进行包括分词和去停用词在内的预处理;用 word2vec 算法根据描述文本生成词向量;使用 Fisher Vector 将描述文本进行编码;利用卷积神经网络在图片集上进行训练,使网络结构收敛到最优状态;提取卷积神经网络的倒数第二层全连接层输出作为图片特征向量;融合文本特征与图片特征;使用线性核 SVM 分类器进行模型训练;用户检索时可输入图像、描述植物文本,之后得到最终的图片检索结果。

专利名称:一种中药生产过程知识系统。申请日:2017 年 8 月 31 日。公开号:CN107578104A。

技术方案:本发明公开了一种中药生产过程知识系统,该系统包括:数据库模块,包括生产数据采集单元和存储单元,所述生产数据采集单元用于采集生产中的过程参数数据,所述过程参数包括质量数据和工艺数据,所述存储单元用于存储采集到的所述过程参数数据;能力评价模块,用于根据所述质量数据,对系统过程能力进行评价,得到过程能力评价结果;监控反馈模块,用于响应于过程能力评价结果足够,则进入全程监控模式;设计空间寻找模块,用于响应于过程能力评价结果不足,则根据所述工艺数据,进入设计空间寻找模式。本发明首先通过过程能力评价决定放行参数或者寻找设计空间,使生产过程知识系统逐步回归为实现中药生产过程智能调节并智能反馈的过程知识系统。

专利名称:一种桑椹中重金属元素铬的快速准确检测方法。申请日:2018 年 7 月 13 日。公开号:CN108956584A。

技术方案:本发明涉及一种桑椹中重金属元素铬的快速准确检测方法,解决利用 LIAS 技术进行桑椹中重金属元素铬含量检测的过程中,存在的未能充分利用 LIAS 数据中重要信息的问题。本发明对不同重金属元素铬含量的桑椹样本,分别采集 LIAS 光谱数据的所有光谱激发波段,根据其变换后与实测重金属铬元素的相关性优选特征变量,而后又对优选的特征变量建立线性回归模型后,根据相关系数进行末位淘汰,最终建立定标模型。本发明综合利用了全部 LIAS 光谱数据信息,并优中选优地挑选了最相关的特征变量,减少了模型中的变量数,提高了特征变量的质量,对桑椹中重金属铬元素的检测更为准确;另外,本发明还结合桑椹粉末粒度对 LIAS 光谱强度的影响,对定标模型进行修正,进一步提高了检测的准确性。

● 2020—2023 年重点专利

专利名称:一种基于深度学习的中药制药过程质量检测机器人及方法。申请日:2023 年 3 月 28 日。公开号:CN116000895A。

技术方案:本发明公开了一种基于深度学习的中药制药过程质量检测机器人及方法,涉及中药质量检测技术领域,机器人包括执行机构固定在行走机构上,且执行机构通过通信方式与检测机构连接;检测机构固定在行走机构上,且检测机构包括箱体,箱体上设有检测池,检测池通过管路连接腔体,腔体内开设有相对密度计接口,通过管路将相对密度计接口与进样口连接。检测方法包括预设机器人的工作路径;启动操作机构,并执行相应动作命令;启动检测流程;采用高效液相色谱法测定药品参数;建立定量校正模型。本发明的中药制药过程物料质量检测结构及过程,降低了制药过程劳动强度和人员成本,并且一定程度上规避了人员操作带来的安全隐患和质量风险。

专利名称:一种检测流化床制粒过程中多质量指标的机器人及方法。申请日:2023 年 3 月 28 日。公开号:CN116038649A。

技术方案:本发明公开了一种检测流化床制粒过程中多质量指标的机器人及方法,涉及流化床制粒检测技术领域,装置包括机械臂、夹取机构、信号采集机构、运输机构和高光谱检测机构;运输机构上端安装有高光谱检测机构;高光谱检测机构上端安装有机械臂;机械臂端部安装有夹取机构和信号采集机构。方法包括收集样品颗粒;采集样品颗粒的高光谱图像;测定样品颗粒参数;建立定量校正模型;完成制粒过程检测。本发明通过机械臂直接抓取盛有流化床颗粒样品的容器,放入自身搭载的高光谱成像机构内进行测定,并通过建立残差神经网络模型拟合颗粒高光谱成像图谱与流化床制粒过程中颗粒水分、粒径和药效成分含量,测定时间短,运行稳定,提高了工作效率。

专利名称:一种基于光谱变换融合的中药制药过程质量智能检测方法。申请日:2023年6月21日。公开号:CN116794181A。

技术方案:本发明公开了一种基于光谱变换融合的中药制药过程质量智能检测方法,涉及中药质量分析技术领域。所述的中药制药过程质量检测方法,包括光谱数据预处理和多光谱数据变换融合步骤,所述的光谱数据预处理的方法为 zscore 标准化,所述的多光谱数据变换融合的方法为将至少两种光谱数据进行矩阵乘法运算。本发明提供的检测方法具有快速、准确的优点,并首次将其应用于中药制药过程质量监测中,为智能质检技术在中药制药过程质控领域的应用提供依据和指导,有助于提高中药生产制造水平和质量控制水平。

(五) 合作研发

合作研发能够将不同机构的技术、人才、资金等资源聚集在一起,实现资源的优化配置和整合。这种整合不仅能够加速研发进程,还能够提高研发效率和质量。不同机构在合作研发中可以发挥各自的优势,形成互补,从而产生协同效应。这种效应能够帮助合作双方在市场上获得并保持竞争优势,同时也能够创造出新的、稀缺的、难以模仿的资源。合作研发有助于技术的转移和应用,企业可以通过与研究机构的合作,将研究成果快速转化为产品,加快技术的市场化进程。在合作研发中,各方可以共享科研成果,这有助于减少重复投资和研发,提高整个行业的技术水平。

对浙江大学关于中药智能制造相关技术的专利申请进行分析发现,其合作研发专利申请量为50项,占比17.1%。

图4-9为浙江大学在中药智能制造相关的专利申请中合作研发涉及智能化手段。通过分析上述数据发现,人工智能占比36%,专利位列第一,人工智能技术是浙江大学在中药智能制造中最为重要的研究方向。如:专利申请日为2014年8月7日,申请号为CN201410387156.X,专利名称为"一种利用电子鼻技术鉴别阿胶的方法",联合申请人为东阿阿胶股份有限公司,本发明公开一种利用电子鼻技术鉴别阿胶的方法,选取特定厂家的阿胶产品作为样本;对样本中每个样品分别检测,将样品粉碎成碎末后称取一定量置于密封样本瓶中,搅动一段时间后将样本瓶中的气体抽出一部分注射入电子鼻气室,电子鼻气室中的传感器阵列采集样品数据;对该样本中的样品数据划分为校正集数据和验证集数据,采用校正集数据建立判别模型,并通过验证集数据对所建立的判别模型进行验证;采集待检测阿胶样品的样品数据,计算待检测阿胶样品的主成分数据与培训集的主成分分析模型的主成分中心的距离,得到待检测阿胶样品的 F 值,根据设定的方差齐性检验的置信区间,判断其精密度是否有显著性差异,不存在显著性差异的为该特定厂家的阿胶。

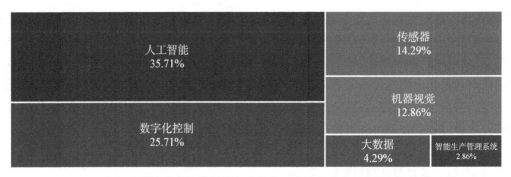

图4-9　浙江大学在中药智能制造相关的专利申请中合作研发涉及智能化手段

数字化控制占比26％,如:专利申请日为2023年5月15日,申请号为CN202310537854.2,专利名称为"具有在线模拟实验功能的水厂加药系统及其控制方法",联合申请人为天津智云水务科技有限公司,本发明涉及环保技术领域,提供了一种具有在线模拟实验功能的水厂加药系统及其控制方法,加药系统包括:模拟实验装置包括模拟装置、内嵌算法模块、自控系统,模拟装置对水厂的原水进行实验,模拟水厂加药的反应过程,得到实验结果;内嵌算法模块根据模拟装置的实验结果计算最佳加药方案;自控系统,改变模拟装置模拟水厂加药的反应过程的模拟参数;水厂加药系统,自控系统根据最佳加药方案联动水厂加药系统运行,对水厂进行加药操作;本申请通过模拟实验装置的内嵌算法模块计算出最佳加药方案,根据最佳加药方案直接联动水厂加药系统进行加药,无需人为干预,更加便捷、快速,满足原水水质突变、反应药剂快速随之变化的要求。其他智能化手段合作研发占比较少。

总结来说,浙江大学在中药智能制造领域的合作研发聚焦于人工智能和数字化控制等核心技术,同时逐步融入传感器、机器视觉等先进技术以提升智能化水平。虽然大数据、智能生产管理系统以及物联网、数字孪生、云计算等领域的专利数量相对较少,但这些技术的融入预示着未来中药智能制造将朝着更加网络化、智能化和数据驱动的方向发展。

表4-4为浙江大学合作研发专利申请类型及法律状态;通过对其合作研发专利申请进行法律状态分析,合作研发专利申请专利有效性较高,占比46％,高于整体专利申请有效率。可见,合作研发有助于浙江大学专利技术的有效维护,促进专利技术转移和应用,加快其专利市场化进程。

表4-4　浙江大学合作研发专利申请类型及法律状态

专利类型	审查中(项)	失效(项)	有效(项)	总计(项)
发明	7	17	20	44
实用新型	—	3	3	6
总计	7	20	23	50

进一步分析其合作研发专利申请可知,其合作研发专利申请人达到37位,显示了浙江大学在中药智能制造领域的多元化合作网络。浙江大学的合作研发伙伴不仅局限于浙江

省内,还涉及山东、江苏等地的企业,以及天津和云南等地的研究机构,显示出其在全国范围内的行业影响力和合作范围。由图4-10可知,浙江大学和东阿阿胶、康缘药业和苏博尔科环保科技、浙江大学滨海产业技术研究院合作较为密切,占比61%,可见其合作研发对象主要为企业;而通过和企业的合作研发有助于其主要研究技术的转移和应用,将研究成果快速转化为产品,加快技术的市场化进程。

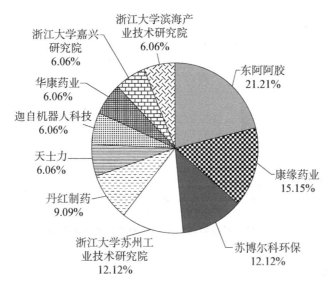

图4-10 浙江大学在中药智能制造相关的专利申请中排名前10的联合申请人

综上所述,浙江大学在中药智能制造领域的研发活动不仅依赖于自身强大的研究力量,还通过与多家企业和其他研究机构的合作,拓宽了技术研发的广度和深度。这种合作模式有助于整合不同领域的专业知识和技术资源,推动中药智能制造技术的创新和转化应用。

二、楚天科技

楚天科技成立于2000年,是中国医药装备行业的龙头企业和中国A股上市公司。楚天科技在传统的中药生产设备上实现了高效节能及智能化、信息化和联动化的关键技术突破。针对传统设备效率低、能耗高、自动化和智能化程度低等问题,楚天科技通过创新研发,打造了一批具有代表性的智能化中药提取、浓缩、干燥设备和包装机械。楚天科技运用自动化与信息化技术开发了智能医药生产机器人及其生产线。在提高中药生产效率和质量方面取得了显著成果,而且在推动整个制药行业向智能化、自动化发展方面发挥了重要作用。

(一)申请趋势

由图4-11可知,楚天科技自2010年开始中药智能制造相关技术专利申请,仅2010年相关专利申请数量较少,自2011年开始涌现大量相关专利申请,且自2012年开始,楚天科技在中药智能制造相关技术领域的专利申请量逐年波动变化,至2013年达到最高后,2014—2016年开始呈下降态势,在2017年短暂上升后,中药制造领域市场需求减少,新版GMP认证结束,医药行业变革(药品质量监管等),国家知识产权局整体监管转型(优化专利申请结构和质量),其专利申请量开始呈波动下降趋势。

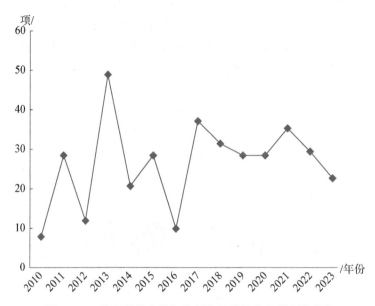

图 4-11 楚天科技中药智能制造相关技术专利申请趋势

(二) 技术布局

1. 地域布局。楚天科技中药智能制造相关技术专利申请主要集中在中国,其以传统的中药提取工艺为基础,运用现代中药制药创新技术,结合独创的先进提取装备和智能化控制系统,为中药制药生产企业提供从规划、设计、制造、安装、调试、验证到服务的整体解决方案,打造绿色产业,促进中药高质量发展。

2. 专利申请类型及法律状态。如表 4-5 所示,楚天科技中药智能制造相关技术中,专利申请类型以实用新型为主,共 207 项,占比 55%,其中有效实用新型专利为 137 项,占比 66%;失效实用新型专利为 70 项,占比 34%。发明专利共 169 项,其中有效性发明专利 93 项,占比 55%;失效发明专利 21 项,占比 12%;处于审查状态的发明专利申请为 55 项,占比 33%。由此可知,楚天科技中药智能制造相关技术专利申请以实用新型为主,发明和使用新型授权且有效率均超过 50%。可见,楚天科技具有较强的知识产权保护意识,能够积极开展专利技术布局,并且拥有较多的有效专利,这表明其在该领域具有一定的技术实力和竞争优势。

表 4-5 楚天科技中药智能制造相关技术专利申请类型及法律状态

专利类型	审查中(项)	失效(项)	有效(项)	总计(项)
发明	55	21	93	169
实用新型	—	70	137	207
总计	55	91	230	376

　　3. 技术构成。由图4-12可知,楚天科技在中药智能制造技术领域包括中药自动化炮制、制剂前处理智能化、制剂成型智能化、灭菌、药品包装智能化和质量智能管理6个技术分支上有专利布局。其中药品包装智能化的技术分支专利申请量最多,为252项,占比55%,这表明楚天科技在中药智能制造的药品包装智能化环节投入了大量的研发资源,涉及提高包装效率、确保药品安全性和稳定性的技术创新;其次是制剂前处理智能化,专利申请量为117项,占比25%,旨在优化生产过程并提高药品质量;灭菌相关技术的专利申请为60项,占比13%,涉及新型灭菌技术或改进现有灭菌方法以提高效率和效果;质量智能管理相关技术的专利申请为18项,占比4%,用于提高药品质量控制的准确性和效率;制剂成型智能化和自动化炮制相关技术的专利申请分别占比2%、1%。可见,楚天科技在中药智能制造领域的研发重点是药品包装智能化技术和制剂前处理智能化,这两个环节的技术创新对于提高生产效率和药品质量至关重要。灭菌技术也是其研发的一个重点领域,而制剂成型智能化和自动化炮制技术的专利数量较少,显示出公司在这两个环节的研发策略可能更为保守。

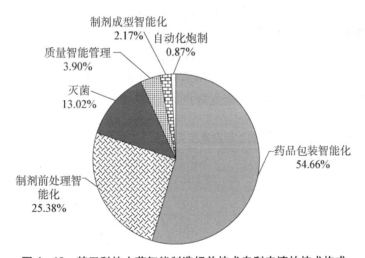

图4-12　楚天科技中药智能制造相关技术专利申请的技术构成

　　由图4-13可知,楚天科技在中药智能制造专利申请中涉及的智能化手段有传感器、数字化控制、工业机器人、机器视觉、智能生产管理系统、物联网、人工智能、智能标签等,采用传感器占比28%,涉及生产过程监测、数据采集等关键环节,以提高生产效率和产品质量;数字化控制占比27%,包括生产流程的自动化控制、精确调配原料和优化生产过程等;工业机器人占比21%,用于自动化生产线,提高生产效率和减少人工操作错误;机器视觉占比13%,用于质量检测、包装监控和生产过程中的自动化任务;智能化生产管理系统7%,用于优化生产调度、资源分配和供应链管理;其他占比4%。可见,楚天科技在传感器和数字化控制应用于中药智能制造过程中具有较强的创新能力。

　　由表4-6可知,楚天科技在药品包装智能化技术分支领域的专利申请量最多,在该技术分支的专利申请量达到252项;2010—2013年有所上升后,2014—2024年专利申请量长期出现波动下降趋势。楚天科技从2010年开始进行制剂前处理智能化专利布局,其相关

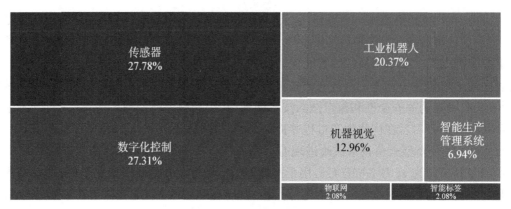

图 4-13 楚天科技中药智能制造相关技术专利智能化手段技术构成

技术专利申请同样 2010—2013 年有所上升后,2014—2024 年专利申请量长期出现波动下降趋势。楚天科技在灭菌智能化分支技术领域进行了一定的专利布局,但自 2010—2017 年缓慢增加后,开始处于下降态势,而在自动化炮制、制剂成型智能化、质量智能管理等分支领域的智能化发展较慢。总体来说,楚天科技在中药智能制造领域的研发策略主要集中在药品包装智能化技术和制剂前处理智能化上,同时也在质量智能管理和灭菌技术等方面进行了一定的研究和探索。随着中药智能制造技术的不断进步和市场需求的变化,楚天科技可能会继续调整其研发重点,以保持技术领先和市场竞争力。

表 4-6 楚天科技中药智能制造相关技术一级分支专利申请量历年分布

年份	自动化炮制（项）	制剂前处理智能化(项)	制剂成型智能化(项)	灭菌（项）	药品包装智能化(项)	质量智能管理（项）
2010	0	1	0	0	7	0
2011	0	12	0	6	18	4
2012	1	0	0	0	11	0
2013	1	21	0	5	33	4
2014	1	11	0	1	11	1
2015	0	12	0	4	18	2
2016	0	2	0	3	7	0
2017	0	6	1	13	26	1
2018	0	11	0	10	20	1
2019	1	5	1	6	19	2
2020	0	8	0	3	21	1
2021	0	14	5	4	23	1
2022	0	8	0	0	23	0

（续表）

年份	自动化炮制（项）	制剂前处理智能化（项）	制剂成型智能化（项）	灭菌（项）	药品包装智能化(项)	质量智能管理（项）
2023	0	6	3	5	15	1
2024	0	0	0	0	0	0

　　由图4-14可知,楚天科技在制剂前处理智能化的二级分支中主要研究方向为中药生产过程中干燥技术的智能化,干燥技术手段智能化在其制剂前处理智能化二级分支中占比73%,而混合占比12%,粉碎占比10%,提取和浓缩总共占比5%,由此可见楚天科技在制剂前处理智能化二级分支技术中,智能化技术专利布局较为单一,而在制剂前处理智能化中,干燥手段的智能化程度提高,对于提高中药生产效率和质量较为有限,应着重提高制剂前处理智能化二级分支技术发展的全面性。

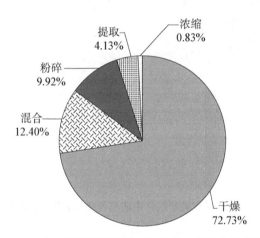

图4-14　楚天科技制剂前处理智能化二级分支技术构成

　　由图4-15可知,其干燥智能化手段主要集中于数字化控制、工业机器人和传感器,三者分别占比32%、24%和31%,其他占比13%。由此可见,楚天科技在中药智能制造领域的干燥过程中,重点发展了传感器技术和数字化控制系统,同时也在探索其他智能化手段,如工业机器人、智能生产管理系统以及新兴的机器视觉、人工智能、物联网技术的应用。这些技术的应用不仅提高了干燥过程的效率和质量,也为中药制造行业的数字化、智能化转型提供了有力支持。

　　由图4-16可知,其药品包装智能化手段主要集中于数字化控制、工业机器人和传感器,三者分别占比25%、22%和26%,另外,机器视觉占比17%,其他占比10%。由此可见,楚天科技在中药智能制造领域的药品包装智能化过程中,重点发展了传感器技术和数字化控制系统,同时也在探索其他智能化手段如工业机器人、机器视觉以及新兴的人工智能、物联网技术的应用。这些技术的应用不仅提高了包装过程的效率和质量,也为中药制造行业的数字化、智能化转型提供了有力支持。

图 4 - 15　楚天科技制剂前处理智能化中干燥技术的智能化手段构成

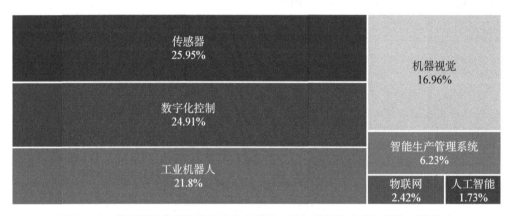

图 4 - 16　楚天科技药品包装智能化中药品包装智能化技术的智能化手段构成

(三) 技术发展脉络

根据前述内容可知,药品包装智能化技术为楚天科技在中药智能制造中的优势分支。下面对上述分支在智能化手段上的技术发展脉络进行分析。

由图 4 - 17 可知,楚天科技在灌装、封装和灌封一体化的智能制造专利布局较早。2010—2012 年,楚天科技的专利涉及瓶装置的位移检测和连续无极变速控制、在线清洗灭菌装置的自动在线控制、图像采集装置的机器视觉等技术。这表明公司开始尝试结合传感器、数字化控制和机器视觉技术,以提高中药包装设备的智能化水平。2013—2015 年,楚天科技继续深化对数字化控制、机器视觉和工业机器人技术的应用。通过数字化控制实现塑料瓶吹灌封切检一体机的操作,同时引入机器视觉技术用于灯检机与包装线的联动控制,以及智能码垛机器人推箱装置的设计。2016—2018 年,楚天科技将技术发展重点扩展到人工智能、机器人和智能系统集成等领域。例如,玻璃药瓶内氧气含量检测装置涉及人工智能技术,高速灌装机械手跟踪定位偏差在线识别与纠偏方法结合了机器视觉和机械手技术。2019—2021 年,楚天科技进一步拓展其智能化技术应用范围,涉及流化床系统的温度模糊控制、机器人码垛自动化生产线、机器人灌装机等技术。公司对机器人技术和数字化控制的投入不断增加,同时继续关注机器视觉技术的发展。

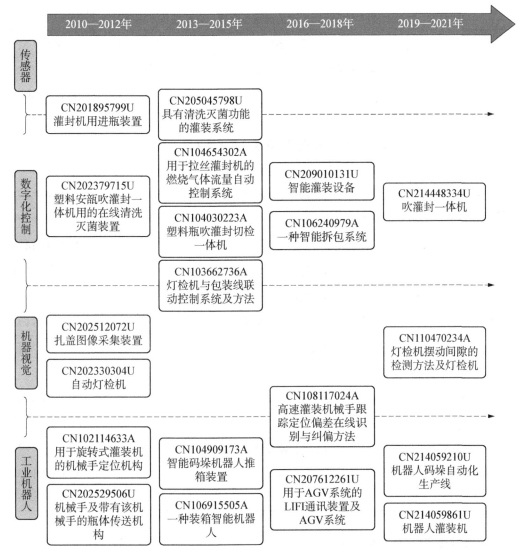

图 4 - 17　楚天科技中药智能制造中药品包装智能化技术相关专利智能化手段技术发展路线

综上所述,楚天科技在传感器、数字化控制、机器视觉、工业机器人等智能化手段的技术发展脉络显示出公司在不断追求技术创新和智能化生产的方向,力求提升中药包装行业的生产效率和质量水平。随着技术的不断演进和应用,楚天科技在中药包装智能化领域有望继续取得更多创新成果。

(四) 重点专利

楚天科技在中药智能制造中的优势技术为药品包装智能化,现就楚天科技关于该方面的重点专利进行简单筛选和分析。综合考虑专利法律状态、技术的创新性程度和权利要求等指标进行重点专利筛选。楚天科技在中药智能制造中药品包装智能化技术领域的重点专利如表4-7所示。

表4-7 楚天科技在中药智能制造的药品包装智能化相关技术领域的重点专利

公开号	名称	申请日
CN102114633A	用于旋转式灌装机的机械手定位机构	2010 年 09 月 27 日
CN201895799U	灌封机用进瓶装置	2010 年 11 月 30 日
CN202330304U	自动灯检机	2011 年 11 月 29 日
CN202379715U	塑料安瓿吹灌封一体机用的在线清洗灭菌装置	2011 年 12 月 28 日
CN202512072U	扎盖图像采集装置	2012 年 04 月 10 日
CN202529506U	一种机械手及带有该机械手的瓶体传送机构	2012 年 05 月 04 日
CN104030223A	塑料瓶吹灌封切检一体机	2013 年 03 月 06 日
CN103662736A	灯检机与包装线联动控制系统及方法	2013 年 11 月 18 日
CN104654302A	用于拉丝灌封机的燃烧气体流量自动控制系统	2015 年 01 月 27 日
CN104909173A	一种智能码垛机器人推箱装置	2015 年 05 月 15 日
CN205045798U	一种具有清洗灭菌功能的灌装系统	2015 年 09 月 14 日
CN106915505A	一种装箱智能机器人	2015 年 12 月 25 日
CN106240979A	一种智能拆包系统	2016 年 08 月 31 日
CN207612261U	用于 AGV 系统的 LIFI 通讯装置及 AGV 系统	2017 年 12 月 28 日
CN209010131U	一种智能灌装设备	2018 年 10 月 30 日
CN110470234A	一种灯检机摆动间隙的检测方法及灯检机	2019 年 07 月 24 日
CN214059861U	机器人灌装机	2020 年 12 月 15 日
CN214448334U	吹灌封一体机	2021 年 01 月 25 日

● 涉及数字化控制重点专利

专利名称:塑料安瓿吹灌封一体机用的在线清洗灭菌装置。申请日:2011 年 12 月 28 日。公开号:CN202379715U。

技术方案:一种塑料安瓿吹灌封一体机用的在线清洗灭菌装置,包括蒸汽杯和蒸汽杯驱动组件,蒸汽杯驱动组件包括水平轨道、斜向轨道、水平驱动电机、斜向驱动电机、第一滑块、第二滑块以及位于两个轨道之间的连接块;斜向轨道中内置有与斜向驱动电机输出端相连的第一丝杆,第一滑块的一面滑设于斜向轨道中,另一面与连接块固定连接,第一滑块与第一丝杆之间通过螺纹配合连接;水平轨道中内置有与水平驱动电机输出端相连的第二丝杆,第二滑块的一面滑设于水平轨道中,另一面与连接块固定连接,第二滑块与第二丝杆之间通过螺纹配合连接,蒸汽杯连接于水平轨道的端部。本实用新型具有结构简单紧凑、安装方便、能自动完成对灌装头的清洗灭菌、支持在线清洗等优点。

专利名称：用于拉丝灌封机的燃烧气体流量自动控制系统。申请日：2015年1月27日。公开号：CN104654302A。

技术方案：本发明公开了一种用于拉丝灌封机的燃烧气体流量自动控制系统，包括控制组件和流量比例控制阀组件，所述流量比例控制阀组件的输入端分别与助燃气源、燃气气源相连通，所述流量比例控制阀组件的输出端与燃烧火嘴组件相连，所述流量比例控制阀组件的控制端与控制组件相连并接收控制组件的控制信号以调节燃烧气体的混合比例或流量。本发明具有能够提高自动化水平、提高控制效果等优点。

专利名称：塑料瓶吹灌封切检一体机。申请日：2013年3月6日。公开号：CN104030223A。

技术方案：本发明公开了一种塑料瓶吹灌封切检一体机，包括机架以及按照工序装设于机架上的吹塑成型装置、灌封装置、模切装置，模切装置包括相互配合的第一切模和第二切模，还包括检漏配合组件，检漏配合组件与第一切模或第二切模通过配合形成容纳瓶卡的真空检漏腔。本发明由检漏配合组件与第一切模或第二切模配合可形成容纳瓶卡的真空检漏腔，能方便快速地对切除余料后的瓶卡进行真空检漏，实现了一机完成塑料瓶的制瓶、灌封、模切和检漏，第二切模既作为模切的配合部件又作为检漏的配合部件，同时无需设置将瓶卡从模切工位传送至检漏工位的传送机构，不用考虑重新定位的问题，直接使检漏配合组件与第二切模相配合即可。

专利名称：一种智能灌装设备。申请日：2018年10月30日。公开号：CN209010131U。

技术方案：本实用新型公开了一种智能灌装设备，包括进瓶机构、称重部件、灌针部件以及出瓶机构，还包括转运机构，称重部件设于出瓶机构的进瓶端，灌针部件设于称重部件上方，出瓶机构配置有缓存平台，出瓶机构的进瓶端和缓存平台相对布置于称重部件的两侧。本实用新型具有结构紧凑、有利于提高灌装精度和产品合格率的优点。

专利名称：吹灌封一体机。申请日：2021年1月25日。公开号：CN214448334U。

技术方案：本实用新型公开了一种吹灌封一体机，包括灌装架、挤出架、设于灌装架和挤出架之间的成型架、设于成型架上的成形模具、设于挤出架上的挤出膜头和设于灌装架上的夹取装置，挤出架于挤出膜头的下方设有封底夹装置和切料装置，夹取装置包括底座、摆臂、废料夹、摆动驱动、第一支撑伸缩驱动和第二支撑伸缩驱动，摆臂通过底座安装于灌装架上，摆动驱动的一端固定于灌装架上，另一端与摆臂连接，废料夹可向上翻转的设于摆臂上，第一支撑伸缩驱动一端固定于灌装架上，另一端与摆臂连接，第二支撑伸缩驱动一端与废料夹连接，另一端与摆臂连接，成形模具上设有料位检测开关。本实用新型可自动夹取废料，杜绝设备和人身伤害，提高自动化程度，减少占用空间。

● 涉及传感器和数字化控制联用重点专利

专利名称：灌封机用进瓶装置。申请日：2010年11月30日。公开号：CN201895799U。

技术方案：本实用新型公开了一种灌封机用进瓶装置，包括进瓶传送件、进瓶驱动件、控制组件以及设置于灌封机进瓶处且一端固定的挡瓶带，所述进瓶驱动件的输出端与进瓶传送件相连，控制组件与一用来检测挡瓶带上活动端位移信号的位移检测组件相连，所述控制组件根据位移检测组件检测的位移信号输出控制指令至进瓶驱动件。

专利名称：一种具有清洗灭菌功能的灌装系统。申请日：2015年9月14日。公开号：CN205045798U。

技术方案：本实用新型公开了一种具有清洗灭菌功能的灌装系统，包括灌装泵组以及驱动组件，所述灌装泵组包括多个灌装泵，所述灌装泵包括外套组件和内杆组件，所述外套组件套装在所述内杆组件上，所述外套组件在所述驱动组件的驱动下在所述内杆组件上做往复直线运动，还包括检测单元，用于对外套组件的实时直线运动距离进行检测；控制单元，用于接收检测单元的实时直线运动距离信号后，与预设的距离阈值相比较，并根据比较结果控制所述驱动组件的启停；所述检测单元以及驱动组件均与所述控制单元相连。本实用新型的具有清洗灭菌的灌装系统具有结构简单以及能够防止灌装泵失控而碰撞损坏等优点。

● 涉及机器视觉重点专利

专利名称：一种自动灯检机。申请日：2011 年 11 月 29 日。公开号：CN202330304U。

技术方案：本实用新型公开了一种自动灯检机，包括进瓶装置、异物检测装置、外观检测装置和出瓶装置，外观检测装置包括设于进瓶装置与异物检测装置之间的前外观检测装置以及设于异物检测装置与出瓶装置之间的后外观检测装置。本实用新型检测精度高、可提高产品的合格率。

专利名称：扎盖图像采集装置。申请日：2012 年 4 月 10 日。公开号：CN202512072U。

技术方案：本实用新型公开了一种扎盖图像采集装置，包括安装支架和至少一件瓶盖摄像组件，所述瓶盖摄像组件装设于所述安装支架上。该扎盖图像采集装置具有结构简单、可自动对瓶盖进行图像采集、图像精度高、采集效率高的优点。

专利名称：一种灯检机摆动间隙的检测方法及灯检机。申请日：2019 年 7 月 24 日。公开号：CN110470234A。

技术方案：本发明公开了一种灯检机摆动间隙的检测方法及灯检机，一种灯检机摆动间隙的检测方法，包括以下步骤：S1：在控制系统的控制下，传送装置带动相机对传输中的同一药瓶跟踪拍摄多张照片；S2：控制系统控制视觉检测软件测量出多个距离 L_i；S3：视觉检测软件根据测量到的 L_i 得到 L，$L=maxL_iminL_i$；S4：在视觉检测软件内将 L 与预设值 L_0 进行比较；S5：若 L 小于 L_0，当次检测结束；若 L 大于或等于 L_0；调节传送装置，传送装置带动相机回到初始位置；然后重复步骤 S1 至 S4，直至 L 小于 L_0；S6：传送装置带动相机回到初始位置，重复步骤 S1 至 S5，对下一个药瓶进行检测；S7：重复步骤 S6，直至药瓶全部被检测完。本发明应用于灯检机技术领域。

● 涉及机器视觉和数字化控制联用重点专利

专利名称：灯检机与包装线联动控制系统及方法。申请日：2013 年 11 月 18 日。公开号：CN103662736A。

技术方案：本发明公开了一种灯检机与包装线联动控制系统及方法，系统包括出瓶网带组件、进瓶网带组件、用于缓存由出瓶网带组件送来的瓶子并将缓存瓶子送入进瓶网带组件的储瓶网带组件、控制器和用于检测储瓶网带组件储瓶量的检测装置，储瓶网带组件连接一人工下瓶装置，控制器根据检测装置的检测信号发送动作指令给包装线或人工下瓶装置或灯检机。方法为从灯检机出瓶端输出的瓶子依次通过出瓶网带组件、储瓶网带组件、进瓶网带组件进入包装线，储瓶网带组件处连接人工下瓶装置，控制器根据检测装置检测的储瓶量信息控制包装线或人工下瓶装置或灯检机做动作。本发明结构简单、成本低廉、易于控制、自动化程度高、可减少碎瓶现象、提高生产效率。

● 涉及工业机器人重点专利

专利名称：用于旋转式灌装机的机械手定位机构。申请日：2010 年 9 月 27 日。公开号：CN102114633A。

技术方案：本发明公开了一种用于旋转式灌装机的机械手定位机构，包括形成于机械手升降轴上的导向部以及开设于机械手夹头座上且与所述导向部配合的定位孔，所述导向部上至少一个导向面在水平方向上的投影线与机械手的夹持中心线平行。本发明具有结构简单紧凑、成本低廉、安装调试简便、工作稳定可靠等优点。

专利名称：一种机械手及带有该机械手的瓶体传送机构。申请日：2012 年 5 月 4 日。公开号：CN202529506U。

技术方案：本实用新型公开了一种机械手，包括固定件和夹持件，所述夹持件上设有连接部和夹持部，所述连接部设有燕尾槽，所述固定件上设有导滑部，所述燕尾槽卡设于所述导滑部上。该机械手具有结构简单、成本低廉、拆装方便的优点。本实用新型还公开了一种瓶体传送机构，包括直线输瓶部件，所述直线输瓶部件上装设有上述的机械手。

专利名称：一种智能码垛机器人推箱装置。申请日：2015 年 5 月 15 日。公开号：CN104909173A。

技术方案：本发明公开了一种智能码垛机器人推箱装置，包括支撑架、推杆和托板组件，支撑架上设有滑轨和在滑轨内移动的安装块，推杆装设在安装块上，托板组件包括沿安装块移动方向依次布置的第一翻转板、第二翻转板、活动板和固定板，活动板可在第二翻转板和固定板之间往返移动，安装块上设有可驱动推杆在活动板和第二翻转板之间的间隙内升降的升降驱动件，推杆具有推箱轨迹和复位轨迹，推箱轨迹包括在托板组件上方将箱体经第一翻转板推送至固定块上；复位轨迹包括推箱后返回至活动板与第二翻转板之间的间隙上方，在间隙内下降后至托板组件的下方后返回，至初始位置的下方后上升回位。本发明具有推箱连续、生产效率高等优点。

专利名称：一种装箱智能机器人。申请日：2015 年 12 月 25 日。公开号：CN106915505A。

技术方案：本发明公开了一种装箱智能机器人，包括纸箱输送通道，还包括可压住装盒位置上的纸箱的压箱组件以及可将纸箱的四个折页撑开的折页撑开组件，所述压箱组件设置在所述纸箱输送通道的上方，本发明的装箱智能机器人具有不易损坏纸箱、节约生产成本、生产效率高等优点。

专利名称：一种智能拆包系统。申请日：2016 年 8 月 31 日。公开号：CN106240979A。

技术方案：本发明公开了一种智能拆包系统，包括第一输送通道、第二输送通道、取膜组件、转运装置、第一切膜组件和第二切膜组件，所述第二输送通道对接于所述第一输送通道的输出端，所述第一切膜组件设置在所述第一输送通道上以对瓶盒包装的两个相对的侧面的覆膜进行切割，所述第二切膜组件置设置在所述第二输送通道上以对瓶盒包装的另外两个相对的侧面的覆膜进行切割，所述取膜组件设置在所述第二切膜组件的下游以将纸托和被切开的覆膜带离所述第二输送通道，所述转运装置用于将去除瓶盒包装的药瓶转送至第二输送通道的输出端,具有结构紧凑、自动化程度高、切膜迅速、稳定可靠等优点。

专利名称:用于 AGV 系统的 LIFI 通信装置及 AGV 系统。申请日:2017 年 12 月 28 日。公开号:CN207612261U。

技术方案:本实用新型公开了一种用于 AGV 系统的 LIFI 通信装置,包括 LIFI 基站、交换机、布置于 AGV 运行线路以及 AGV 车体上的 LED 灯,各 LED 灯上均配置有控制模块和光检测模块,LIFI 基站通过交换机与上位机接入同一局域网;LIFI 基站用于建立访问端与局域网的连接;控制模块用于连接 LIFI 基站,输出控制信号;LED 灯接收对应控制模块的控制信号发出光信号;光检测模块用于接收光信号,并转换为电信号。本实用新型还公开了一种 AGV 系统,包括上位机、AGV 车体和如上所述的 LIFI 通信装置,上位机通过交换机与 LIFI 基站接入同一局域网。本实用新型的 LIFI 通信装置以及 AGV 系统均具有通信可靠性以及速率高等优点。

专利名称:一种机器人灌装机。申请日:2020 年 12 月 15 日。公开号:CN214059861U。

技术方案:本实用新型公开了一种机器人灌装机,包括机器手传送机构、机架、设于机架上的台板以及设于台板上的隔离器腔体,台板包括依次相连的第一面板、第二面板以及第三面板,第一面板向第二面板所在的一侧倾斜,第二面板向第三面板所在的一侧倾斜,机器手传送机构设于第二面板上,隔离器腔体包括依次布置的理瓶室、灌装室以及轧盖室,灌装室与理瓶室之间以及轧盖室与灌装室之间均设有连通孔,灌装室内于第一面板上设有粉末灌装机构和液体灌装机构。该机器人灌装机具有空间布局合理、层次分明以及结构紧凑等优点。

● 涉及机器视觉和工业机器人联用重点专利

专利名称:高速灌装机械手跟踪定位偏差在线识别与纠偏方法。申请日:2016 年 11 月 30 日。公开号:CN108117024A。

技术方案:本发明公开了一种高速灌装机械手跟踪定位偏差在线识别与纠偏方法,其步骤为:S1:在机械手每次到达一个固定位置时进行图像采集;S2:根据采集到的图像得出灌装针杆与瓶口中心的相对位置偏差;即:先确定针杆中心位置;再对瓶口区域进行检测,确定瓶口边缘位置,并根据瓶口左右边缘位置计算出瓶口的中心位置;最后结合针杆中心位置与瓶口的中心位置来得出所述相对位置偏差;S3:根据步骤 S2 得到的相对位置偏差,控制机械手的运行轨迹,完成纠偏。本发明具有原理简单、操作简便、实时性好、控制精度高等优点。

（五）合作研发

合作研发能够将不同机构的技术、人才、资金等资源聚集在一起,实现资源的优化配置和整合。这种整合不仅能够加速研发进程,还能够提高研发效率和质量。不同机构在合作研发中可以发挥各自的优势,形成互补,从而产生协同效应。这种效应能够帮助合作双方在市场上获得并保持竞争优势,同时也能够创造出新的、稀缺的、难以模仿的资源。合作研发有助于技术的转移和应用,企业可以通过与研究机构的合作,将研究成果快速转化为产品,加快技术的市场化进程。在合作研发中,各方可以共享科研成果,这有助于减少重复投资和研发,提高整个行业的技术水平。

对楚天科技关于中药智能制造相关技术的专利申请进行分析发现,其合作研发专利申请量为 12 项,占比 3.2%。如专利申请日为 2021 年 3 月 11 日,申请号为 CN202110262624.0,专利名称为"一种基于移动机器人的自动拣选系统货位优化方法及系统",联合申请人为中南大学,法律状态为专利在审。该发明专利通过确立自动化仓库的货位优化目标,根据RMFS 系统内药品的历史订单数据计算药品出入库频率,建立 AGV 小车运动数学模型,根据 AGV 小车运动数学模型、存储策略和药品出入库频率,建立多目标货位优化数学模型以及对多目标货位优化数学模型进行求解,得到货位优化结果,解决了现有方法只考虑货物周转率和货架稳定性,没有考虑到制药企业药品的特殊性与实际情况。又如专利申请日为2021 年 4 月 16 日,申请号为 CN202110411311.7,专利名称为"一种滴丸机滴盘液位的模糊控制方法和系统",联合申请人为天津中新药业集团股份有限公司第六中药厂,法律状态为专利有效,本发明通过检测滴盘液位高度,通过模糊控制调整滴盘进液口的开度,最终迅速地将滴盘液位控制在比较准确和稳定的状态,实现恒定的滴制速度,并保证滴丸的重量和形状一致。尽管楚天科技在中药智能制造的专利申请中智能化技术多为早期智能化技术,但合作研发专利技术涉及的智能化技术较高。由此可见,合作研发有助于提高楚天科技在中药智能制造领域的智能化技术,帮助合作双方在市场上获得并保持竞争优势,并加快技术创新和专利市场化进程。

进一步分析其合作研发专利申请可知,其合作研发申请人为 4 位,分别为天津中新药业集团股份有限公司第六中药厂(5 项)、通瑞生物制药(成都)有限公司(2 项)、上海汉都医药科技有限公司(2 项)、津药达仁堂集团股份有限公司第六中药厂(2 项)。

综上所述,楚天科技在中药智能制造专利技术的合作研发中获得了技术创新与升级、资源整合、风险分担等多方面的益处,这些益处有助于提升公司的竞争力和市场地位。

三、东富龙

东富龙自 1993 年成立以来,在中药智能制造领域取得了一系列的技术成就。公司最初专注于冻干系统的研发,并在这一领域建立了国内领先的研发和设计能力。

经过多年的发展,东富龙已经形成了以制药设备为主的多元化产品布局。公司拥有超过 1 万台制药设备,并逐步将业务拓展到了医疗和食品领域,实现了药机、医疗、食品多板块驱动的业务模式。此外,东富龙还积极拥抱工业 4.0 和智能制造 2025 的全球及国家战略,成为制药行业首个提出将工业 4.0 战略应用到制药工业的公司。在其近 30 年的发展历程中,东富龙不仅在技术上取得了显著的进步,而且在业务上也实现了从单一产品线到多元化业务模式的转变。

(一) 申请趋势

由图 4-18 可知,东富龙自 2004 年开始中药智能制造相关技术专利申请,2004—2012年的年专利申请量均未超过 10 项,处于缓慢发展阶段;自 2012 年开始,东富龙在中药智能制造相关技术专利申请呈现快速增长态势,到 2015 年达到最大申请量,与浙江大学、楚天科技类似,受新版 GMP 认证结束、医药行业变革等因素影响,东富龙中药智能制造相关技术专利申请自 2016 年开始呈现波动下降趋势。

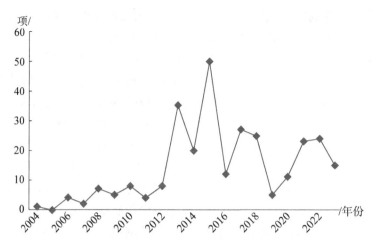

图 4-18　东富龙中药智能制造相关技术专利申请趋势

（二）技术布局

1. 地域布局。东富龙中药智能制造相关技术专利申请主要集中在中国，能够实现中药生产过程中的质量控制和高效生产，有效结合国内外加工工艺及设备特点，实现从自动化仓储物流、自动称配料、自动投料、自动出渣、提取设备的自动化控制以及干燥处理的整线解决方案。

2. 专利申请类型及法律状态。表 4-8 表明，东富龙中药智能制造相关技术中国专利申请类型以实用新型为主，共 183 项，占总申请量比例为 64%；其中实用新型专利申请中，有效实用新型专利为 133 项，占比 73%，失效实用新型专利为 50 项，占比 27%；发明专利共 103 项，其中有效性发明专利 48 项，占比 47%（占已审专利 68%），失效发明专利 23 项，占比 22%，处于审查状态的发明专利申请为 55 项，占比 33%。由此可知，东富龙中药智能制造相关技术专利申请以实用新型为主，发明和实用新型在已审专利申请中授权且有效率均超过 50%。可见，东富龙在中药智能制造领域的专利布局显示了其在技术创新和知识产权保护方面的努力。有效专利的数量表明公司拥有一系列受法律保护的创新成果，这对于公司的技术发展和市场竞争力至关重要。同时，失效专利的数量也提示公司需要关注专利的维护和管理，确保能够充分利用其知识产权资产。此外，鉴于中药制药装备行业的快速发展，东富龙的专利策略和技术创新能力将对其在未来市场竞争中的地位产生重要影响。

表 4-8　东富龙中药智能制造相关技术专利申请类型及法律状态

专利类型	审查中（项）	失效（项）	有效（项）	总计（项）
发明	32	23	48	103
实用新型	—	50	133	183
总计	32	73	181	286

3. 技术构成。由图 4-19 可知,东富龙在中药智能制造相关技术的专利申请中,药品包装智能化技术方面拥有最多的专利数量,占比 54%。这表明公司在药品包装智能化方面的重视,并投入大量的研发资源,考虑到药品包装智能化对于保证药品安全性、延长保质期以及提高用户体验的重要性,这一领域的大量专利有助于提升产品竞争力。制剂前处理智能化占比 33%,这说明东富龙在药品生产的前期工艺上也进行了深入研究,这包括原料的预处理、提取、浓缩等步骤,这些步骤对于最终药品的质量和疗效至关重要。灭菌技术占比 7%,考虑到灭菌是确保药品安全的关键步骤,这一数量的专利显示东富龙在保障药品无菌性方面也有所投入和创新。制剂成型智能化占比 4%,自动化炮制技术和质量智能管理共占比约 2%。

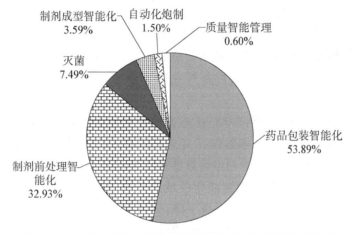

图 4-19　东富龙中药智能制造相关技术专利申请的技术构成

综上所述,东富龙在中药智能制造相关技术的专利申请中展现出了其在多个关键技术环节的研发实力和技术积累。特别是在药品包装智能化技术和制剂前处理智能化领域的大量专利,不仅体现了公司在这些领域的重点投入,也可能成为其在市场上获得竞争优势的关键因素。同时,这种分布也揭示了东富龙的整体战略方向,即通过技术创新提升产品质量和生产效率,以实现成为智慧药厂交付者的愿景。

由图 4-20 可知,东富龙在中药智能制造相关技术专利申请中,体现了其在智能化手段方面的重视和投入。对东富龙智能化手段的分析可知:传感器技术占比 37%,这表明东富龙在智能感知方面有着显著的研发成果,传感器作为智能制造系统的基础,对于数据采集和实时监控至关重要。数字化控制占比 30%,这显示了东富龙在数字化控制系统方面的研发实力,该系统能够提高生产过程的精确度和效率。工业机器人占比 13%,反映了东富龙在自动化执行设备上的创新,这些机器人可能用于药品生产中的搬运、包装等环节,减少人工干预,提高生产效率。机器视觉占比 11%,集中于视觉识别技术,这对于质量控制和自动检测等环节尤为重要。物联网占比 7%,专利表明东富龙在设备联网和信息交换方面有所布局,这有助于实现设备的远程监控和管理。人工智能、智能标签、云计算、智能生产管理系统共占比 2%。

图 4-20 东富龙中药智能制造相关技术专利智能化手段技术构成

综上所述,东富龙的智能化手段涵盖了从感知、控制、执行到管理的全方位技术创新。通过这些智能化技术的集成应用,东富龙不仅提高了自身生产和管理的效率,还能够为客户提供更加高效、精准的服务,实现其成为智慧药厂交付者的愿景。同时,这些技术的研发和应用也有助于提升东富龙在制药设备行业的竞争力,强化其在国内乃至国际市场的地位。

由表 4-9 可知,从 2004 年到 2023 年,东富龙在中药智能制造相关技术的专利申请总体上呈现增长趋势,尤其在 2013 年至 2015 年达到高峰,这表明东富龙在这几年内加大了研发和创新力度。在 2016 年之后,专利申请数量有所减少,但仍然保持一定的申请量,反映出公司持续的研发活动。制剂前处理智能化领域的专利申请数量波动较大,2006 年开始增长,2010 年至 2015 年达到峰值,之后有所下降,但仍然是公司研发的重点之一。制剂成型智能化的专利申请从 2010 年开始增加,2014 年至 2015 年达到顶峰,之后逐渐减少,表明这一时期公司在这一领域的技术创新较为活跃。灭菌的专利申请在 2013 年至 2015 年有显著增长,之后减少,这可能与公司在该时期对灭菌技术的重点研发有关。药品包装智能化是专利申请数量最多的领域,特别是在 2013 年至 2015 年,申请量大幅上升,之后虽然有所下降,但仍然保持较高水平。质量智能管理和自动化炮制专利申请数量整体较少。

表 4-9 东富龙中药智能制造相关技术一级分支专利申请量历年分布

申请时间	自动化炮制(项)	制剂前处理智能化(项)	制剂成型智能化(项)	灭菌(项)	药品包装智能化(项)	质量智能管理(项)
2004	0	1	0	0	0	0
2005	0	0	0	0	0	0
2006	0	4	0	0	0	0
2007	0	0	0	0	2	0
2008	1	4	0	0	5	0
2009	0	5	0	0	0	0
2010	1	7	0	0	3	0
2011	0	3	0	1	1	0

（续表）

申请时间	自动化炮制（项）	制剂前处理智能化（项）	制剂成型智能化（项）	灭菌（项）	药品包装智能化（项）	质量智能管理（项）
2012	0	4	0	1	4	0
2013	0	9	0	3	23	0
2014	0	9	2	1	13	0
2015	0	14	8	5	43	0
2016	0	3	0	1	9	0
2017	0	8	1	1	19	0
2018	2	6	0	0	17	0
2019	0	5	0	0	0	0
2020	0	4	0	2	6	0
2021	0	13	1	6	10	1
2022	0	8	0	3	14	1
2023	1	3	0	0	11	0
2024	0	0	0	0	0	0

　　东富龙的研发投入与行业发展趋势和技术需求紧密相关。在中药制造行业,尤其是智能化制造成为趋势的背景下,公司加大了相关技术的研发投入。专利申请的高峰年份可能与公司的战略决策、市场需求变化或行业政策导向有关。例如,2015 年的大幅增长可能与当时国家对智能制造的大力支持有关。近年来,尽管专利申请数量有所减少,但东富龙可能在进行技术积累和优化,为未来的创新发展打下基础。总结来说,东富龙在中药智能制造相关技术的专利申请显示了公司在不断探索和创新,以适应市场和技术发展的需要。通过对不同技术领域的专利申请趋势分析,可以窥见公司的研发战略和行业动态。

　　由图 4-21 可知,制剂前处理智能化是中药制造中的关键步骤,包括多个环节如干燥、粉碎、混合和提取等。这些步骤对于保证药品质量和疗效至关重要。从给出的数据来看,东富龙在这一领域的专利申请主要集中在干燥技术上,其次是粉碎,而混合和提取的专利申请量相对较少。干燥技术占比 83%,这表明东富龙在干燥技术方面进行了大量研发工作。干燥是中药制剂过程中非常关键的一步,直接影响到产品的质量和稳定性,

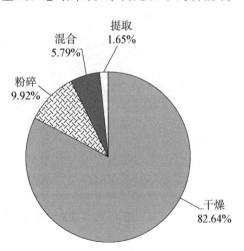

图 4-21　东富龙制剂前处理智能化二级分支技术构成

在智能制造的背景下,干燥过程的自动化和精确控制可能是公司研发的重点,以提高效率和保证产品质量。粉碎技术占比 10%,虽然数量不及干燥技术,但仍然是制剂前处理中的一个重要环节,粉碎过程影响药材的粒度和后续混合均匀性,进而影响药品的释放速率和生物利用度。混合和提取技术共占比 7%,可能表明这些技术相对成熟或公司在这些领域的研发策略较为保守。

总结来说,东富龙在中药智能制造相关技术的制剂前处理智能化环节中,特别是在干燥技术上展现出较强的研发能力,而在其他环节如粉碎、混合和提取上则显示出相对较少的研发活动。这可能反映了公司的战略规划和技术发展的重点。

由图 4-22 可知,东富龙在中药智能制造相关技术中,针对干燥过程的智能化手段的专利申请分布显示了公司在干燥技术研发上的创新点和技术应用。以下是对数据的分析:数字化控制占比 41%,这表明东富龙在干燥过程中强调控制系统的精确性和自动化水平。数字化控制系统可以实现对干燥参数(如温度、湿度、时间等)的精确调节,从而保证干燥过程的稳定性和产品质量的一致性。传感器技术占比 35%,这反映了传感器在智能干燥系统中的重要性。传感器用于实时监测干燥过程中的关键参数,如物料湿度、温度等,确保干燥过程在最佳条件下进行。这些数据可以反馈给数字化控制系统,实现自动调整。工业机器人占比 13%,这说明东富龙在干燥过程中也注重机械自动化的应用,以减少人工干预,提高干燥效率和安全性。工业机器人可以在干燥过程中执行搬运、摆放等任务,实现生产的连续性和自动化。机器视觉占比 6%,虽然数量不多,但这表明公司在探索利用机器视觉进行质量检测或过程监控的可能性。机器视觉系统可以检测干燥物料的状态,如颜色变化、形状等,以判断干燥程度。物联网技术占比 4%,物联网可以帮助实现整个生产流程的信息化管理,提高生产效率和透明度。人工智能占比 2%,显示出东富龙在干燥技术中对 AI 的应用还处于初步阶段。然而,AI 技术在数据分析和模式识别方面具有巨大潜力,未来可能在干燥过程优化和自动控制中发挥更大作用。

图 4-22 东富龙制剂前处理智能化中干燥技术的智能化手段构成

综合分析,东富龙在干燥技术的智能化手段上展现出较强的研发能力,特别是在数字化控制和传感器技术方面的投入较大。工业机器人和机器视觉的应用表明公司正在向更高级别的自动化和智能制造迈进。物联网和人工智能的专利申请虽然较少,但这些技术在未来可能成为公司技术创新的重要方向,特别是在提高生产效率和降低人工成本方面。总结来说,东富龙在中药智能制造相关技术的干燥环节中,通过引入多种智能化手段,不仅提高了生产效率和产品质量,也为未来智能制造的发展奠定了基础。

　　由图4-23可知,东富龙在中药智能制造相关技术中药品包装智能化环节的智能化手段专利申请分布显示了公司在药品包装智能化技术领域的研发重点和技术创新。以下是对数据的分析:传感器技术占比38%,这是药品包装智能化领域中专利申请数量最多的智能化手段。传感器在包装过程中用于监测各种参数,如物料位置、速度、温度等,确保包装过程的准确性和效率。数字化控制占比25%,这表明东富龙在药品包装智能化技术的控制系统方面进行了大量的研发工作。数字化控制系统可以实现包装机械的精确操作,提高包装速度和质量,同时降低错误率。机器视觉占比14%,显示出东富龙在包装过程中重视视觉检测系统的开发。机器视觉可以用于检测包装质量,如封口完整性、标签位置等,确保产品符合质量标准。工业机器人占比13%,这说明东富龙在包装过程中应用机器人技术以实现自动化操作。机器人可以执行包装、搬运、分拣等任务,提高生产效率和减少人工成本。物联网技术占比9%,这可能表明东富龙正在将包装设备接入网络,实现设备间的通信和远程监控。物联网有助于实现生产流程的实时管理和优化。人工智能和智能生产管理系统占比共1%。然而,人工智能在数据分析、模式识别和自动调整包装参数方面具有潜力,未来可能会有更多的应用。智能生产管理系统表明东富龙在探索集成生产管理解决方案,以提高整个包装流程的智能化水平。

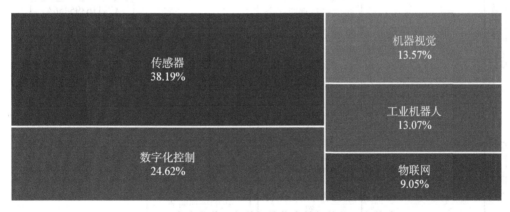

图4-23　东富龙药品包装智能化中的智能化手段构成

　　综合分析,东富龙在药品包装智能化技术的智能化手段上展示了较强的研发实力,尤其是在传感器技术和数字化控制方面的投入显著。机器视觉和工业机器人的应用表明公司正在向自动化和高效生产转型。物联网和人工智能的专利申请虽然较少,但这些技术在未来可能成为公司技术创新的重要方向,特别是在提高生产智能化和系统集成方面。总结来说,东富龙在中药智能制造的药品包装智能化环节中,通过引入多种智能化手段,不仅提高了包装效率和产品质量,也为未来智能制造的发展奠定了基础。

（三）技术发展脉络

根据前述内容可知,药品包装智能化技术分支为东富龙在中药智能制造智中的优势分支。下面对上述分支的技术发展脉络进行分析。

由图 4-24 可知,东富龙自 2007 年开始在药品包装智能化领域进行智能化专利申请布局,其灌装的智能制造专利布局较早,但其主要智能化手段包括数字化控制、传感器、机械手等,如 2011 年专利公开号为 CN202177289U"一种三坐标式自动取料机械手",提供了一种三坐标式自动取料机械手,其是一种省力、省时、效率高、生产成本低的装置,且能使原料药经翻板式冻干机冻干后,在收粉过程中减少污染概率的设备。2015 年专利公开号为 CN105060228B"一种应用于吹灌封一体机的 A 级风淋装置",全过程由各传感器给出信号实现自动控制,可以通过特殊的工艺使无菌空气过滤器,在通过 A 级风的管路可以在线

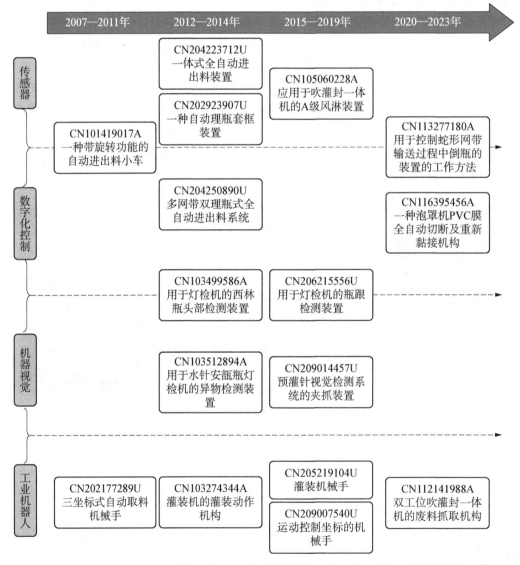

图 4-24 东富龙中药智能制造中药品包装智能化技术相关专利智能化手段技术发展路线

灭菌,能很快地将灌装区域全部清除干净,减少人为的干预,避免二次污染,且操作方便,缩短生产调整时间,提高了生产效率。综合其整体专利布局和采用的智能化手段可知,其智能化手段多偏重于传统自动化设备、基础传感器技术、简单数据采集与监控系统等,对于人工智能与机器学习、物联网、智能生产管理系统等智能化程度较高的专利申请较少。

(四) 重点专利

东富龙在中药智能制造中的优势技术为药品包装智能化,现就东富龙关于该方面的重点专利进行简单筛选和分析。东富龙在中药智能制造中药品包装智能化技术领域的重点专利如表4-10所示。

表4-10　东富龙在中药智能制造的药品包装智能化相关技术领域的重点专利

公开号	名　称	申请日
CN101419017A	一种带旋转功能的自动进出料小车	2008 年 12 月 11 日
CN202177289U	一种三坐标式自动取料机械手	2011 年 06 月 07 日
CN202923907U	一种自动理瓶套框装置	2012 年 11 月 15 日
CN103274344A	灌装机的灌装动作机构	2013 年 05 月 23 日
CN103499586A	一种用于灯检机的西林瓶头部检测装置	2013 年 09 月 10 日
CN103512894A	一种用于水针安瓿瓶灯检机的异物检测装置	2013 年 09 月 10 日
CN204223712U	一种一体式全自动进出料装置	2014 年 10 月 30 日
CN204250890U	多网带双理瓶式全自动进出料系统	2014 年 11 月 12 日
CN105060228A	一种应用于吹灌封一体机的 A 级风淋装置	2015 年 09 月 06 日
CN205219104U	灌装机械手	2015 年 11 月 16 日
CN206215556U	一种用于灯检机的瓶跟检测装置	2016 年 09 月 20 日
CN209014457U	一种预灌针视觉检测系统的夹抓装置	2018 年 10 月 24 日
CN209007540U	一种运动控制坐标的机械手	2018 年 11 月 13 日
CN112141988A	一种双工位吹灌封一体机的废料抓取机构	2020 年 10 月 14 日

● 涉及传感器重点专利

专利名称:一种自动理瓶套框装置。申请日:2012 年 11 月 15 日。公开号:CN202923907U。

技术方案:本实用新型提供了一种自动理瓶套框装置,包括理瓶台,理瓶台两侧分别设有第一框子限位板和第二框子限位板,第一框子限位板上设有框子检测传感器;理瓶网带与理瓶台连接,理瓶网带上设有理瓶推板,理瓶推板连接伺服电机。本实用新型提供的装置克服了现有技术的不足,能够自动理瓶后自动套框,整个过程通过相应的程序控制,减少了人工干预,有效地提高了生产效率,保证了药厂的无菌性。

专利名称:一种一体式全自动进出料装置。申请日:2014 年 10 月 30 日。公开号:CN204223712U。

技术方案:本实用新型提供了一种一体式全自动进出料装置,包括机座系统,载料台设于机座系统上,载料台上设有出料摇臂系统;理瓶网带紧贴载料台设置,理瓶推进组件设于理瓶网带侧面,理瓶网带一端设有星轮,星轮护栏与星轮同心设置,快网设于星轮护栏的尾部出料口前侧,理瓶网带、理瓶推进组件、星轮各与一伺服电机连接;快网与理瓶网带之间还设有同步带拉单系统。本实用新型提供的装置克服了现有技术的不足,自动化程度高,功能齐全,结构紧凑,布局简单灵活,降低了冻干机无菌车间布局的局限性,降低了生产成本,同时也保证了产品的无菌性。

专利名称:一种应用于吹灌封一体机的 A 级风淋装置。申请日:2015 年 9 月 6 日。公开号:CN105060228A。

技术方案:本发明公开了一种应用于吹灌封一体机的 A 级风淋装置,其特征在于,包括依次连接的变频离心风机、流量控制阀、空气过滤器,空气过滤器的入口还通过控制阀一与蒸汽连通;空气过滤器分别通过控制阀三、控制阀四与温度传感器连接,温度传感器通过截止阀与排污口连通;空气过滤器还通过控制阀二与 A 级风淋罩的侧面及顶部连接,A 级风淋罩内设有等动力采样头,等动力采样头与空气粒子计数器连接。本发明操作方便,全过程由各传感器给出信号实现自动控制,可以通过特殊的工艺使无菌空气过滤器,在通过 A 级风的管路可以在线灭菌,能很快地将灌装区域全部清除干净,减少人为的干预,避免二次污染,且操作方便,缩短生产调整时间,提高了生产效率。

● 涉及传感器和数字化控制联用重点专利

专利名称:一种带旋转功能的自动进出料小车。申请日:2008 年 12 月 11 日。公开号:CN101419017A。

技术方案:本发明涉及一种带旋转功能的自动进出料小车,其特征在于,由主轨道、卷线器、轨道连接板、副轨道、升降系统组件、旋转系统组件、对接系统组件、推料框系统组件、隔离装置系统组件组成,主轨道和副轨道组成 X-轨道系统,升降系统组件通过轨道连接板与 X-轨道系统连接,卷线器设于轨道连接板上,旋转系统组件设于升降系统组件上,对接系统组件设于旋转系统组件上,推料系统组件设于系统组件上,隔离装置固定在对接系统组件上。本发明的优点是提供了洁净室内无人操作的可能性,减少了人工污染源从而对产品的无菌性提供了更高保证,进而有效地提高了生产率。

● 涉及数字化控制联用重点专利

专利名称:多网带双理瓶式全自动进出料系统。申请日:2014 年 11 月 12 日。公开号:CN204250890U。

技术方案:本实用新型提供了一种多网带双理瓶式全自动进出料系统,包括出料网带及进料直线单元,其特征在于:还包括并列布置且独立工作的理瓶网带一、理瓶网带二及理瓶网带三,出料网带同时与理瓶网带一、理瓶网带二及理瓶网带三的一个端头对接,在理瓶网带一及理瓶网带二的另一个端头处分别设有星轮系统一及星轮系统二,进料网带一及进料网带二分别与星轮系统一及星轮系统二对接,在理瓶网带一、理瓶网带二及理瓶网带三的侧边设有进料直线单元。本实用新型的优点在于,在进料过程中大大提升了理瓶效率,出料过程中通过多网带逐级变速使出料网带不断增速,为快速出料节约时间,为出料过程中逐级变速拉单列提供了可行性,有效地降低了成本。

● **涉及数字化控制和机器视觉联用重点专利**

专利名称:一种用于灯检机的西林瓶头部检测装置。申请日:2013年9月10日。公开号:CN103499586A。

技术方案:本实用新型公开了一种自动灯检机的旋瓶制动组件,包括装设于所述自动灯检机的转盘上、可沿所述转盘的径向弹性伸缩的活动刹车,以及装设于所述自动灯检机的旋瓶区、用于驱动所述活动刹车保持收缩状态的圆弧状凸轮,所述活动刹车脱离圆弧状凸轮时保持伸出状态,所述收缩状态的活动刹车与所述转盘上所设的旋瓶件分离,所述伸出状态下的活动刹车与所述转盘上所设的旋瓶件紧密接触。该自动灯检机的旋瓶制动组件具有结构简单,可实现持续、不间断可靠制动,可完全杜绝反转和制动不足的情况,大大提高自动灯检机检测准确率的优点。本发明方法有利于提高复方阿胶浆的质量控制水平,保证成品质量稳定、可靠。

专利名称:一种用于灯检机的瓶跟检测装置。申请日:2016年9月20日。公开号:CN206215556U。

技术方案:本实用新型公开了一种用于灯检机的瓶跟检测装置,其特征在于,包括可以夹住西林瓶的颈部旋转的夹抓组件,夹抓组件的下方设有发出光源的光源座和相机。本实用新型用于夹爪式灯检机的瓶跟检测,专为灯检机系统配套使用,通过本实用新型的装置实现冻干西林瓶瓶跟的检测功能,可以对冻干西林瓶瓶跟杂质与裂纹进行检测,并可以将检测结果反馈到控制系统,并在控制系统及输出系统的配合下实现最终产品的分拣,降低产品漏检风险。

● **涉及机器视觉重点专利**

专利名称:一种用于水针安瓿瓶灯检机的异物检测装置。申请日:2013年9月10日。公开号:CN103512894A。

技术方案:本发明提供了一种用于全自动水针安瓿瓶灯检机的异物检测装置,其特征在于:包括图像同步跟随采集装置、机械式夹爪夹瓶装置和主驱动系统;所述的图像同步跟随采集装置包括中空直驱伺服电机,中空直驱伺服电机固定连接中空直驱伺服电机输出法兰,中空直驱伺服电机输出法兰固定连接至少两个转臂的一端,至少一个转臂上设有背光源安装座和相机安装座,其余转臂上设有底光源安装座和相机安装座,背光源安装座上设有背光源,底光源安装座上设有底光源,相机安装座上设有相机。本发明相机、光源、待检瓶三者同步性高,保证了相机图像采集质量,大大提高了灯检机的检测精度。

专利名称:一种预灌针视觉检测系统的夹抓装置。申请日:2018年10月24日。公开号:CN209014457U。

技术方案:本实用新型公开了一种预灌针视觉检测系统的夹抓装置,包括夹抓本体、左右夹持手、夹持手开闭机构和旋转机构。夹抓本体包括圆桶、连接在圆桶底面的导向套和覆盖在圆桶顶面的导向压板;左右夹持手对称地从圆桶两侧的缺口中插入圆桶的空腔中;

夹持手开闭机构包括一根导向轴、凸轮接头、两个凸轮小轴承和导向轴上下驱动机构;导向轴滑动地插装在夹抓本体的导向套中;凸轮接头安装在导向轴的上端;两个凸轮小轴承各自嵌置在左、右手臂的导向槽中并各自连接在凸轮接头的左侧板的前端面上和右侧板的后端面上;导向轴上下驱动机构连接在导向轴的底部;旋转机构包括两个轴承和一个同步带轮。本实用新型的夹抓装置能稳定地将预灌针产品夹持住。

● 涉及工业机器人重点专利

专利名称:一种三坐标式自动取料机械手。申请日:2011 年 6 月 7 日。公开号:CN202177289U。

技术方案:本实用新型提供了一种三坐标式自动取料机械手,其特征在于:包括转运轨道,机架设于转运轨道上,并由驱动系统驱动在转运轨道前后移动,在机架上设有控制系统及竖直的固定架,在固定架上设有升降装置,在升降装置上设有推进系统,取料系统设于推进系统上,其中,控制系统与驱动系统、升降装置、推进系统及取料系统相连。本实用新型的优点是:提供了一种三坐标式自动取料机械手,其是一种省力、省时、效率高、生产成本低的装置,且能使原料药经翻板式冻干机冻干后,在收粉过程中减少污染概率的设备。

专利名称:灌装机的灌装动作机构。申请日:2013 年 5 月 23 日。公开号:CN103274344A。

技术方案:本发明公开了一种灌装机的灌装动作机构,其特征在于,包括机械臂主轴,机械臂主轴的一端穿过空心减速机与机械手大臂膀的一端连接,机械手大臂膀的另一端通过机械手副轴与机械手小手臂的一端连接,空心减速机的输出端通过联接关节、第一活动关节、第二连杆与机械手小手臂连接,机械手小手臂的另一端上设有针架固定轴,针架固定轴上设有针架,又针架通过活动装置的作用始终与地面保持水平,针架上设有灌装针。本发明具有集成度高,能实现模块化安装和拆卸,在维护设备时更加方便等特点。

专利名称:灌装机械手。申请日:2015 年 11 月 16 日。公开号:CN205219104U。

技术方案:本实用新型提供了一种灌装机械手,其特征在于:包括马达一,马达一通过平行四边形机构一驱动摆臂一绕轴心一摆动,平行四边形机构一的一条边及该条边的对边分别与马达一的输出轴及轴心一连接固定;还包括马达二,马达二通过平行四边形机构二及平行四边形机构三驱动摆臂二绕轴心二摆动,平行四边形机构二的一条边及该条边的对边分别与马达二的输出轴及轴心一连接固定,平行四边形机构三的一条边及该条边的对边分别与轴心一及轴心二连接固定。本实用新型性能稳定,结构简单可靠,容易实现,制造成本低,易于安装调试。

专利名称:一种运动控制坐标的机械手。申请日:2018 年 11 月 13 日。公开号:CN209007540U。

技术方案:本实用新型公开了一种运动控制坐标的机械手,包括垂直设置的支板,两根横向滑轨,安装在横向滑轨上的横向滑座,安装在横向滑座上的悬臂,两个安装在支板的左、右端的伺服电机,两个各自安装伺服电机的输出轴上的左主动轮、右主动轮和一个安装在悬臂顶端的顶滑轮;一根同步带的一头通过压板固定在悬臂的左侧面的底部,该同步带的另一头垂直向上逆时针地绕过左下压轮、顺时针地绕过左主动轮、逆时针地绕过左上压轮、顺时针地绕过顶滑轮、逆时针地绕过右上压轮、顺时针地绕过右主动轮、逆时针地绕过右下压轮后通过压板固定在悬臂的右侧面的底部。本实用新型的机械手,能缩短机械手单次循环动作周期,提高单位时间内机械手的动作次数。

专利名称:一种双工位吹灌封一体机的废料抓取机构。申请日:2020 年 10 月 14 日。公开号:CN112141988A。

技术方案:本发明涉及一种双工位吹灌封一体机的废料抓取机构,属于制药包装设备技术领域。包括摆臂安装板、摆臂机构、推杆气缸机构、夹爪机构和夹紧气缸机构;摆臂安装板的一侧设有摆臂机构,摆臂机构和通过气缸杆伸缩推动摆臂机构运动的推杆气缸机构连接;摆臂机构远离摆臂安装板的一端设有用于夹取废料的夹爪机构;夹爪机构上设有使夹爪移动用于夹取高温废料的夹紧气缸机构。本发明操作控制方便,全过程由气缸实现自动控制,能将产生的高温废料清除干净,减少人为干预,避免二次污染,缩短生产调整时间,提高生产效率。

(五) 合作研发

合作研发能够将不同机构的技术、人才、资金等资源聚集在一起,实现资源的优化配置和整合。这种整合不仅能够加速研发进程,还能够提高研发效率和质量。不同机构在合作研发中可以发挥各自的优势,形成互补,从而产生协同效应。这种效应能够帮助合作双方在市场上获得并保持竞争优势,同时也能够创造出新的、稀缺的、难以模仿的资源。合作研发有助于技术的转移和应用,企业可以通过与研究机构的合作,将研究成果快速转化为产品,加快技术的市场化进程。在合作研发中,各方可以共享科研成果,这有助于减少重复投资和研发,提高整个行业的技术水平。

对东富龙关于中药智能制造相关技术的专利申请进行分析发现,其合作研发专利申请量为 3 项。如专利申请日为 2008 年 9 月 2 日,申请号为 CN202110262624.0,专利名称为"判断一次升华干燥结束点和二次干燥结束点的方法",联合申请人为上海理工大学,法律状态为失效,该发明专利用露点法来监测冻干过程中水分变化,从而判断一次升华干燥结束点和二次干燥结束点,可以实现反映整批样品的干燥情况,过程变化明显,可以准确判断一次升华结束点和近似判断二次干燥结束点,节省冻干时间,节约了成本,优化冻干工艺。又如专利申请日为 2008 年 12 月 18 日,申请号为 CN200820157384.8,专利名称为"一种滴丸机滴盘液位的模糊控制方法和系统",联合申请人为天津天士力之骄药业有限公司,法律状态为专利失效,本实用新型的优点是可以实现冻干机搁板非常快的制冷速率,大大提高系统的可靠性和稳定性。可见,合作研发有助于提高东富龙和合作对象发挥各自的优势,形成互补,从而产生协同效应,实现共享科研成果,减少重复投资和研发,有助于提高整个行业的技术水平。

进一步分析其合作研发专利申请可知,其合作研发申请人为 3 位,分别为上海理工大学、天津天士力之骄药业有限公司、上海瑞派机械有限公司。由此可知,东富龙合作研发对象以企业为主。

四、新华医疗

新华医疗成立于 1943 年,已经发展成为集医疗器械与制药装备的科研、生产、销售等多领域于一体的健康产业集团。新华医疗致力于研发先进的制备工艺和智能化自控设备,旨在提高中药生产的效率和质量。随着公司的发展,新华医疗已经能够提供涵盖了医疗器械及装备、制药装备等多个领域的产品。

(一) 申请趋势

由图4-25可知,新华医疗自2006年开始中药智能制造相关技术专利申请,2006—2011年的年专利申请量均未超过10项,处于缓慢发展阶段;自2012年开始,新华医疗在中药智能制造相关技术专利申请呈现快速增长态势,到2013年达到一个峰值申请量。受新版GMP认证结束、医药行业变革等因素影响,新华医疗中药智能制造相关技术专利申请自2016—2018年开始呈现快速下降趋势,2018—2020年快速增长,2020年达到最大申请量,之后再次呈现下降趋势。总的来说,新华医疗在中药智能制造相关技术的专利申请显示出一定的周期性波动,但整体上呈现出增长的趋势,尤其是在2013年之后,专利申请数量保持在较高水平,这表明公司在中药智能制造领域的研发活动较为活跃。专利申请数量的减少可能与公司的战略规划调整、市场饱和度提高、技术创新难度加大或行业竞争加剧等因素有关。

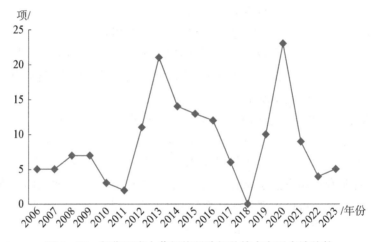

图4-25 新华医疗中药智能制造相关技术专利申请趋势

(二) 技术布局

1. 地域布局。新华医疗中药智能制造相关技术专利申请主要集中在中国,以先进的制备工艺和智能化自控设备为依托,致力于为客户打造集信息化、自动化、智能化于一体的制药基地,配套中药制剂上下游关联设备,从原材料处理到成品入库的中药制剂整体解决方案。

2. 专利申请类型及法律状态。如表4-11所示,新华医疗中药智能制造相关技术中国专利申请类型以实用新型为主,共112项,占总申请量比例为71%;其中实用新型专利申请中,有效实用新型专利为52项,占比46%,失效实用新型专利为60项,占比53%;发明专利共45项,其中有效性发明专利25项,占比56%(占已审发明专利71%),失效发明专利10项,占比22%,处于审查状态的发明专利申请为10项,占比22%。

表4-11　新华医疗中药智能制造相关技术专利申请类型及法律状态

专利类型	审查中(项)	失效(项)	有效(项)	总计(项)
发明	10	10	25	45
实用新型	—	60	52	112
总计	10	70	77	157

　　总的来说,新华医疗的专利组合中,实用新型专利数量明显多于发明专利,这可能表明公司在中药智能制造领域的研发更侧重于实用性和改进性,而非基础创新。有效专利总数为77项,这表明新华医疗在中药智能制造领域拥有一定数量的活跃专利,这些专利可能为公司带来竞争优势和市场地位。失效专利的总数为70项,这可能是一个提示,表明公司需要关注维持专利的有效性,以确保其技术创新能够获得持续的保护和回报。

　　综合分析:新华医疗在中药智能制造相关技术的专利申请显示出公司在技术开发和知识产权保护方面的积极努力。有效专利的存在表明公司拥有一定的市场竞争力。失效专利的数量较高,提示公司可能需要改进其专利维护策略,或者重新评估其专利组合的价值和可持续性。鉴于实用新型专利的短保护期限,公司可能需要考虑如何通过续展或其他方式延长其技术的商业化生命周期。

　　3.技术构成。由图4-26可知,新华医疗在中药智能制造相关技术的技术构成专利申请量反映了公司在不同技术领域的研发重点和资源配置。药品包装智能化技术专利申请量占比54%,这表明新华医疗在中药智能制造的药品包装智能化环节投入了大量的研发资源。包装是中药制造过程中的关键步骤,影响产品保护、保质期和用户体验,因此这方面的技术创新可能是为了提高包装效率、质量以及产品的市场竞争力。灭菌技术专利申请量占比32%,排在第二位。灭菌是确保中药安全性的重要环节,新华医疗在这方面的专利数量表明公司在保障药品安全方面进行了显著的技术研发。这可能涉及新的灭菌方法、设备或流程的创新。制剂前处理智能化专利申请量占比12%,显示新华医疗在这一领域也有一定的研发活动。制剂前处理智能化包括药材的清洗、切割、炮制等步骤,这些

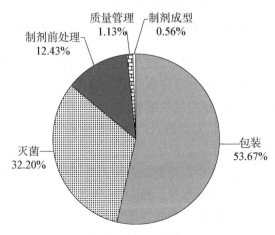

图4-26　新华医疗中药智能制造相关技术专利申请的技术构成占比

步骤对最终药品的质量和疗效有直接影响,因此相关的技术创新对于整个制药过程来说同样重要。质量智能管理和制剂成型智能化的专利申请量相对较少,公司在该领域的研发策略较为保守。

总的来说,新华医疗的专利申请主要集中在药品包装智能化和灭菌两个环节,这可能是因为这两个环节在中药制造过程中尤为关键,且存在较大的技术创新空间。制剂前处理智能化、质量智能管理和制剂成型智能化的专利申请量相对较少,但这并不一定意味着这些领域不重要,而可能是因为这些技术已经较为成熟,公司采取了不同的知识产权保护策略。

由图4-27可知,新华医疗在中药智能制造相关技术的智能化手段的专利申请量显示了公司在各个技术领域的研发活跃度和创新重点。数字化控制在智能化手段中拥有最高的专利申请量,占比42%。这表明新华医疗在中药智能制造过程中非常重视对生产过程的精确控制和数据采集,以实现高效率和高质量的生产目标。传感器技术的专利申请量占比32%,排在第二位。传感器在智能生产系统中扮演着数据采集和监控的关键角色,高申请量反映了新华医疗在实现自动化监控和环境感知方面的研发投入。工业机器人的专利申请量占比11%,显示了新华医疗在自动化改造和提升生产效率方面的努力。工业机器人可以在包装、搬运等重复性工作中替代人工,提高生产安全性和一致性。物联网、智能生产管理系统、机器视觉、智能标签等技术的专利申请量相对较少,但这并不意味着这些领域不重要。相反,这些技术往往是实现整个智能制造系统互联互通和优化决策的重要环节。

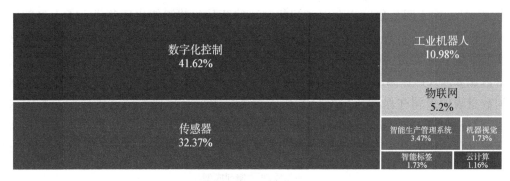

图4-27 新华医疗中药智能制造相关技术专利智能化手段技术构成

总的来说,新华医疗在智能化手段上的专利申请分布表明公司正致力于通过技术创新来提升中药制造的智能化水平。尤其是在数字化控制和传感器技术方面的投入较大,这可能与这些技术在智能制造中的广泛应用和重要性有关。尽管人工智能、云计算和大数据的专利申请量不高,但这些技术通常需要较长时间的研究和开发,且可能涉及更多的基础研究和算法开发。

由表4-12可知,新华医疗在中药智能制造相关技术的专利申请趋势显示出几个显著的特点:①药品包装智能化领域持续增长。自2006年起,药品包装智能化领域的专利申请量逐年增加,尤其在2013年之后,申请数量显著增长。这可能反映出市场对产品包装要求日益严格,以及公司对提高包装效率和质量的持续关注。②灭菌技术的重要性。从2007年开始,灭菌技术的专利申请量呈现波动性增长,特别是在 2012 年和 2013 年达到高峰,这可能与药品安全规范的加强有关。③制剂前处理智能化技术的增长。制剂前处理智能化技术的专利申请从 2013 年开始有所增加,表明公司开始重视这一环节的技术创新。

整体来看,新华医疗在中药智能制造相关技术的专利申请量呈现出多方面的增长态势,这与整个制药行业对智能化、自动化技术需求增加的趋势相符合。尤其是在药品包装智能化和灭菌技术领域,公司的研发投入和创新活动较为活跃。

表 4 - 12　新华医疗中药智能制造相关技术一级分支专利申请量历年分布

申请年份	制剂前处理智能化(项)	制剂成型智能化(项)	灭菌(项)	药品包装智能化(项)	质量智能管理(项)
2006	0	0	0	5	0
2007	0	0	3	4	0
2008	0	0	2	5	0
2009	0	0	0	7	0
2010	0	0	1	2	0
2011	0	0	0	2	0
2012	0	0	4	5	2
2013	4	0	10	8	0
2014	5	1	6	5	0
2015	1	0	5	9	0
2016	3	0	2	6	0
2017	0	0	0	6	0
2018	0	0	0	0	0
2019	2	0	4	8	0
2020	2	0	8	15	0
2021	3	0	5	5	0
2022	1	0	3	0	0
2023	1	0	4	3	0
2024	0	0	0	0	0

由图 4 - 28 可知,新华医疗在中药智能制造技术的药品包装智能化环节中,智能化手段的专利申请量显示出公司在技术创新方面的积极布局。数字化控制在药品包装智能化环节的专利申请量最高,占比 41%。这表明新华医疗在药品包装智能化过程中强调对生产设备和流程的精准控制,以提高生产效率和产品一致性。传感器技术专利申请量占比 24%,位列第二,这反映了传感器在实现自动化监控和环境感知方面的关键作用。传感器能够实

时监测药品包装智能化过程,确保药品质量和包装质量。工业机器人的专利申请量占比18%,显示了新华医疗在药品包装智能化自动化方面的投入。工业机器人可以执行重复性高的包装任务,提高生产速度和减少人工错误。物联网、机器视觉、智能标签和智能生产管理系统的专利申请量相对较少,但这些技术通常与整个智能制造系统的互联互通和数据流管理有关,对于提升整体生产效率和质量控制同样重要。

图4-28　新华医疗药品包装智能化中的智能化手段构成

　　总的来说,新华医疗在中药智能制造技术的药品包装智能化环节中,通过智能化手段的专利申请,展现了公司在提升包装效率和质量方面的技术创新和研发实力。新华医疗的专利申请策略反映出公司正致力于将中药制造过程数智化,通过引入先进的制备工艺和智能化自控设备,打造信息化、自动化、智能化于一体的制药基地。这些技术的应用不仅有助于提高生产效率,还能确保产品的质量和安全性,符合现代制药行业的发展趋势。

(三) 技术发展脉络

　　根据前述内容可知,药品包装智能化和灭菌技术的两个技术分支为新华医疗在中药智能制造智中的优势分支。下面对上述两个分支的技术发展脉络进行分析。

　　由图4-29可知,新华医疗在自2006年开始在药品包装智能化的智能化技术领域进行专利申请布局,其灌装的智能制造专利布局较早,其前期智能化手段主要为数字化控制、传感器,智能化手段的智能化程度处于较低水平,如2006年专利公开号为CN2931442Y"阀式灌装机",采用夹管电磁阀控制,药液在软管内流动,电磁阀阀体不直接与药液接触,避免药液灌装中的污染和残留,且药液流通的管路均是密封的,可以实现在线清洗和在线灭菌;2006年专利公开号为CN2934075Y"灌装药液用压力平衡装置",当出药液管路不停流出药液时,罐内的液位随着下降,压力降低,此时带定位器的气动薄膜调节装置在高性能数字指示调节仪的指令下,通过气动薄膜调节装置的排气装置进行比例调节,使压力平衡罐内的压力保持均衡;随着液位的下降,液位检测装置发出指令,控制进药液管路上隔膜阀打开,从而补充药液。当药液补充到设定值,自动关闭隔膜阀,停止药液的进入。自2018年后,其智能化手段开始在工业机器人领域进行专利布局,虽然智能化手段的智能化程度有所提升,但是综合其整体专利布局和采用的智能化手段,其智能化手段多偏重于传统自动化设备、基础传感器技术、简单数据采集与监控系统等智能化程度较低的智能化手段,对于人工智能与机器学习、物联网、智能生产管理系统等智能化程度较高的专利申请较少。

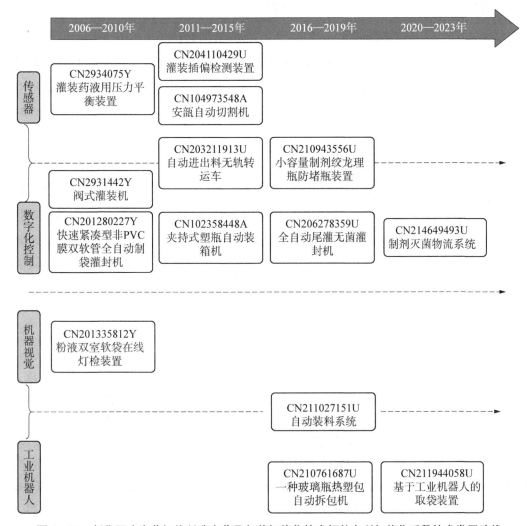

图 4-29 新华医疗中药智能制造中药品包装智能化技术相关专利智能化手段技术发展路线

（四）重点专利

新华医疗在中药智能制造中的优势技术为药品包装智能化，现就新华医疗关于该方面的重点专利进行简单筛选和分析。新华医疗在中药智能制造中药品包装智能化技术领域的重点专利如表 4-13 所示。

表 4-13 新华医疗在中药智能制造的药品包装智能化相关技术领域的重点专利

公开号	名称	申请日
CN2931442Y	阀式灌装机	2006 年 06 月 26 日
CN2934075Y	灌装药液用压力平衡装置	2006 年 06 月 26 日

（续表）

公开号	名称	申请日
CN201280227Y	快速紧凑型非 PVC 膜双软管全自动制袋灌封机	2008 年 08 月 13 日
CN201335812Y	粉液双室软袋在线灯检装置	2008 年 12 月 24 日
CN203211913U	一种自动进出料无轨转运车	2013 年 04 月 27 日
CN204110429U	灌装插偏检测装置	2014 年 09 月 26 日
CN104973548A	安瓿自动切割机	2015 年 07 月 03 日
CN206278359U	一种全自动尾灌无菌灌封机	2016 年 12 月 22 日
CN210761687U	一种玻璃瓶热塑包自动拆包机	2019 年 10 月 25 日
CN210943556U	小容量制剂绞龙理瓶防堵瓶装置	2019 年 10 月 30 日
CN211027151U	一种自动装料系统	2019 年 11 月 22 日
CN211944058U	基于工业机器人的取袋装置	2020 年 02 月 19 日
CN214649493U	制剂灭菌物流系统	2021 年 04 月 22 日

● 涉及传感器重点专利

专利名称：灌装药液用压力平衡装置。申请日：2006 年 6 月 26 日。公开号：CN2934075Y。

技术方案：本实用新型提供一种灌装药液用压力平衡装置，包括封闭式压力平衡罐，压力平衡罐的底部设有出药液管路，其上端设有进药液管路、液位检测装置和数字指示调节仪，其特征在于：在压力平衡罐的顶端设置有接洁净压缩气的进气管路和带定位器的气动薄膜调节装置。洁净压缩气经进气管路进入压力平衡罐内，当出药液管路不停流出药液时，罐内的液位随着下降其压力降低，此时带定位器的气动薄膜调节装置在高性能数字指示调节仪的指令下，通过气动薄膜调节装置的排气装置进行比例调节，使压力平衡罐内的压力保持均衡；随着液位的下降，液位检测装置发出指令，控制进药液管路上隔膜阀打开，从而补充药液。当药液补充到设定值，自动关闭隔膜阀，停止药液的进入。

专利名称：灌装插偏检测装置。申请日：2014 年 9 月 26 日。公开号：CN204110429U。

技术方案：本发明提供了一种用于全自动水针安瓿瓶灯检机的外观检测装置，其特征在于：包括图像同步跟随采集装置、机械式夹爪夹瓶装置和主驱动系统；所述的图像同步跟随采集装置包括中空直驱伺服电机，中空直驱伺服电机固定连接中空直驱伺服电机输出法兰，中空直驱伺服电机输出法兰固定连接转臂的一端，转臂固定连接背光源安装座和相机安装座，背光源安装座上设有背光源，相机安装座上设有相机。本发明相机、背光源、待检瓶三者同步性高，保证了相机图像采集质量，大大提高了灯检机的检测精度。

专利名称：安瓿自动切割机。申请日：2015 年 7 月 3 日。公开号：CN104973548A。

技术方案：本发明主要涉及食品、药品包装机械领域，尤其涉及一种安瓿自动切割机，包括机架，机架上设置传送带，传送带连接驱动装置，传送带上设置挡块，机架上部设置刀架，刀架下部设置切刀，刀架一端通过铰轴固定到机架上，另一端通过铰轴连接气缸一端，气缸另一端连接气缸支架,气缸支架固定到机架上,机架下部设置感应器,感应器和气缸通过线路连接控制器。本发明实现安瓿瓶卡自动切割,提高了生产效率,降低了劳动强度,提高了切割精度,节约了人工。

● 涉及传感器和数字化控制联用重点专利

专利名称:一种自动进出料无轨转运车。申请日:2013 年 4 月 27 日。公开号:CN203211913U。

技术方案:一种自动进出料无轨转运车,属于制药行业药品转运设备领域,具体涉及一种与真空冷冻干燥机配套使用实现进出料自动转运功能的无轨转运车。包括工作台机架和从上到下依次安装在工作台机架上的层流 RAAS 系统、捕料机构、推进机构和对接机构,工作台机架一侧设有通过磁性位移传感器控制各机构动作的控制感应系统,其特征在于:在所述的工作台机架的下方固定安装无轨导航定位行走装置。本实用新型打破传统的直线运行方式,采用无轨导航控制行走,不仅实现了进出料转运车的行走自由,也杜绝了人工污染源,更便于实现无菌无人操作车间。

专利名称:小容量制剂绞龙理瓶防堵瓶装置。申请日:2019 年 10 月 30 日。公开号:CN210943556U。

技术方案:本实用新型属于小容量制剂防堵技术领域,涉及一种小容量制剂绞龙理瓶防堵瓶装置,安装在瓶体输送机上,瓶体输送机的出口端部设有输送绞龙,并且输送绞龙横跨瓶体输送机的出口端布置,包括抖动驱动部和检测传感器,抖动驱动部安装在瓶体输送机出口端一侧的侧板外,并且抖动驱动部靠近输送绞龙前端,抖动驱动部输出端固定连接抖动板,抖动板设于瓶体输送机内部;检测传感器安装在瓶体输送机出口端靠近输送绞龙末端的侧板外;检测传感器和抖动驱动部均连接控制系统。本实用新型结构设计合理,结构简单,能够及时发现和解决瓶子卡死的问题,从根本上解决瓶子因卡死而造成堵瓶。

● 涉及数字化控制重点专利

专利名称:阀式灌装机。申请日:2006 年 6 月 26 日。公开号:CN2931442Y。

技术方案:本实用新型提供一种阀式灌装机,包括支架和安装在支架上的分液槽,分液槽的底部设置有若干个灌装支路,其特征在于:每个灌装支路包括与分液槽密封连接的软管和连接软管末端的灌装管,增设夹管式电磁阀夹持在软管上,其控制端接可编程控制器。由于采用夹管电磁阀控制,药液在软管内流动,电磁阀阀体不直接与药液接触,避免药液灌装中的污染和残留,且药液流通的管路均是密封的,可以实现在线清洗和在线灭菌。该装置操作维护简便,生产效率高,灌装计量准确,工作性能优良,还可用于相类似的其他制剂的灌装或者其他行业中。

专利名称:快速紧凑型非 PVC 膜双软管全自动制袋灌封机。申请日:2008 年 8 月 13 日。公开号:CN201280227Y。

技术方案:本实用新型涉及一种快速紧凑型非 PVC 膜双软管全自动制袋灌封机,属于制药机械,包括制袋机构和灌封机构,制袋机构和灌封机构之间设有取袋翻转机构和平移机构,取袋翻转机构中,有翻转气爪支架设置在 X 轴方向的翻转轴上,翻转轴的一端连接翻转气缸,翻转轴支架设置在 Y 轴方向的纵向气缸上,Y 轴方向的纵向气缸的固定板连接在 Z 轴方向的横向气缸上;平移机构中,有气爪支架连接在 Z 轴方向的微型横向气缸上,Z 轴方向的微型横向气缸安装在 Z 轴方向的横向电缸上,Z 轴方向的横向电缸安装在 X 轴方向的横向电缸上,对应横向电缸设有支撑导轨。结构简化,动作少,调试和维护简便,体积紧凑短小,运行协调性好,稳定可靠,运行速度快,生产效率高。

专利名称:一种全自动尾灌无菌灌封机。申请日:2016 年 12 月 22 日。公开号:CN206278359U。

技术方案:本实用新型提供了一种多网带双理瓶式全自动进出料系统,包括出料网带及进料直线单元,其特征在于:还包括并列布置且独立工作的理瓶网带一、理瓶网带二及理瓶网带三,出料网带同时与理瓶网带一、理瓶网带二及理瓶网带三的一个端头对接,在理瓶网带一及理瓶网带二的另一个端头处分别设有星轮系统一及星轮系统二,进料网带一及进料网带二分别与星轮系统一及星轮系统二对接,在理瓶网带一、理瓶网带二及理瓶网带三的侧边设有进料直线单元。本实用新型的优点在于,在进料过程中大大提升了理瓶效率,出料过程中通过多网带逐级变速使出料网带不断增速,为快速出料节约时间,为出料过程中逐级变速拉单列提供了可行性,有效地降低了成本。

专利名称:制剂灭菌物流系统。申请日:2021 年 4 月 22 日。公开号:CN214649493U。

技术方案:本实用新型公开了一种制剂灭菌物流系统。制剂灭菌物流系统包括灭菌组件、自动灭菌器、装盒系统、卸盒系统和控制装置。灭菌组件上可拆卸设有灭菌盘,灭菌盘上可拆卸设有灭菌盒,灭菌盘上设有标签。装盒系统对接于自动灭菌器的进口,卸盒系统对接于自动灭菌器的出口。装盒系统设有装盒标签读取器,卸盒系统设有卸盒标签读取器,卸盒标签读取器和装盒标签读取器均通信连接控制装置。该系统可以实现对生产过程的信息追踪,提高系统自动化程度,提高灭菌效率。

● 涉及机器视觉重点专利

专利名称:粉液双室软袋在线灯检装置。申请日:2008 年 12 月 24 日。公开号:CN201335812Y。

技术方案:本实用新型涉及一种粉液双室软袋在线灯检装置,用于制药生产中粉液双室软袋的在线灯检,对应粉液双室软袋生产线中的传送夹具输送线在灯检位置通过支架设置摄像头,摄像头通过数据线连接数据处理系统,数据处理系统包括计算机和计算机显示器。避免生产过程中人员与产品的直接接触,既保证产品质量,又保证了净化效果,能够提高产品成品率。

● 涉及机器视觉和工业机器人联用重点专利

专利名称:一种自动装料系统。申请日:2019 年 11 月 22 日。公开号:CN211027151U。

技术方案:本实用新型公开了一种自动装料系统,包括:形成环形输送线的第一直线追踪输送线、第一回转输送线、第二直线追踪输送线、第二回转输送线和直线出料输送线,第一直线追踪输送线与来料输送线对接,直线出料输送线与收集箱对接,直线出料输送线与第一直线追踪输送线具有预设重合长度;托盘输送线;用于检测第一直线追踪输送线和直线出料输送线上的药液包装品是否合格的第一视觉识别系统;用于检测第二直线追踪输送线的药液包装品是否合格的第二视觉识别系统;第一机械手,用于转移第一直线追踪输送线和直线出料输送线上合格的药液包装品;第二机械手,用于转移第二直线追踪输送线上的药液包装品;控制系统,可避免漏抓现象且可直接剔除不合格品。

● 涉及工业机器人联用重点专利

专利名称:一种玻璃瓶热塑包自动拆包机。申请日:2019 年 10 月 25 日。公开号:CN210761687U。

技术方案:一种玻璃瓶热塑包自动拆包机,属于制药拆包机领域。其特征在于:整包转移机器人与热塑包切割机器人之间设有切割定位台,切割定位台外侧设有热塑包夹紧定位装置,整包转移机器人的一侧设有空瓶输送装置,所述切割定位台与空瓶输送装置之间设有废料收集箱。本实用新型改变现有的热塑包的拆分结构,增设切割定位台并在切割定位台外侧设置热塑包夹紧定位装置,通过切割定位台和热塑包夹紧定位装置对待切割空瓶热塑包进行精确定位,结合热塑包切割机器人进行精确路径环切,能保证热熔刀沿热塑包凹凸轮廓线精确切割,既能保证将热塑包上顶面和热塑包下地面完全分离开,又能避免损伤瓶身。

专利名称:基于工业机器人的取袋装置。申请日:2020 年 2 月 19 日。公开号:CN211944058U。

技术方案:本实用新型涉及基于工业机器人的取袋装置,属于制药设备技术领域。本实用新型的目的在于提出一种基于工业机器人的取袋装置,实现双腔袋的吸取与放置,同时可使双腔袋旋转 90°,开袋刀由侧面切割后,粉腔残留颗粒的概率大大降低,从而提高了产品的安全性及稳定性。本实用新型所述的基于工业机器人的取袋装置包括:驱动缸,驱动缸缸体上设有与工业机器人连接的固定部;分别与驱动缸缸体和驱动缸驱动端固定连接的旋转装置;以及与旋转装置输出端固定连接的真空吸取装置。

(五) 合作研发

对新华医疗关于中药智能制造相关技术的专利申请进行分析发现,其在专利布局方面并未开展合作研发,且其专利技术的智能化程度仍处于前期智能化阶段,各技术手段在智能化发展较为缓慢。而合作研发够将不同机构的技术、人才、资金等资源聚集在一起,实现资源的优化配置和整合。这种整合不仅能够加速研发进程,还能够提高研发效率和质量。不同机构在合作研发中可以发挥各自的优势,形成互补,从而产生协同效应。这种效应能够帮助合作双方在市场上获得并保持竞争优势,同时也能够创造出新的、稀缺的、难以模仿的资源。合作研发有助于技术的转移和应用,企业可以通过与研究机构的合作,将研究成果快速转化为产品,加快技术的市场化进程。在合作研发中,各方可以共享科研成果,这有助于减少重复投资和研发,提高整个行业的技术水平。

第二节 国外主体专利分析

20 世纪 60 年代,欧美发达国家等的制药装备行业技术开始快速发展,于 20 世纪 80 年代后形成了以博世公司、伊马集团等全球领先制药设备生产企业为主导的竞争格局。20 世纪 90 年代以来,随着中国等亚洲地区的市场逐步放开,上述企业的全球专利布局持续扩张。在此通过专利分析上述企业的专利布局策略及在华重点专利,提示国内企业避免侵权风险。

一、博世公司

博世公司是德国一家以工程和电子为首要业务的跨国公司,总部位于斯图加特附近的格尔林根。该公司由罗伯特·博世于 1886 年在斯图加特创立,是全球加工和包装技术领域的领先供应商,在全球 15 个国家研发和生产针对制药和食品的整体包装解决。为了更好地拓展中国市场,2001 年 4 月其在中国成立了星德科包装技术(杭州)有限公司(以下简称"博世包装"),该公司是由博世公司与博世(中国)投资有限公司共同投资的独资企业。

(一) 申请趋势

博世公司全球中药智能制造专利申请始于 20 世纪 90 年代。1996—2009 年的专利以德国为主,2010 年开始逐步开始向国外开始申请,除了在欧美地区申请专利外,博世公司在中国、韩国、印度等亚洲国家和地区也进行了专利布局。随着博世公司全球化发展进程的加速,其全球专利申请量进一步增长,并且开始通过 PCT 途径申请及布局全球专利,其在亚洲地区如中国、韩国、印度等国家的专利申请量占比同时增长,见图 4 - 30。

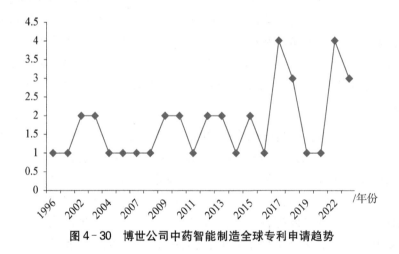

图 4 - 30 博世公司中药智能制造全球专利申请趋势

(二) 技术布局

1. 地域布局。德国是博世公司最主要的布局地,中国、印度和欧洲是博世公司在中药智能制造领域市场拓展过程中的三个重要海外市场,见图 4 - 31。德国虽然是博世公司专利申请数量最多的国家,但是其德国专利中部分专利申请年代较早,目前失效专利较多(德国失效专利占其德国专利申请总量的 58.8%)。近年来,博世公司在中国专利申请活跃度较高,其在 2015 年,在中国申请了第一件中药智能制造的专利,其应用在药品包装智能化技术领域,采用的智能技术为智能生产管理系统。随着其子公司在中国的建立,其在中国获得授权且维持有效的专利数量已高于德国有效专利的数量。

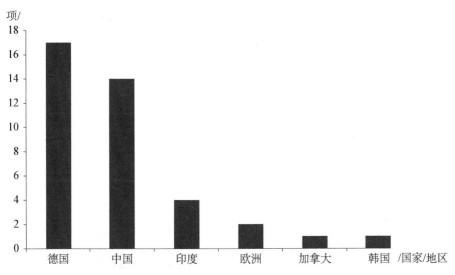

图 4 - 31　博世公司中药智能制造全球专利申请国家/地区分布

2. 技术构成。总体来看,博世公司分别在自动化炮制、制剂前处理智能化、灭菌和药品包装智能化 4 个技术分支进行了中药智能制造专利布局,其中,药品包装智能化是该公司的核心技术领域,专利申请量占比达到了 84.6%。此外,博世公司在制剂成型智能化也有较多专利布局,专利申请量占比 17.9%,见表 4 - 14。在制剂前处理智能化领域,主要采用的智能手段是传感器技术;在药品包装智能化领域,主要采用的智能手段是数字化控制、传感器、工业机器人和人工智能技术。

表 4 - 14　博世公司中药智能制造全球专利技术构成

一级分支	三级分支	专利数量(项)
自动化炮制	数字化控制	1
制剂前处理智能化	物联网	1
	数字化控制	1
	传感器	5
	工业机器人	1
灭菌	数字化控制	1
	传感器	1
药品包装智能化	人工智能	4
	传感器	8
	工业机器人	5
	数字化控制	16

3. 在华布局。博世公司近两年在中国的中药智能制造专利申请数量开始有所增长,见图 4-32。

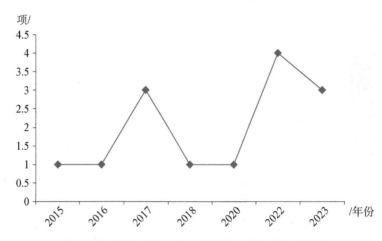

图 4-32 博世公司中药智能制造在华专利申请趋势

目前博世公司在华的中药智能制造专利一共 14 项,在这 14 项专利中,有 12 项涉及药品包装智能化、3 项涉及灭菌、2 项涉及制剂前处理智能化,另外,有 7 项涉及数字化控制、5 项涉及传感器、1 项涉及人工智能以及 1 项涉及工业机器人,见图 4-33。博世公司在中国

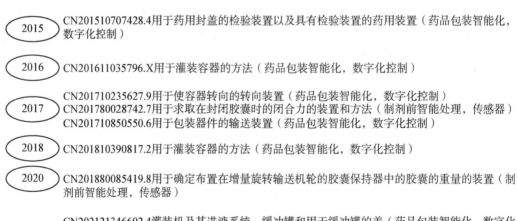

图 4-33 博世公司中药智能制造在华专利布局

的首件中药智能制造相关专利申请是在 2015 年,该专利名称为"用于药用封盖的检验装置以及具有检验装置的药用装置",其技术领域属于药品包装智能化领域,采用的智能技术为数字化控制。

（三）技术发展脉络

在药品包装智能化领域,发明人 Goetzelmann Bernd 于 1996 年发明了用于处理物品的装置设置在一个包装容器;2006 年,以发明人 Waeckerlin Juerg 为代表的研发团队对灌装容器的装置进行了改进;2010 年,Blumenstock Klaus 等发明设计了容器灌装和密封机;2015 后年博世公司从未间断其在药品包装智能化上的技术研发与专利布局,申请了大量包装专利。2015 年后博世的部分团队也开始专注于制剂前智能化处理和灭菌领域的专利布局,见图 4 - 34。

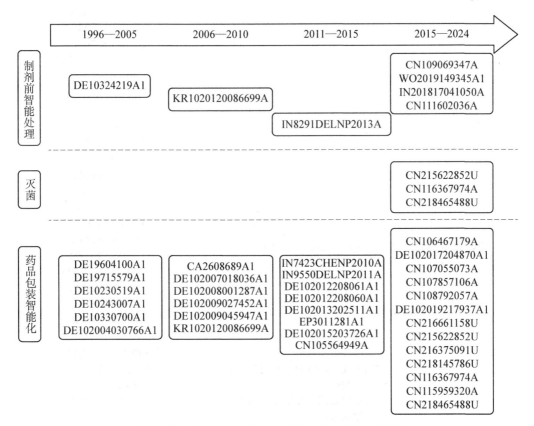

图 4 - 34　博世公司中药智能制造全球专利发展路线

（四）重点专利

博世公司的重点专利是综合考虑了同族专利情况、权利要求项数、专利引证情况以及技术代表性而筛选确定的。表 4 - 15 列出了博世公司中药智能制造重点专利——它们均通过 PCT 途径进入了全球多个国家和地区,同时进入了中国。

表 4-15　博世公司中药智能制造重点专利

序号	申请号	名　称	简单同族
1	CN201611035796.X	用于灌装容器的方法	CN106467179A； IT201600082928A1； DE102015215983A1； CN106467179B
2	CN201780028742.7	用于求取在封闭胶囊时的闭合力的装置和方法	DE102016207923A1； CN109069347A； KR102152593B1； WO2017194220A1； KR1020190005864A； US20190154529A1； US10641669B2； EP3454819A1； EP3454819B1； IN201817041050A； CN109069347B
3	CN201810390817.2	用于灌装容器的方法	CN108792057A； CN108792057B； DE102017207255A1
4	CN201880085419.8	用于确定布置在增量旋转输送机轮的胶囊保持器中的胶囊的重量的装置	EP3735571B1； EP3735571A1； IN202017030451A； RU2755872C1； US20200408585A1； DE102018200068A1； WO2019134770A1； CN111602036A； CN111602036B； US11307079B2
5	CN202180074020.1	用于在洁净室内操纵容器的装置、包括相应装置的系统和洁净室以及用于在洁净室内操纵容器的方法	WO2022089833A1； US20230391562A1； CA3195860A1； DE102020128519A1； CN116367974A； EP4237213A1

申请号为 CN201611035796.X、申请日为 2017 年 3 月 1 日的专利是以德国专利 DE102015215983.3 的主题在中国提交并申请优先权的专利。该专利涉及全球同族专利 4 项。如图 4-35 所示,该发明属于药品包装智能化领域,采用了数字化控制智能技术。该发明是用于灌装容器的方法,包括以下步骤,在生产模式中实施节拍式灌装,生产模式具有以下重复的节拍序列:用于同时灌装 f 个容器的静止状态;以及用于使容器以 f×t 运动的前进

状态;由监控模式多次中断生产模式。该监控模式具有以下重复的节拍序列:用于同时灌装 f 个容器且在皮重秤上称重至少一个空的容器或在毛重秤上称重至少一个已灌装容器的静止状态;用于使容器以节距 t 运动的前进状态在不灌装的情况下在皮重秤上称重至少一个空的容器或在毛重秤上称重至少一个已灌装的容器的中间静止状态;用于使容器以节距 t 运动的中间前进状态,其中,对于每个节拍,中间静止状态和中间前进状态被执行(f−1)次。

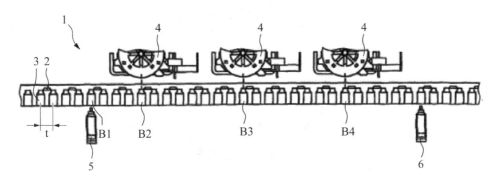

图 4-35　CN201611035796.X 技术方案示意图

申请号为 CN201780028742.7、申请日为 2018 年 12 月 21 日的专利是以德国专利 DE102016207923.9 的主题在中国提交并申请优先权的专利。该专利涉及全球同族专利 11 项。如图 4-36 所示,该发明属于制剂前处理智能化领域,采用了传感器智能技术。该发明是用于求取闭合力的装置和方法,所述装置包括用于接收至少一个胶囊下部分的至少一个下部分段、用于接收至少一个胶囊上部分的至少一个上部分段、为了封闭而作用到胶囊下部分或胶囊上部分上的至少一个封闭件,力传感器布置在至少一个对应保持件中或布置在所述封闭件中,用于记录在封闭时作用到胶囊上的力,分析处理单元根据所述封闭件走过的路段感测所述力的变化曲线,分析处理单元将所述力与至少一个边界值相比较,用于识别有缺陷的或受损的胶囊。

申请号为 CN201810390817.2、申请日为 2018 年 11 月 13 日的专利是以德国专利 DE102017207255.5 的主题在中国提交并申请优先权的专利。该专利涉及全球同族专利 3 项。如图 4-37 所示,该发明属于药品包装智能化领域,采用了数字化控制智能技术。该发明是用于灌装容器的方法,包括以下步骤,控制单元用于操控所述输送设备(2)和灌装位(4),以便执行生产模式,该生产模式以重复的以下节拍顺序进行:将所述输送模块(10a,10b,11a,11b,12a,12b)编组(Ⅰ)为区块(10,11,12),其中,一区块(10,11,12)的输送模块(10a,10b,11a,11b,12a,12b)的数量相应于灌装位的数量 f;将一区块(10,11,12)前移(Ⅱ)到所述灌装位(4)下方;停止(Ⅲ),用于同时灌装一区块(10,11,12)的输送模块(10a,10b,11a,11b,12a,12b)的 f 个容器(3),其中,每个灌装位(4)依次灌装一输送模块(10a,10b,11a,11b,12a,12b)的所有容器(3);前移(Ⅳ),用于使该区块(10,11,12)的输送模块(10a,10b,11a,11b,12a,12b)运动离开所述灌装位(4);解散(Ⅴ)该区块(10,11,12),并且以便通过检查模式多次中断所述生产模式,该检查模式以重复的以下节拍顺序进行:停止

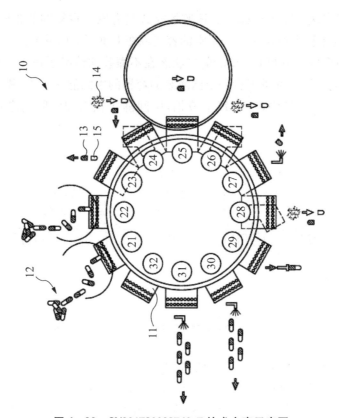

图 4-36 CN201780028742.7 技术方案示意图

（Ⅳ），用于开始同时灌装第二区块（11）的输送模块（11a,11b）的 f 个容器（3）和用于同时在所述皮重秤（5）上对随后的第三区块（12）的第一输送模块（12a）的容器（3）称重或用于同时在所述毛重秤（6）上对在前的第一区块（10）的第一输送模块（10a）的已灌装的容器（3）称重。

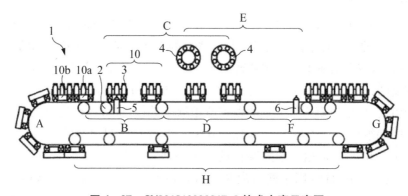

图 4-37 CN201810390817.2 技术方案示意图

申请号为 CN201880085419.8、申请日为 2020 年 8 月 28 日的专利是以德国专利 DE102018200068.9 的主题在中国提交并申请优先权的专利。该专利涉及全球同族专利 10

项。如图 4-38 所示,该发明属于制剂前处理智能化领域,采用了传感器智能技术。该发明是一种用于确定布置在增量旋转输送机轮(21)的胶囊保持器(25)的容器(26)中的胶囊(10)的重量的装置(50;50a 至 50c),所述装置(50;50a 至 50c)包括转移装置(52;52a 至52c),转移装置(52;52a 至 52c)用于将至少一个胶囊(10)从胶囊保持器(25)转移到具有分别用于一个胶囊(10)的多个容器(54)的胶囊接收器(55)中,并且再使其返回,胶囊接收器(55)可运动地布置在平行于输送机轮(21)的输送平面的平面中,针对胶囊(10)设置具有单个称重容器(66;66a 至 66c)的称重传感器(65;65a 至 65c),并且胶囊接收器(55)中的具有待称重的胶囊(10)的每个容器(54)和称重传感器(65;65a 至 65c)的所述单个称重容器(66;66a 至 66c)能够彼此重叠地定位。

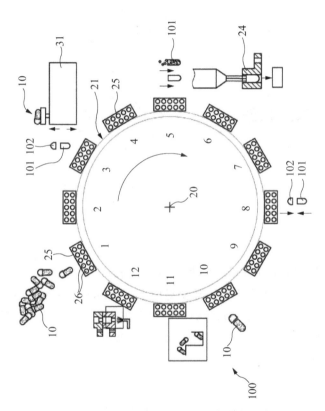

图 4-38　CN201880085419.8 技术方案示意图

申请号为 CN 202180074020.1、申请日为 2023 年 6 月 30 日的专利是以德国专利DE102020128519.1 的主题在中国提交并申请优先权的专利。该专利涉及全球同族专利 6项。如图 4-39 所示,该发明属于药品包装智能化领域,采用了工业机器人智能技术。该发明涉及一种在洁净室内操纵容器(12)的装置(10),还涉及一种包括相应装置(10)、至少一个容器或集件(30)的系统、一种包括相应装置(10)的洁净室以及一种在洁净室内操纵容器(12)的方法,包括:抓取器(14),特别是机械臂(16),其具有至少一个工具(18),所述工具(18)具有至少一个接触表面(20),所述至少一个接触表面设计成能够在一平面区域内接触至少一个容器(12)和/或包装材料,黏附结构的聚合物膜(22)至少部分地布置在所述接触表面(20)上,或者所述接触表面(20)具有黏附结构的聚合物表面,特别是聚合物涂层(24),所述聚合物膜(22)或聚合物表面,特别是聚合物涂层(24)设计成使得被接触的容器(12)和/或包装材料由于范德瓦尔斯相互作用黏附到所述聚合物膜(22)或聚合物表面,特别是聚合物涂层(24)。

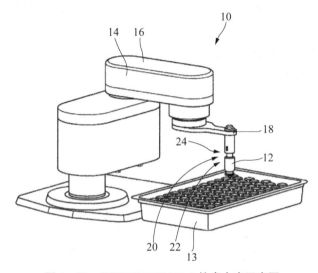

图4-39　CN201880085419.8技术方案示意图

二、伊马集团

意大利的伊马集团成立于1961年,拥有9个下属机构,17家全球工厂,销售网络覆盖全球80多个国家,于1995年在米兰证券交易所上市。该公司主要业务来自生产用于制药领域的机器,总销售额的83%都来自该业务。伊马集团能够提供整套口服固体药品的生产和处理机器、粉末移动和清洗系统、药品塑封机系列等产品。另外,该公司在无菌及非无菌环境下固液封装处理机处于主导地位。

(一)申请趋势

伊马集团的中药智能制造专利申请始于20世纪90年代。1990—2001年,伊马集团的专利申请以在欧美地区为主,专利申请呈现总体持平趋势。2002—2017年,伴随着亚太地区制药装备市场的逐步开放,伊马集团重点加强了其在中国、印度的专利布局,2017年专利申请量陡升至20项。2018—2024年,伊马集团的全球化发展进程持续波动,专利申请量保持在年均约5项,见图4-40。

(二)技术布局

1. 地域布局。欧洲是伊马集团最主要的布局地,意大利、美国和中国是伊马集团在中药智能制造领域市场拓展过程中的三个重要海外市场。此外,加拿大、德国和印度也是其市场国,见图4-41。

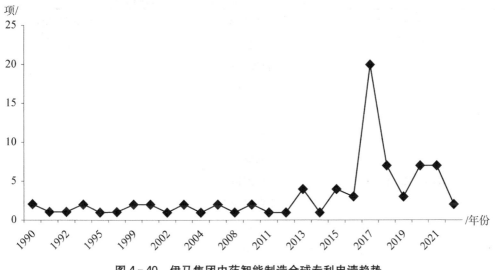

图4-40 伊马集团中药智能制造全球专利申请趋势

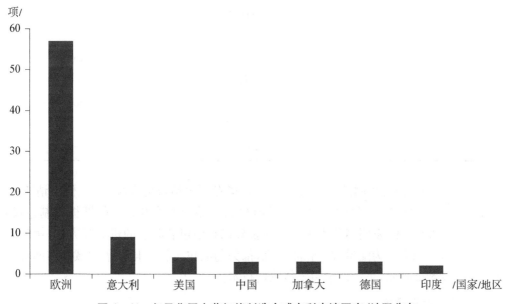

图4-41 伊马集团中药智能制造全球专利申请国家/地区分布

2. 技术构成。总体来看,伊马集团分别在自动化炮制、制剂前处理智能化、制剂成型智能化、灭菌、药品包装智能化和质量智能管理6个技术分支进行了中药智能制造专利布局。从专利技术构成来看,该公司在药品包装智能化和制剂成型智能化领域技术优势显著,专利申请量占比达到了87.7%,其在制剂成型智能化各细分技术领域,如制片、制胶囊和包衣相关设备领域都进行了全球专利布局,在药品包装智能化领域的灌装和封装设备方面的技术也有一定优势,见表4-16。

表 4-16　伊马集团中药智能制造全球专利技术构成

一级分支	三级分支	专利数量(项)
自动化炮制	数字化控制	3
制剂前处理智能化	机器视觉	1
	大数据	1
	数字化控制	4
制剂成型智能化	机器视觉	1
	物联网	1
	传感器	9
	工业机器人	1
	数字化控制	27
灭菌	传感器	4
	工业机器人	1
药品包装智能化	机器视觉	1
	人工智能	1
	物联网	1
	传感器	15
	工业机器人	4
	数字化控制	20
	智能生产管理系统	1
质量智能管理	传感器	5

3. 在华布局。伊马集团的中药智能制造在华专利申请仅为 3 项,第一件申请于 2000 年,申请号 CN00121767.4,发明名称为包装有序组产品的方法及有关的纸板箱制造设备;第二件申请于 2013 年,发明名称为用于在多胶囊包装中包装胶囊的机器和方法;第三件申请于 2017 年,发明名称为配量方法和灌装机,都为药品包装智能化技术领域。前两件采用了数字化控制智能技术,第三件采用了传感器技术。

(三) 技术发展脉络

伊马集团 1990—2020 年主要发展领域为药品包装智能化领域,一共有 43 项相关专利申请,但是近三年未出现新的专利,见图 4-42。制剂成型智能化领域的专利申请量从 1990 年一直持续到现在,且 2010—2020 年的申请量相对较多些。自动化炮制、制剂前处理智能化、灭菌和质量智能管理也都有少量专利申请。

(四) 重点专利

伊马集团的重点专利是综合考虑了同族专利情况、权利要求项数、专利引证情况以及技术代表性而筛选确定的。表 4-17 列出了伊马集团中药智能制造重点专利,通过 PCT 途

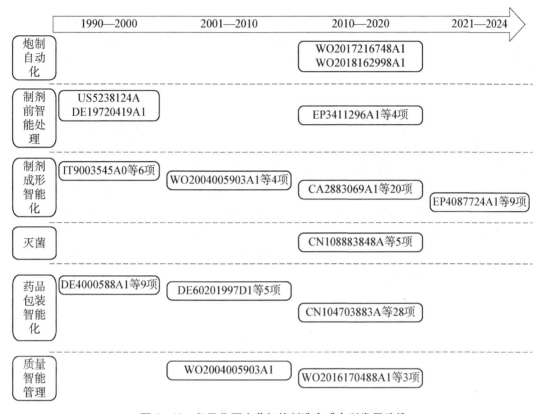

图 4-42　伊马集团中药智能制造全球专利发展路线

表 4-17　伊马集团中药智能制造重点专利

申请号	名称	简单同族
CN201380047329.7	用于在多胶囊包装中包装胶囊的机器和方法	ES2625098T3; EP2895396B1; EP2895396A1; WO2014040960A1; IN1228CHENP2015A; CN104703883B; CN104703883A; JP6231569B2; ITBO20120478A1; US20150217883A1; BRPI1505267A2; JP2015529603A; US9802721B2

径进入了全球多个国家和地区,也进入了中国。

　　申请号为 CN201380047329.7、申请日为 2013 年 9 月 9 日的专利是以专利 ITBO2012A000478

的主题在中国提交并申请优先权的专利。该专利涉及全球同族专利13项。如图4-43所示，该发明属于药品包装智能化领域，采用了数字化控制智能技术。该发明是用于在多胶囊包装(27)中制造和包装用于萃取产品的胶囊(2)的机器，所述机器包括：多个操作站，它们之间至少有用于供给所述刚性体(3)的供给站(11)、用于将一次用量(26)的产品定量给料至所述刚性体(3)内的定量给料站(12)、用于用相应的封口盖(7)对所述刚性体(3)的上部开孔(5)进行封口的封口站(13)；输送元件(8)，其特征为具有多个基座(10)，用于容纳所述胶囊(2)并使所述胶囊(2)沿着前进方向(A)移动通过所述多个操作站，出口站(17)，适于将所述胶囊(2)从所述输送元件(8)吸出；以及包装站(23)，适于从所述出口站(17)接收所述胶囊(8)，且适于将所述胶囊(2)包装至多胶囊包装(27)中，在其中所述胶囊(2)最终为并排且交替旋转180度，从而根据头-尾取向放置；所述机器包括控制装置，其适于抑制所述分离机构(14)以便不将有瑕疵的胶囊(2)从相应的基座(10)取出，从而所述有瑕疵的胶囊(2)不被所述吸拉转盘(19)的夹紧元件(20)取出；所述机器包括控制装置，其适于抑制所述分离机构(14)以便不将有瑕疵的胶囊(2)从相应的基座(10)取出，从而所述有瑕疵的胶囊(2)不被所述吸拉转盘(19)的夹紧元件(20)取出。

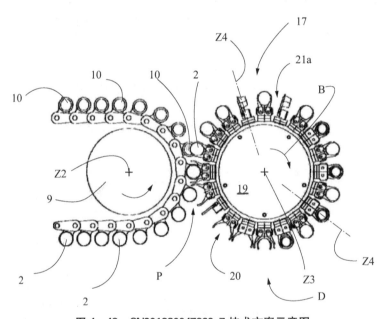

图4-43　CN201380047329.7技术方案示意图

第三节　小　　结

一、国内主体专利分析

综上所述，对于国内创新主体关于中药智能制造相关技术专利申请趋势，整体上呈现向上升后缓慢波动下降趋势,浙江大学专利申请量在2016年前,整体处于上升阶段,在新版GMP认证结束、医药行业变革和国家知识产权局整体监管转型等影响,其专利申请量有所放缓,楚天科技、东富龙、新华医疗虽然也受到新版GMP认证结束、医药行业变革和国家知识产权局整体监管转型等影响,但其更加注重根据市场需要和企业经营状况调整自身专利申请策略,技术创新的稳定性不如高校,且反映出高校能够更好地响应国家政策对技术研发作出适应的调整。就专利申请的国际地域布局上,上述四个创新主体均更重视中国市场,未进行海外专利布局,在国外专利布局有待进一步规划提高。

专利申请类型和法律状态上,浙江大学相对更加注重发明专利申请,技术创新度更高;其他三个企业型创新主体的专利申请类型以实用新型为主,技术创新度较高的同时,更加注重技术及时转化运用。

中药智能制造的技术构成、发展脉络和合作研发上,浙江大学在中药智能制造相关技术领域中,主要研发方向为制剂前处理智能化和质量智能管理,在提高中药生产效率和质量方面具有较强实力,而制剂成型智能化、灭菌、智能采收的智能化研发实力相对较弱;楚天科技、东富龙和新华医疗在中药智能制造相关技术领域中,主要研发方向为药品包装智能化和灭菌,在提高中药生产过程当中药品包装智能化、制剂前处理智能化和灭菌的智能化具有较强的创新能力,而制剂成型智能化和自动化炮制的智能化研发实力相对较弱。浙江大学在人工智能和传感器技术手段的专利占比最高,且在人工智能的技术发展脉络上不断迭代更新,人工智能涉及模型技术不断丰富,应用领域不断扩大。楚天科技、东富龙和新华医疗在传感器和数字化控制智能化手段的专利占比较高,智能化手段偏重于早期智能化手段,但其布局较为全面,能够有效地提高包装领域的生产效率和质量。合作研发可以使各方可以共享科研成果,这有助于减少重复投资和研发,需加强产学研进一步融合,提高技术的转化运用,提高整个行业技术化水平。

二、国外主体专利分析

德国的博世公司作为成立于19世纪的全球加工和包装技术领域的领先供应商,目前其专利技术及市场已根植于全球。从专利申请趋势来看,随着博世公司全球化发展进程的加速,其全球专利申请量进一步增长,并且开始通过PCT途径申请及布局全球专利;从专利地域布局来看,德国是博世公司最主要的布局地,中国、印度等亚洲国家成为其新兴市场拓展区域;从专利技术构成及发展路线来看,其在药品包装智能化领域占据研发优势。多年来,该公司在药品灌装、封装、灌封一体设备方面持续进行技术改进。2010年博世公司在华成立博世包装。该公司在发展期间,持续进行中国专利布局。

对于意大利的伊马集团,从专利申请趋势来看,2017年为该公司专利集中布局期;从专利地域布局来看,欧洲、美国为该公司最重要的海外市场,印度、中国为该公司在亚洲最重要的海外市场;从专利技术构成来看,该公司在药品包装智能化和制剂成型智能化领域技术优势显著,其在制剂成型智能化各细分技术领域,如制片、制胶囊和包衣相关设备领域都进行了全球专利布局,在药品包装智能化领域的灌装和封装设备方面的技术也有一定优势;从在华专利布局来看,该公司近年来在中国专利申请量较少。

第五章
天津代表性主体专利技术分析

本章涉及天津代表性主体专利技术分析，包括天津中医药大学、天士力、达仁堂专利申请趋势、技术布局、技术发展脉络、重点专利和合作研发。本章还总结了天津代表性主体的专利技术分析结果。

第一节　天津中医药大学

天津中医药大学始建于 1958 年，原名天津中医学院，2006 年更名为天津中医药大学。2017 年，学校进入世界一流大学和一流学科建设高校行列。2020 年，学校成为天津市人民政府、教育部、国家中医药管理局共建高校。2022 年，学校成为第二轮"双一流"建设高校。学校是原国家教委批准的唯一一所中国传统医药国际学院，是世界中医药学会联合会教育指导委员会主任委员单位。学校拥有直属附属医院 3 所，拥有国家重点学科 2 个，国家中医药管理局高水平中医药重点学科 3 个，国家中医药管理局重点学科 10 个；国家临床重点专科 7 个、国家中医药管理局区域中医（专科）诊疗中心 9 个、国家中医药管理局重点专科 21 个。学校拥有现代中药创制全国重点实验室、国家中医针灸临床医学研究中心、组分中药国家重点实验室、国家级国际联合研究中心——中意中医药联合实验室、工业和信息化部国家制造业创新中心、科技部创新人才推进计划创新人才培养示范基地、教育部退行性疾病中医药防治医药基础研究创新中心、方剂学教育部重点实验室、现代中药发现与制剂技术教育部工程研究中心、现代中药省部共建协同创新中心、现代中医药海河实验室、2 个国家中医药管理局重点研究室、7 个天津市重点实验室、3 个天津市临床医学研究中心、国家药品监督管理局中医药循证评价重点实验室、天津市高校智库——中医药战略发展研究中心、天津市中医药循证医学中心、2 个国家中医临床研究基地（冠心病、中风病）、2 个国家药物临床研究基地等一批国家级、省部级高水平科研创新平台。连续承担国家"973 计划"项目、国家"重大新药创制"科技重大专项、国家重点研发计划"中医药现代化"重点专项、国家自然科学基金重点项目等重大科研任务。近三年新增纵横向课题 1 000 余项、科研经费 7

亿余元。

一、申请趋势

图 5-1 反映了该校在中药智能制造领域的研究动态和创新能力。从 2007 年的专利申请起始,天津中医药大学的专利申请活动逐渐展开,但在 2007 至 2015 年间,年专利申请量保持在较低水平,未超过 5 项。这一时期可能受到了多方面因素的影响,包括技术成熟度、研发资源配置以及市场认知度等。

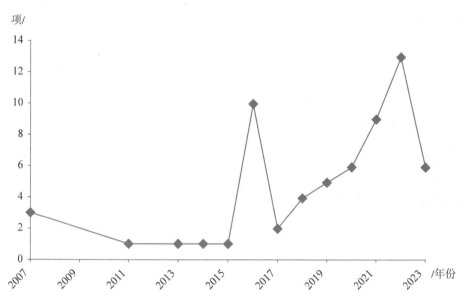

图 5-1 天津中医药大学中药智能制造全球专利申请趋势

然而,2016 年天津中医药大学的专利申请量出现了显著的增长,达到了 10 项的高峰。这一变化可能与中国政府在 2015 年发布的《中国制造 2025》规划密切相关。该规划旨在通过推动制造业的信息化和智能化,加快产业结构的调整和升级,从而实现中国从制造大国向制造强国的转变。此外,工业和信息化部在同一时期发布的"2016 年智能制造试点示范"项目也可能为天津中医药大学提供了新的研发方向和动力。

随后的 2017 至 2020 年间,天津中医药大学的年专利申请量呈现低位增长的态势。这可能与全球经济形势、国内外政策环境以及科研资金投入等多方面因素有关。尽管如此,这段时间内的专利申请增长也反映出天津中医药大学在中药智能制造领域的持续探索和积累。

2020 年开始,天津中医药大学的中药智能制造年专利申请量开始恢复快速上升的趋势。这一转变可能与《"十四五"中医药发展规划》的提出有关。该规划强调了中医药在国家发展中的战略地位,提出了加强中医药文化研究和传播、建立符合中医药特点的评价体系等多项措施,为中医药的创新发展提供了政策支持和方向指引。同时,信息化与数字化的快速发展也为中药智能制造提供了技术支持和市场机遇。

总体来看,天津中医药大学在中药智能制造领域的全球专利申请趋势显示出该校在该领域的研究和创新活动是积极响应国家战略和市场需求的。随着国家对中医药产业的重视和支持,以及科技的进步,预计天津中医药大学在中药智能制造领域的专利申请量将继续保持增长态势,为推动中医药现代化和国际化做出更大贡献。

二、技术布局

(一)专利申请类型及法律状态

天津中医药大学在中药智能制造领域的专利申请活动体现了该校在知识产权保护和技术创新方面的重视。根据表 5-1,该校共申请了 62 项与中药智能制造相关的专利,其中发明专利 51 项,占到了申请总量的 82.26%。这一高比例显示了天津中医药大学在中药智能制造核心技术研究和开发上的重视程度,同时也体现了该校在推动高质量技术创新方面的努力。

表 5-1　天津中医药大学中药智能制造专利申请类型及法律状态

专利类型	有效(项)	失效(项)	审中(项)	总计(项)
发明	15	13	23	51
实用新型	9	2	—	11
总计	24	15	23	62

在这些发明专利中,有 15 项已经获得授权,成为有效专利,占比 29.41%。这一成果表明天津中医药大学在中药智能制造领域已经取得了一定的技术突破,并成功将研究成果转化为具有法律保护的知识产权。此外,还有 23 项发明专利处于审查阶段,占比 45.10%,这说明该校在该领域的研究活动十分活跃,且有大量的技术创新正在等待专利授权,预示着未来可能有更多的技术成果得到法律认可。然而,也有 13 项发明专利失效,占总发明专利的 25.49%。这一数据可能反映了在专利申请过程中存在的挑战,如专利保护策略的调整、技术更新换代的需求或市场竞争的压力等。这些失效的专利也提示天津中医药大学在未来的专利申请和知识产权管理中需要进一步优化策略,以提高专利的转化率和维持率。

在实用新型专利方面,天津中医药大学共申请了 11 项,占专利申请总量的 17.74%。在这些实用新型专利中,有 9 项已经获得授权,占比达到 81.82%。这一高比例的授权率显示了天津中医药大学在中药智能制造应用技术方面的创新能力,以及其在实际生产中解决技术问题的能力。同时,有 2 项实用新型专利无效,占总量的 18%,这可能意味着这些专利在实际应用中遇到了一定的限制,或者其技术已经不能满足当前市场的需求。

总体来看,天津中医药大学在中药智能制造领域的专利申请活动取得了一定的成绩,有效发明专利和实用新型专利的较高占比显示了该校在该领域的技术实力和知识产权保护意识。然而,为了进一步提升技术创新能力和市场竞争力,该校需要持续加大研发投入,加强与产业界的合作,推动更多创新成果的产出和应用。同时,通过加强知识产权管理和运营,提高专利质量,该校可以更好地保护和利用其技术创新成果,为中药智能制造领域的发展做出更大的贡献。

(二) 技术构成

(1) 天津中医药大学在中药智能制造领域的研究和创新表现活跃,其专利技术构成占比显示了该校在该领域的研究重点和技术布局。根据图 5-2 的数据,自动化炮制技术分支虽然专利申请量不多,仅为 4 项,占比较小,但这表明该校在探索将传统炮制工艺与现代自动化技术相结合的新型研发方向。这种结合不仅可以提高中药炮制的效率和质量,还能够确保炮制过程的稳定性和可控性,对于传承和发扬传统中药炮制技术具有重要意义。

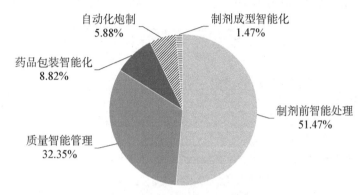

图 5-2　天津中医药大学中药智能制造全球专利技术构成占比

在制剂前处理智能化方面,天津中医药大学拥有 35 项专利申请,占比高达 56.45%,这反映了该校在中药制备前期阶段的智能化技术研究上具有显著的优势和深入的探索。这些技术的研究和应用有助于提升中药提取、分离和纯化等前期处理工序的智能化水平,从而保证中药制剂的质量和疗效。

质量智能管理作为另一个重要的技术分支,天津中医药大学也有 22 项专利申请,占比达到 35.48%。这表明该校在确保中药产品质量和疗效的智能化管理方面也投入了大量的研发资源,致力于通过现代科技手段提升中药的安全性和可靠性。通过智能化管理系统,可以有效地监控和调整生产过程,确保产品质量符合标准,同时也为中药产品的市场竞争力提供了有力支撑。

药品包装智能化技术分支同样受到天津中医药大学的关注,拥有 6 项专利申请,占比 9.68%。虽然相比于制剂前处理智能化和质量智能管理,该领域的专利申请量较少,但也显示出该校在中药包装环节的智能化改造上有所布局和探索。智能化包装技术可以提高包装效率,降低人工成本,同时通过智能化设计提升包装的安全性和美观度,增加产品的附加值。

尽管制剂成型智能化领域的专利申请量仅为 1 项,但这一领域的探索体现了天津中医药大学在推动中药制剂全流程智能化方面的努力。通过智能化设备和工艺的创新,可以进一步提升中药制剂的生产效率和产品质量,为中药现代化和国际化奠定坚实的技术基础。

天津中医药大学在中药智能制造领域的专利技术构成显示了其在中药制备前期的智能化处理和质量控制方面的研究优势,同时也表明了该校在药品包装智能化方面的积极探索。尽管在自动化炮制和制剂成型智能化方面还有待加强,但随着研究的深入和技术的进步,这些领域有望得到进一步的发展和完善。通过持续的技术创新和专利申请,天津中医药大学有望在中药智能制造领域发挥更大的影响力,推动中药产业的现代化和国际化进程。

(2)由图5-3可知,天津中医药大学在中药智能制造领域的研究和创新表现活跃,其专利申请中涉及的智能化手段涵盖了机器视觉、人工智能、传感器、数字化控制、大数据、物联网、数字孪生、智能标签、智能生产管理系统等多个方面。这些技术的集成应用不仅提升了中药生产的智能化水平,也为确保中药产品的质量和疗效提供了强有力的技术支持。

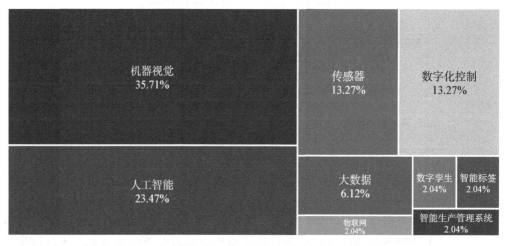

图5-3 天津中医药大学中药智能制造全球专利智能技术构成占比

在这些智能化手段中,机器视觉和人工智能的应用尤为突出,分别占据了专利申请的35.71%和23.47%。机器视觉技术通过高精度的视觉识别系统,能够对中药材进行快速准确的识别和分类,从而提高药材处理的效率和质量。人工智能技术则通过算法和模型分析,优化生产过程,实现对生产数据的智能分析和决策支持,进一步提升了中药智能制造的自动化和智能化水平。

传感器和数字化控制技术在天津中医药大学的专利申请中也占有一席之地,各占比13.27%。传感器技术通过实时监测生产环境中的各种参数,为智能制造系统提供精确的数据输入。而数字化控制技术则确保了生产过程的精确执行和调控,保障了生产过程的稳定性和可靠性。

此外,物联网、数字孪生、智能标签、智能生产管理系统等技术虽然在专利申请中的占比相对较低,各为2%,但它们在中药智能制造过程中同样发挥着重要作用。物联网技术通过连接生产设备和系统,实现了生产过程的远程监控和数据交换。数字孪生技术则通过创建中药生产过程的虚拟副本,进行模拟和优化,提高了生产效率和产品质量。智能标签和智能生产管理系统则通过信息化手段,加强了对生产过程的管理和控制,提升了生产的灵活性和响应速度。

(3)天津中医药大学在制剂前处理智能化和质量智能管理的二级分支技术构成方面表

现出了明确的研究方向和专利布局策略,见图5-4、图5-5。在制剂前处理智能化分支,该校的专利申请主要集中在混合、筛析、提取和浓缩4个核心技术领域。这些技术是中药制剂前处理智能化的关键步骤,涉及药效成分的富集、杂质的去除以及药物性质的改变等重要环节。混合技术专利申请的集中反映了天津中医药大学在确保药物组分均匀性方面的技术创新和研发投入;筛析技术专利则体现了该校在提高药物纯度和分离效率方面的研究重点;提取技术专利的申请量显示了该校在富集有效成分和优化提取工艺方面的努力;浓缩技术专利则可能涉及提高药物浓度和减少溶剂使用等关键技术的创新。

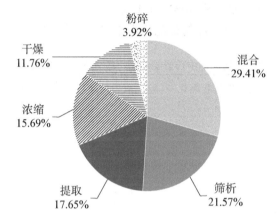

图5-4 天津中医药大学制剂前处理智能化全球专利技术构成占比

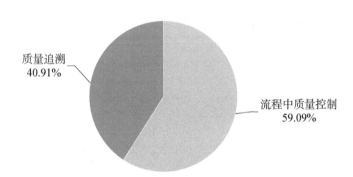

图5-5 天津中医药大学质量智能管理全球专利技术构成占比

在粉碎这一智能化的外围技术领域,天津中医药大学的专利申请较少,仅有2项。这可能意味着该校在粉碎技术方面已经拥有较为成熟的技术基础,或者在该领域的研究重点可能与其他核心技术领域相结合,如与混合技术相结合以提高粉碎后物料的混合均匀性。

在质量智能管理技术分支,天津中医药大学的专利申请主要集中在流程中质量控制和质量追溯两个方面。流程中质量控制的专利申请量达到13项,这一数据显示了该校在确保中药生产过程中质量稳定性和可靠性方面的重视。质量追溯的专利申请量为9项,这表明天津中医药大学在建立完善的中药质量追溯体系方面也进行了积极的探索和研究,这对于提升中药产品的安全性和信任度具有重要意义。

总体来看,天津中医药大学在制剂前处理智能化和质量智能管理领域的专利申请和技术构成反映了该校在中药智能制造方面的研究重点和技术积累。通过这些专利申请,该校不仅推动了中药制剂前处理智能化技术的智能化和现代化,也为中药质量的全面提升和管理提供了强有力的技术支持。随着研究的深入和技术的发展,预计天津中医药大学在这些领域的专利申请和技术成果将继续增长,为中药产业的高质量发展做出更大的贡献。

(4)天津中医药大学在中药智能制造领域的研究和创新表现活跃,其在一级分支的全球专利申请量分布情况反映了该校在该领域的技术积累和发展趋势。根据表5-2,天津中医药大学在制剂前处理智能化技术分支的专利申请量最多,这表明该校在中药制备前期的智能化技术研究上具有显著的优势和深入的探索。这些技术的研究和应用有助于提升中药提取、分离和纯化等前期处理工序的智能化水平,从而保证中药制剂的质量和疗效。

表5-2 天津中医药大学中药智能制造一级分支全球专利历年申请量分布

年份	自动化炮制(项)	制剂前处理智能化(项)	制剂成型智能化(项)	药品包装智能化(项)	质量智能管理(项)
2007	0	3	0	0	0
2008	0	0	0	0	0
2009	0	0	0	0	0
2010	0	0	0	0	0
2011	0	1	0	0	0
2012	0	0	0	0	0
2013	0	1	0	0	0
2014	0	0	0	0	1
2015	0	1	0	0	0
2016	0	7	0	0	4
2017	0	1	0	0	1
2018	1	3	0	0	0
2019	0	4	0	1	1
2020	0	3	0	1	2
2021	0	3	1	2	6
2022	2	5	0	1	5
2023	1	3	0	1	2

从2007年到2017年,天津中医药大学在该技术分支的专利申请量呈现波动增长态势,其中2016年的专利申请量达到7项。这一时期,该校可能在不断优化和调整研究方向,以适应市场需求和技术发展的新趋势。2018年之后,专利申请量趋势稳定,这可能意味着该校在该技术分支的研究已经进入成熟阶段,研究方向和创新路径更加明确和系统。

在质量智能管理技术分支方面,天津中医药大学从2014年起就开始了专利申请,这显示了该校对于提升中药生产质量智能管理水平的前瞻性和创新意识。然而,在2015年和2018年,该校没有申请该分支的专利,这可能是由于研究资源的重新配置或者研究重点的暂时转移。自2019年起,专利申请量呈现明显的增长趋势,这可能反映了该校在质量智能管理领域的研究成果开始集中爆发,或者是市场需求对该领域技术的需求增加,促使该校加大了研究力度和创新投入。

总体来看,天津中医药大学在中药智能制造领域的专利申请活动体现了该校在该领域的技术实力和创新活力。通过对专利申请量的分析,可以看出该校在制剂前处理智能化和质量智能管理两个重要技术分支上的研究动态和发展趋势。随着研究的深入和技术的成熟,预计天津中医药大学在中药智能制造领域的专利申请量将继续保持增长态势,为推动中药产业的现代化和国际化进程做出更大贡献。

三、技术发展脉络

制剂前处理智能化、质量智能管理两个技术分支为天津中医药大学的优势技术分支。在此对上述两个分支的技术发展路线进行分析。

(一)制剂前处理智能化

根据图5-6,该校在数字化控制和机器视觉这两个核心技术领域的专利布局起步较早,这表明天津中医药大学在智能化制药技术的研究和应用方面具有前瞻性和创新意识。

数字化控制在制剂前处理智能化中扮演着至关重要的角色,它涉及生产过程的监控、自动化控制以及数据管理等多个方面。天津中医药大学通过早期的专利布局,不仅为中药生产过程的精确控制和优化奠定了基础,而且也为后续的技术升级和产业应用提供了强有力的支撑。

机器视觉技术在中药制剂前处理智能化中的应用,使得药材的识别、质量评估和过程监控更加精准和高效。天津中医药大学在这一领域的专利布局,体现了该校在利用视觉识别技术提升中药质量控制水平方面的积极探索和成果。

2016年,天津中医药大学开始对传感器技术进行专利布局,传感器作为智能化系统中的关键组件,对于实现中药制剂过程中的实时监测和数据采集至关重要。该校的这一举措进一步强化了其在中药智能制造领域的技术储备和研发实力。

到了2020年,天津中医药大学对人工智能技术开始了专利布局,这一战略行动标志着该校在智能化制药技术研究上的又一次重大进展。人工智能技术的引入,预示着中药制剂前处理智能化将朝着更加智能化、自动化的方向发展,这对于提升中药生产的效率和质量具有重要意义。

(二)质量智能管理

根据表5-3,2016至2020年,天津中医药大学的专利布局主要集中在机器视觉和人工智能技术在质量智能管理中的应用。这一时期,该校致力于探索如何利用机器视觉技术对中药生产过程中的质量进行实时监控和评估,以及如何通过人工智能技术对生产数据进行分析和处理,从而提高中药产品的质量和生产效率。

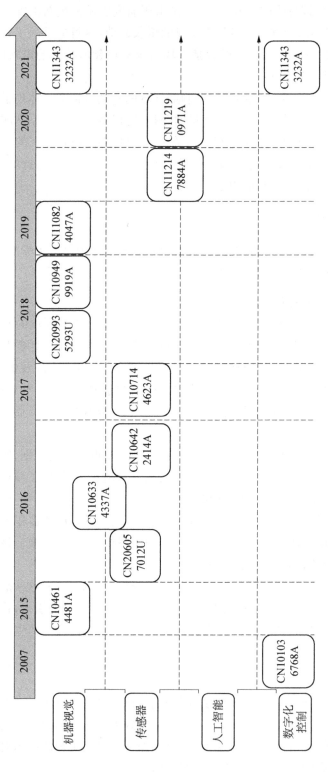

图 5 - 6　天津中医药大学制前制剂处理智能化专利技术发展路线

表5-3　天津中医药大学质量智能管理专利技术发展路线

申请年	公开(公告)号	机器视觉	大数据	人工智能	数字化控制
2016	CN206057164U	√			
2017	CN107885969A			√	
2020	CN112305141A	√			
	CN112884058A	√	√	√	
	CN113138192A	√		√	
2021	CN113433232A	√			√
	CN113433236A	√		√	
	CN113624874A	√		√	
2022	CN116660392A	√			
	CN114878738A	√			√

　　进入2021年后,天津中医药大学的专利布局开始转向更加综合的技术应用,特别是在质量智能管理领域中机器视觉与人工智能、数字化控制、大数据等技术的结合。这种技术融合的探索意味着该校在中药质量智能管理方面的研究正朝着更加复杂、高效和精准的方向发展。通过结合机器视觉的直观监控能力、人工智能的数据处理能力、数字化控制的精确调节能力和大数据的全面分析能力,天津中医药大学旨在构建一个全面、智能、高效的中药质量智能管理体系。

　　这种技术融合的专利布局不仅能够提升中药生产的质量控制水平,还能够为中药智能制造提供更为坚实的技术支撑。通过这些技术的结合,可以实现对中药生产全流程的智能监控和管理,从而确保中药产品的安全性、有效性和一致性。此外,这些技术的应用还将有助于推动中药产业的现代化和国际化进程,提升中药在全球医药市场中的竞争力。

四、重点专利

　　进一步地,对天津中医药大学在机器视觉、人工智能、传感器、数字化控制等优势技术分支中的重点专利进行筛选和分析。综合考虑专利的被引用频次、法律状态和权利要求数量3个指标,筛选重点专利。

(一)机器视觉

天津中医药大学机器视觉重点专利如表5-4所示。

表5-4　天津中医药大学机器视觉重点专利

序号	公开(公告)号	名　称	申请日
1	CN209935293U	一种基于机器视觉中药药材自动筛选装置	2018年11月30日
2	CN112884058A	一种基于图像结合高光谱的贝母品种鉴别方法及系统	2021年03月09日
3	CN113138192A	一种金银花和山银花的鉴别方法及系统	2021年05月19日

专利名称:一种基于机器视觉中药药材自动筛选装置。申请日:2018 年 11 月 30 日。公开号:CN209935293U。

技术方案:描述了一种基于机器视觉的中药药材自动筛选装置,旨在提高中药药材的筛选效率和质量控制水平。该装置涉及的技术领域是中药药材筛选过程,特别是自动化和智能化的筛选技术。

背景技术指出,中药制药是中国医药产业的重要组成部分,而药材质量的把控是关键环节。传统的人工筛选方法缺乏定量标准,且无法观察药材内部情况,导致内部问题难以发现,影响最终产品质量。

为了解决这些问题,本实用新型提出了一种基于机器视觉的自动筛选装置。该装置包括中药传送带、中药药材给料装置、中药药材收集桶、X 线光源、激光发射光源、激光诱导荧光检测器、气泵和导气管等组件。通过 X 线和激光诱导荧光技术,装置能够对药材进行内部和表面的检测,形成数字化图像信息,并与预设的合格标准进行比较,自动评判药材是否合格。

该装置的有益效果包括:提高了中药药材的筛选效率和准确性,避免了不合格品混入最终产品,提升了产品质量稳定性,并且便于中药生产与销售过程的溯源追踪,符合中国药典和 GMP 的要求。

具体实施方式中,中药药材在传送带上经过 X 线和激光检测,机器视觉处理服务器分析数据并作出判断,合格品被收集,不合格品被气泵吹落,实现自动化筛选过程。

本实用新型的提出,体现了中药现代化技术在提高生产效率和产品质量方面的重要作用,有望推动中药产业的技术进步和质量提升。

专利名称:一种基于图像结合高光谱的贝母品种鉴别方法及系统。申请日:2021 年 3 月 9 日。公开号:CN112884058A。

技术方案:提出了一种基于图像结合高光谱的贝母品种鉴别方法及系统,旨在解决传统贝母鉴别方法中存在的主观性强、技术要求高、耗时等问题。该方法通过结合图像处理技术和高光谱技术,提高了贝母品种鉴别的准确性和效率。

技术方案的核心步骤包括:

(1) 获取待测贝母样本的图像数据;

(2) 将图像数据输入经过训练的图像鉴别模型中,得到初步鉴别结果;

(3) 如果初步结果为平贝,则确定样本为平贝品种;

(4) 如果初步结果为非平贝,则获取样本的光谱数据;

(5) 将光谱数据输入高光谱鉴别模型中,得到最终鉴别结果;

(6) 根据最终结果确定样本的具体品种。

图像鉴别模型是通过卷积神经网络训练得到的,而高光谱鉴别模型则是基于目标检测算法构建。这两种模型的训练均使用了贝母样本集的数据。

此外,还提供了一种基于图像结合高光谱的贝母品种鉴别系统,包括获取模块、鉴别模块和确定模块等,用于实现上述鉴别方法。

本发明的有益效果在于能够增加获取到的被测样品的信息量,提高鉴别的准确度,同时具有快速、无损、不依赖于鉴定师经验等优点,对于规范贝母市场和保证临床使用效果具有重要意义。

专利名称:一种金银花和山银花的鉴别方法及系统。申请日:2021年5月19日。公开号:CN113138192A。

技术方案:提出了一种金银花和山银花的鉴别方法及系统,旨在解决传统鉴别方法中存在的主观性强、技术要求高、耗时等问题。该方法通过结合高光谱技术和机器学习算法,提高了金银花和山银花鉴别的准确性和效率。

技术方案的核心步骤包括:

(1) 获取金银花和山银花的历史高光谱数据;

(2) 利用竞争性自适应重加权算法和光谱算法从历史高光谱数据中提取特征波长;

(3) 对特征波长处的光强度进行增强,得到增强后的高光谱数据;

(4) 根据增强后的高光谱数据训练支撑向量机,得到鉴别模型;

(5) 利用训练好的鉴别模型对金银花和山银花进行鉴别。

此外,还提供了一种基于上述方法的鉴别系统,包括获取模块、提取模块、增强模块、训练模块和鉴别模块等,用于实现上述鉴别方法。

本发明的有益效果在于能够准确、快速地鉴别金银花和山银花,不依赖于鉴定师的鉴定经验,不需要任何试剂,节省了大量人力和物力,实现了快速、无损、高效的鉴别。

(二) 人工智能

天津中医药大学人工智能重点专利如表5-5所示。

表5-5 天津中医药大学人工智能重点专利

序号	公开(公告)号	名　　称	申请日
1	CN104614481A	中药复方中组分的抗氧化活性贡献程度的确定方法	2015年2月13日
2	CN112147884A	不含挥发油的中药提取设备微沸状态智能控制方法及系统	2020年9月27日
3	CN112190971A	含挥发油的中药提取设备微沸状态智能控制方法及系统	2020年9月27日

专利名称:中药复方中组分的抗氧化活性贡献程度的确定方法。申请日:2015年2月13日。公开号:CN104614481A。

技术方案:提出了一种中药复方中组分抗氧化活性贡献程度的确定方法,旨在解决传统方法中仅通过单一成分的抗氧化活性来评估中药复方的局限性。该方法通过多维度分析,更全面地评价中药复方中各个组分对整体抗氧化活性的贡献。

技术方案包括以下步骤:

(1) 通过液相色谱获得中药复方的各组分,并将其制备成干粉;

(2) 通过自由基清除活性实验,确定各组分在指定浓度下的自由基清除活性(RSA)值;

（3）计算各组分的自由基清除活性—浓度曲线下面积（AUC），并进行归一化处理；

（4）称定各组分干粉的重量，进行归一化处理；

（5）利用归一化后的 RSA 值、AUC 和固含物重量，计算各组分的三元网络回归面积 A；

（6）根据三元网络回归面积 A 的大小，确定各组分在中药复方中的抗氧化活性贡献程度。

该方法的优势在于，它不仅考虑了组分的抗氧化活性，还结合了浓度和固含物重量等因素，使得评价结果更为全面和准确。此外，该方法操作简便、科学严谨，适用于不同类型的中药复方，能够快速筛选出具有较高抗氧化活性贡献的组分，为中药复方的研究和开发提供了新的技术手段。通过实际应用示例，该方法证明了其有效性，能够为中药复方的质量和功效评价提供重要依据。

专利名称：不含挥发油的中药提取设备微沸状态智能控制方法及系统。申请日：2020年9月27日。公开号：CN112147884A。

技术方案：涉及一种不含挥发油的中药提取设备微沸状态智能控制方法及系统，旨在提高中药提取过程中微沸状态的控制精度和自动化水平。中药提取是中成药生产的核心环节，而微沸状态的控制对于保证提取效果和产品质量至关重要。传统的微沸状态检测方法无法在线进行，且无法准确控制温度，因此，本发明提出了一种结合光纤测温技术和现代控制设备的智能控制方法。

该方法包括以下步骤：设置多个加热节点，每个节点通过加热夹套控制中药提取设备中特定体积范围的加热；测量每个加热节点所控制体积范围内的流体平均温度；通过模糊控制程序输入预期目标温度，得到校正因子；在 PID 控制程序中，根据温度偏差进行 PID 调节和自整定，得到控制参数；将校正因子和控制参数结合，得到加热夹套调节阀的阀门开度系数。

此外，本发明还包括一个智能控制系统，由主机、复合控制器、分布式光纤温度传感器和提取罐组成。提取罐内壁环绕设置有光纤温度传感器，主机接收传感器信号，并与复合控制器相连，控制器将主机信号转换为控制蒸汽调节阀的电信号。

本发明的智能控制方法和系统能够自动、精确地控制不同种类中药的提取过程，提高提取效率，符合药品生产的相关要求。通过模糊 PID 控制方法，可以实现对微沸状态的精确控制，有效提升中药提取质量。

专利名称：含挥发油的中药提取设备微沸状态智能控制方法及系统。申请日：2020年9月27日。公开号：CN112190971A。

技术方案：描述了一种含挥发油的中药提取设备微沸状态智能控制方法及系统。该发明旨在提高含挥发油中药提取过程中微沸状态的控制精度，确保提取效率和产品质量。

技术方案的核心是在中药提取设备中设置多个加热节点，每个节点通过加热夹套控制特定体积范围的加热，并包括油水分离器作为一个单独的加热节点。通过分布式光纤温度传感器测量每个加热节点的流体平均温度，并结合模糊控制程序和 PID 控制程序，对每个节点进行温度控制。模糊控制程序中包含神经网络，根据内置的逻辑分析升温时间、热冲温度与调节阀阀门开度间的对应关系，形成专家知识库。模糊推理单元根据现场检测的平均温度,结合专家知识库进行加权平均,形成输出结果,并进行反馈修正。

智能控制系统包括主机、复合控制器、提取罐分布式光纤温度传感器、提取罐、油水分离器及油水分离器分布式光纤温度传感器。主机接收传感器信号,并与复合控制器相连,控制器将主机信号转换为控制蒸汽调节阀的电信号。

本发明的智能控制方法和系统能够自动、精确地控制不同种类含挥发油中药的提取过程,提高提取效率,符合药品生产的相关要求。通过模糊 PID 控制方法,可以实现对微沸状态的精确控制,有效提升中药提取质量。

(三) 传感器

天津中医药大学传感器重点专利如表 5-6 所示。

表 5-6　天津中医药大学传感器重点专利

序号	公开(公告)号	名　称	申请日
1	CN206057012U	一种液体自动取样装置	2016 年 9 月 23 日
2	CN106334337A	一种具有近红外在线检测功能的中药提取、浓缩罐	2016 年 11 月 3 日
3	CN107144623A	一种在线快速筛选和定量中药中抗氧化活性成分的方法	2017 年 6 月 29 日

专利名称:一种液体自动取样装置。申请日:2016 年 9 月 23 日。公开号:CN206057012U。

技术方案:描述了一种液体自动取样装置,特别适用于中药现代化提取技术领域。该装置旨在解决现有技术中液体取样的不足,如人工采样的低效率和潜在污染风险以及自动化设备的堵塞和清洁问题。

技术方案的核心是一个缓冲箱,它通过提取液输出管路连接到一个置于称重器上的采样瓶。缓冲箱通过提取液输入管路串连有筛网和泵,筛网用于过滤中药提取过程中的固体粉末,防止堵塞。提取液输入管路中设有三通和第一空气过滤器,以防止灰尘进入提取罐和缓冲箱。缓冲箱顶部还设有第二空气过滤器,进一步减少污染。

缓冲箱内装有冷却器和液位感应器,冷却器用于降低提取液的温度,以防止高温下溶质分解,保证采样精度和稳定性。液位感应器用于监测缓冲箱内的液位,防止溢出。剩余液体排出管路上设有第一电磁阀,用于在采样结束后排出缓冲箱内的剩余液体。

该装置的工作流程是:首先,筛网浸入中药提取罐中,泵启动后,提取液被输送至缓冲箱。然后,提取液通过提取液输出管路流入采样瓶。当采样瓶中的液体质量达到预设值时,称重器发出信号,关闭第二电磁阀,打开第一和第四电磁阀,结束采样过程。

本实用新型的有益效果在于实现了中药提取液的自动化、精确取样,提高了取样效率和精度,同时满足了药品生产的相关要求。通过自动化取样,减少了人工操作,降低了污染风险,有助于提升中药提取的现代化水平。

专利名称:一种具有近红外在线检测功能的中药提取、浓缩罐。申请日:2016 年 11 月 3日。公开号:CN106334337A。

技术方案:描述了一种具有近红外在线检测功能的中药提取、浓缩罐,旨在提高中药制剂制备过程中的质量控制水平。该设备特别适用于中药制剂的生产过程,尤其是在提取和浓缩的关键环节中,能够实现对产品质量的实时监控和在线检测。

技术方案的核心是一个具有近红外在线检测功能的提取、浓缩罐,它包括罐体和罐盖,罐盖上设有抽真空管、视镜和搅拌器。罐体外部缠绕有加热带,以提供所需的热量。罐体中下部设有光纤传感器底座,光纤传感器探头通过密封橡胶圈与底座活动连接,能够根据需要调节位置,以适应不同深度的液体检测。光纤传感器探头通过光纤与近红外光谱仪连接,实现对罐内液体的透反射光谱检测。

该发明的优点包括:实现中药提取、浓缩过程的近红外在线实时检测,提供实时判断,便于生产过程监控;通过外部缠绕的加热带进行加热,保证提取和浓缩过程的温度控制;光纤传感器探头和探头帽的位置可调,有利于测定不同位点处罐内液体的信息,提供液体的综合信息,有助于生产过程的综合调控;结构简单、能耗低、无污染,易于拆卸清洗和维修,适用范围广。

该设备适用于煎煮提取、减压提取、浸渍提取、减压浓缩等多种中药制剂生产过程,能够显著提高生产效率和产品质量,是中药制剂生产过程中质量控制的重要技术进步。

专利名称:一种在线快速筛选和定量中药中抗氧化活性成分的方法。申请日:2017 年 6 月 29 日。公开号:CN107144623A。

技术方案:提出了一种在线快速筛选和定量中药中抗氧化活性成分的方法,特别是针对中药注射液的质量控制。该方法利用毛细管电泳结合二极管阵列检测器和 2,2-联氮-二(3-乙基-苯并噻唑-6-磺酸)二铵盐自由基,实现了对中药中抗氧化活性成分的快速筛选和定量分析。

技术方案的关键点包括:使用毛细管电泳水相缓冲液,其组成为 10~30 mM 磷酸盐、0~10 mM 的 β-环糊精、20~60 mM 的十二烷基硫酸钠和 2.5%~10% 的乙腈,其中磷酸盐通过 NaH_2PO_4 和 Na_2HPO_4 混合得到,pH 控制在 6.5~7.5。实验过程中,电压设置为 18~22 kV,卡盒温度控制在 19~25 ℃,中药样品的检测波长为 360 nm,ABTS+的检测波长为 405 nm。通过在线混合 ABTS+与中药样品,观察电泳图谱中峰高的变化,筛选出具有抗氧化活性的成分,并测定其含量。

方法学验证显示,该方法具有较好的精密度、稳定性和准确度,可用于不同批次中药注射液的质量评价。

本发明的有益效果在于:首次将 ABTS+与 CE 在线结合,建立了一种新的分析方法,适用于中药注射液中抗氧化活性成分的筛选和定量;该方法操作简单、快速、准确,能够在较低有机试剂消耗量的情况下完成分析,有利于环保;通过测定抗氧化活性成分的含量,可以有效地评价中药注射液的质量和抗氧化能力。

该方法的建立为中药及其注射液的质量控制提供了一种新的技术手段,有助于提高中药产品的安全性和疗效,对于促进中药现代化和国际化具有重要意义。

(四)数字化控制

天津中医药大学数字化控制重点专利如表 5-7 所示。

表 5－7 天津中医药大学数字化控制重点专利

序号	公开(公告)号	名 称	申请日
1	CN109529390A	一种带有泡沫自动检测及消除功能的智能旋转蒸发装置	2018 年 12 月 13 日
2	CN113433232A	一种测定人参属中药中人参皂苷含量的方法	2021 年 6 月 10 日
3	CN114896821A	中药真空带式干燥数字孪生智能决策工艺预测方法及系统	2022 年 6 月 15 日

专利名称：一种带有泡沫自动检测及消除功能的智能旋转蒸发装置。申请日：2018 年 12 月 13 日。公开号：CN109529390A。

技术方案：本专利提出了一种带有泡沫自动检测及消除功能的智能旋转蒸发装置，旨在解决医药、食品、环境和化工领域中易起泡物质浓缩时可能出现的暴沸问题，提高浓缩工艺的效率和安全性。该装置包括四口瓶、水浴槽、旋转瓶、收集瓶、接引管、冷凝管、真空泵、密封塞、包覆金属层的光纤、传感探头、PLC 控制器、电磁阀、电脑、第一进气管、第二进气管、调节旋钮、引流臂和卡箍等组件。其中，光纤一端连接传感探头，另一端连接 PLC 控制器，用于实时监测旋转瓶中液体的泡沫状态。当检测到泡沫时，PLC 控制器会根据预设的光信号阈值，控制电磁阀的开启和关闭，从而调节进入旋转瓶的气流，消除泡沫，避免暴沸现象。该装置的使用方法包括将待浓缩液放入旋转瓶，开启真空泵、电脑、PLC 控制器和水浴槽，对液体进行旋转蒸发。在浓缩过程中，传感探头实时监测泡沫状态，PLC 控制器根据信号变化自动调节电磁阀，保持浓缩过程的稳定性。实验完成后，通过调节旋钮释放体系气压，取出浓缩液。该技术方案的优点在于能够自动识别泡沫的有无及状态，实现对易起泡料液浓缩工艺的无人监控，有效避免暴沸现象，保证浓缩效率。此外，该装置还具有广泛的应用前景，适用于多种易起泡液体的浓缩工艺。

专利名称：一种测定人参属中药中人参皂苷含量的方法。申请日：2021 年 6 月 10 日。公开号：CN113433232A。

技术方案：公开了一种测定人参属中药中人参皂苷含量的方法，旨在克服现有技术的局限，提供一种全面、准确、高灵敏度、高专属性的测定方法，以实现对人参属中药质量的更可靠控制。人参皂苷是人参属中药的主要活性成分，具有多种药理作用，但现有分析方法在普适性、指标成分数量和特异性方面存在不足。该方法通过超高效液相色谱电雾式检测器（UHPLC－CAD）技术，能够同时测定 15 种人参皂苷的含量，包括三七皂苷 R1、人参皂苷 Rg1、Re 等。方法步骤包括：

（1）建立 15 种人参皂苷的标准曲线，使用 60％～80％甲醇水溶液配制不同浓度的对照品溶液，通过 UHPLC－CAD 测定峰面积，以峰面积和浓度建立标准曲线；

（2）待测样品溶液的制备，将人参属中药样品以 60％～80％甲醇水溶液超声提取，得到待测溶液；

（3）在相同的色谱和检测条件下，注入待测样品溶液，测定色谱峰面积；

（4）根据标准曲线，计算待测样品中各人参皂苷的含量，该方法的色谱条件包括特定的色谱柱、流动相、柱温、流速和进样体积。

检测条件包括雾化温度、数据采集频率、过滤常数等。此外，专利还提供了专属性、精密度、重复性、稳定性和加样回收率等验证实验，以证明方法的准确性和可靠性。实施例中详细描述了色谱柱的选择、柱温的优化、检测条件的确定、标准曲线的建立以及人参属中药中人参皂苷含量的测定过程。通过本申请的方法，可以有效测定人参、三七、西洋参等人参属中药中15种人参皂苷的含量，为人参属中药的质量控制提供了一种新的分析技术。

专利名称：中药真空带式干燥数字孪生智能决策工艺预测方法及系统。申请日：2022年6月15日。公开号：CN114896821A。

技术方案：提出了一种中药真空带式干燥数字孪生智能决策工艺预测方法及系统，旨在解决中药制药行业中存在的建模难、控制难和优化决策难的"三难"问题，提升中药制药的行业技术水平，实现全系统的优化运行、控制和管理。该技术方案的核心在于利用数字孪生技术和人工智能技术，对中药真空带式干燥过程进行仿真建模和智能决策。具体实施步骤如下：

（1）建立仿真模型：基于中药浸膏在真空带式干燥机中的运动规律，使用离散元原理对整个干燥过程进行建模，包括沸腾、过渡和蒸发三段模型，预测产品质量参数；

（2）智能决策模型训练：采用深度Q网络算法，利用仿真模型产生的虚拟生产数据进行训练，建立智能决策模型，并在训练过程中，使用马尔可夫决策过程，通过状态集、动作集合、状态转移概率和回报函数进行强化学习；

（3）在线检测与参数输入：在线检测中药浸膏的物性参数和真空带式干燥机的工艺参数，将这些参数输入仿真模型和智能决策模型；

（4）工艺预测与优化：仿真模型预测产品质量参数，智能决策模型根据预测结果和实时工艺参数，输出优化后的工艺参数，实现工艺优化控制；

（5）系统实现：包括在线物性检测设备、FPGA和上位机，在线物性检测设备检测物性参数，FPGA进行仿真模型预测，上位机运行智能决策模型并输出优化工艺参数。

该技术方案的有益效果在于：

通过数字孪生技术，实现了对产品质量的预测和智能决策，为中药制药质量优化控制策略提供了数据支持；采用强化学习算法，实现了对工艺参数的动态调整，提高了生产效率；通过自动化、数字化、信息化和智能化的升级改造，构建了中药制药的高质量发展模式。该发明不仅提供了一种中药真空带式干燥的智能决策方法，还构建了相应的工艺预测系统，为中药制药工业的技术瓶颈提供了有效的解决方案。

五、合作研发

由表5-8可知，天津中医药大学合作申请人主要为制药企业。

表5-8　天津中医药大学中药智能制造合作研发专利

公开(公告)号	名　　　称	申请日	专利有效性	合作申请人
CN103776861A	一种测定灯盏花素片中野黄芩苷含量的方法	2014年01月22日	失效	瀚盟生物技术(天津)有限公司
CN107144623A	一种在线快速筛选和定量中药中抗氧化活性成分的方法	2017年06月29日	有效	神威药业集团有限公司河北神威药业有限公司
CN109507312A	一种黄柏的鉴定方法及其应用	2018年10月24日	失效	扬子江药业集团有限公司
CN116124965A	中药组分全自动样品制备系统	2023年01月06日	审中	现代中医药海河实验室

天津中医药大学在中药智能制造领域的合作研发专利列表显示了该校与制药企业的紧密合作关系。通过与不同企业的合作,天津中医药大学在中药智能制造技术的研发和创新方面取得了显著成果。例如,与瀚盟生物技术(天津)有限公司合作研发的"一种测定灯盏花素片中野黄芩苷含量的方法"(CN103776861A)虽然目前已失效,但该方法曾为中药成分的定量分析提供了技术支持。

天津中医药大学与神威药业集团有限公司以及河北神威药业有限公司合作的"一种在线快速筛选和定量中药中抗氧化活性成分的方法"(CN107144623A)是一项重要的发明专利,该技术利用毛细管电泳技术进行中药中抗氧化活性成分的快速筛选和定量,有效提高了中药质量控制的效率和准确性,目前该专利处于有效状态。

此外,与扬子江药业集团有限公司合作的"一种黄柏的鉴定方法及其应用"(CN109507312A)专利虽然目前处于失效状态,但该方法曾对中药黄柏的质量鉴定提供了新的技术手段,对于确保中药的质量和疗效具有重要意义。

天津中医药大学与现代中医药海河实验室合作研发的"中药组分全自动样品制备系统"(CN116124965A)是一项正在审查中的发明专利。该系统能够自动化地制备中药组分样品,显著提升了样品制备的效率和标准化水平,对于加速中药组分的研究和开发具有重要作用。

通过这些合作研发的专利,天津中医药大学不仅加强了与企业的联系,推动了科研成果的转化,也为中药智能制造技术的发展和中药产业的现代化做出了重要贡献。这些专利的申请和授权,不仅体现了天津中医药大学在中药智能制造领域的研究实力,也展示了其在推动中药产业技术创新和质量提升方面的积极作用。随着更多合作项目的开展和技术的成熟,预计天津中医药大学将继续在中药智能制造领域取得更多突破,为中药产业的发展贡献更多创新成果。

第二节　天　士　力

天士力集团成立于1994年,是一家以全面国际化为引领,以大健康产业为主线,以生物医药产业为核心的高科技企业集团。作为集团的核心企业,天士立医药集团股份有限公司于 2002 年在上海证券交易所成功上市,进一步巩固了其在资本市场的地位。

天士力集团坚持自主研发、产品引进、合作研发、投资市场许可优先权的"四位一体"的研发模式。2018 年以来,公司累计研发投入超过 38 亿元,2022 年研发费用率进一步提升,显示出天士力对科技创新的持续投入和对未来发展的信心。通过这种多元化的研发策略,天士力成功构建了一个涵盖心脑血管、消化代谢、肿瘤等多个疾病领域的产品组合。天士力集团还积极推进数字化转型,通过建立具有自主知识产权的人工智能大数据平台,实现了从研发到生产的全链条数字化管理。通过线上线下结合的方式,向患者提供包括疾病健康教育及管理、用药指导、医药配送等全链条服务,创新医疗新零售模式。

一、申请趋势

天士力集团自 2003 年开始其全球专利申请活动,标志着公司在中药智能制造领域的创新探索和技术积累。在 2003 年、2006 年、2007 年、2010 年、2013 年、2018 年、2020 年和 2022 年,天士力的年专利申请量相对较少,均未超过 3 项,见图 5-7。这一时期可能反映了公司在专利战略和技术发展方向上的谨慎布局,以及对市场需求和技术趋势的持续观察。2014 年和 2016 年成为天士力专利申请的高峰期,这可能与公司在智能制造技术上的集中研发和创新突破有关。

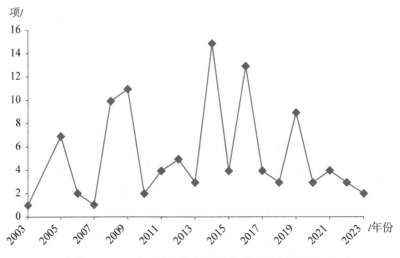

图 5-7　天士力中药智能制造全球专利申请趋势

天士力的智能制造技术涵盖了中药提取、制剂等全部关键工艺的质量控制模型,实现了生产全过程的数字化、智能化。公司通过数据挖掘、信息处理,探寻产品工艺质量变化规律,刻画产品知识图谱,实现中药产品工艺数字化设计。此外,天士力还建立了一支多学科背景的计算网络药理研发团队,对多个复方中药产品开展全方位系统化创新研究,助力中药智能制造、中医药现代化走向国际。

天士力的智能制造技术体系不仅在国内获得了认可,其创新成果也得到了国际社会的关注。在第六届世界智能大会上,天士力的"现代中药智能制造"入选"WIC 智能科技创新应用优秀案例"。

二、技术布局

(一)专利申请类型及法律状态

根据表 5-9,天士力共申请了 102 项与中药智能制造相关的专利,其中发明专利 69 项,占到了申请总量的 67.65%。这一高比例显示了天士力在中药智能制造核心技术研究和开发上的重视程度,同时也体现了该公司在推动高质量技术创新方面的努力。

表 5-9　天士力中药智能制造专利申请类型及法律状态

专利类型	有效(项)	失效(项)	审中(项)	总计(项)
发明	43	17	9	69
实用新型	17	16	0	33
总计	60	33	9	102

在这些发明专利中,有 43 项已经获得授权,成为有效专利,占比 62.32%。这一成果表明天士力在中药智能制造领域已经取得了一定的技术突破,并成功将研究成果转化为具有法律保护的知识产权。此外,还有 9 项发明专利处于审查阶段,占比 13.04%,这说明天士力在该领域的研究活动十分活跃,且有大量的技术创新正在等待专利授权,预示着未来可能有更多的技术成果得到法律认可。然而,也有 17 项发明专利失效,占总量的 25%,这一数据可能反映了在专利申请过程中存在的挑战,如技术更新换代的需求或市场竞争的压力等。

在实用新型专利方面,天士力共申请了 33 项,占专利申请总量的 32.35%。在这些实用新型专利中,有 17 项已经获得授权且维持有效,占比达到 51.52%。这一高比例的授权率显示了天士力在中药智能制造应用技术方面的创新能力及其在实际生产中解决技术问题的能力。同时,有 16 项实用新型专利无效,占总量的 48.48%,这可能意味着这些专利在实际应用中遇到了一定的限制,或者其技术已经不能满足当前市场的需求。

(二)技术构成

(1)天士力集团在中药智能制造领域的专利技术构成占比揭示了公司在该行业的技术创新和研发重点。根据图 5-8,制剂前处理智能化技术是天士力专利申请的核心领域,占比达到了 40.38%。这一领域的专利申请集中反映了天士力在中药制备前期阶段的智能化技术研究上具有显著的优势和深入的探索。这些技术的研究和应用有助于提升中药提取、分离和纯化等前期处理工序的智能化水平,从而保证中药制剂的质量和疗效。

制剂成型智能化技术作为另一个重要的技术分支,天士力的专利申请占比为 26.28%。这一领域的技术创新主要集中在提高中药成型过程的自动化和智能化水平,包括但不限于

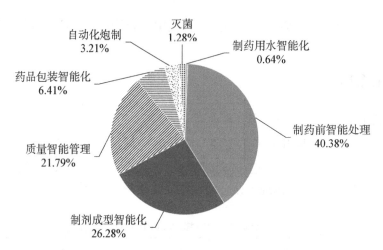

图5-8 天士力中药智能制造全球专利技术构成占比

滴丸、颗粒剂、注射剂等不同剂型的生产。通过这些技术的研究和开发,天士力能够进一步提升中药制剂的生产效率和产品质量,满足市场需求和监管标准。

质量智能管理技术分支同样受到天士力的关注,专利申请占比为21.79%。在这一领域,天士力致力于通过智能化手段对中药生产过程中的质量进行监控和管理,确保产品的一致性和可靠性。通过建立智能化的质量智能管理体系,天士力能够实现对生产全过程的实时监控和数据分析,从而提高中药产品的安全性和有效性。

尽管药品包装智能化和自动化炮制技术领域的专利申请占比较低,但天士力在这两个方面的布局也显示出公司对于中药智能制造全链条技术覆盖的战略考量。药品包装智能化技术的专利申请有助于提升包装效率和降低人工成本,同时通过智能化设计提升包装的安全性和美观度,增加产品的附加值。自动化炮制技术虽然目前专利申请较少,但这一领域的探索体现了天士力在推动传统炮制工艺与现代自动化技术相结合的新型研发方向。

(2) 天士力集团在中药智能制造领域的专利申请显示了其在多项智能化技术上的深入研究和应用。根据图5-9,天士力集团的专利申请涉及了包括机器视觉、数字化控制、传感器、人工智能、大数据、工业机器人、云计算、智能标签、智能生产管理系统等在内的多种智能化手段。这些技术的集成应用不仅提升了中药生产的智能化水平,也为确保中药产品的质量和疗效提供了强有力的技术支持。

在这些智能化手段中,机器视觉和数字化控制的应用尤为突出,分别占据了专利申请的32.41%和24.14%。机器视觉技术通过高精度的视觉识别系统,能够对中药材进行快速准确的识别和分类,从而提高药材处理的效率和质量。数字化控制技术则确保了生产过程的精确执行和调控,保障了生产过程的稳定性和可靠性。

传感器和人工智能技术在天士力集团的专利申请中也占有重要比例,各占比20%和17.24%。传感器技术通过实时监测生产环境中的各种参数,为智能制造系统提供精确的数据输入。人工智能技术则通过算法和模型分析,优化生产过程,实现对生产数据的智能分析和决策支持,进一步提升了中药智能制造的自动化和智能化水平。

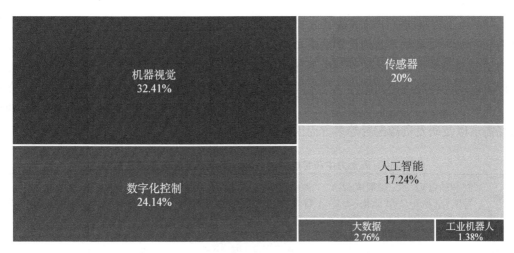

图 5-9 天士力中药智能制造全球专利智能技术构成占比

尽管大数据、工业机器人、云计算、智能标签、智能生产管理系统在专利申请中的占比相对较低,都小于 3%,但它们在中药智能制造过程中同样发挥着重要作用。

(3)天士力集团在制剂前处理智能化和制剂成型智能化的二级分支技术构成方面展现了其明确的研究方向和专利布局策略。在制剂前处理智能化分支,天士力集团的专利申请集中在混合、干燥、筛析、提取这四个核心技术领域,分别为 32 项、19 项、14 项、12 项(图 5-10)。这些专利的申请不仅体现了天士力在中药智能制造技术研发方面的持续投入和积极探索,也反映了公司对市场需求变化的快速响应和对技术创新的高度重视。

在制剂成型智能化技术分支,天士力集团的专利申请主要集中在制丸方面,共有 37 项专利申请,这显示了公司在这一领域的深厚技术积累和创新实力。此外,包衣技术、制胶囊技术和制膏技术的专利申请分别为 3 项、2 项、2 项(图 5-11)。这些技术的研发和应用有助于提升中药制剂的质量和生产效率,满足市场需求和监管标准。

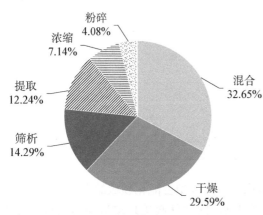

图 5-10 天士力制剂前处理智能化全球专利技术构成占比

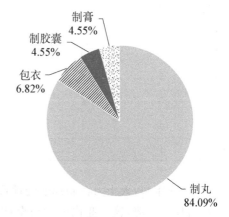

图 5-11 天士力制剂成型智能化全球专利技术构成占比

(4) 天士力集团在中药智能制造领域的全球专利申请量分布情况反映了该公司在技术创新和知识产权保护方面的长期战略布局。根据表 5-10,天士力早在 2003 年就开始关注并申请制剂前处理智能化和制剂成型智能化相关的专利,这表明天士力在中药智能制造的早期阶段就已经展现出前瞻性的技术洞察力和创新意识。然而,在 2007 年及之前,该公司在这些领域的专利申请量相对较少,年专利申请量未超过 5 项,这可能与当时技术成熟度、市场需求以及研发资源配置等多方面因素有关。

表 5-10　天士力中药智能制造一级分支全球专利历年申请量分布

年份	制剂前处理智能化(项)	制剂成型智能化(项)	质量智能管理(项)	药品包装智能化(项)	自动化炮制(项)	灭菌(项)	制药用水智能化(项)
2003	1	1	0	0	0	0	0
2004	0	0	0	0	0	0	0
2005	4	4	2	0	0	0	0
2006	2	1	0	0	0	1	0
2007	1	1	0	0	0	0	0
2008	8	2	3	2	0	0	0
2009	9	5	4	0	0	0	0
2010	1	0	1	0	0	1	0
2011	2	0	4	0	0	0	0
2012	2	0	5	0	0	0	0
2013	2	1	2	0	0	0	0
2014	9	10	1	3	0	0	1
2015	3	0	2	1	0	0	0
2016	6	0	5	0	1	0	0
2017	2	1	2	0	1	0	0
2018	1	3	2	0	0	0	0
2019	5	2	0	0	1	0	0
2020	0	1	0	1	1	0	0
2021	4	1	0	2	1	0	0
2023	1	0	1	0	0	0	0

自 2008 年起,天士力在制剂前处理智能化和制剂成型智能化领域的专利申请量开始呈现波动增长的趋势,这一变化可能与全球经济形势、国内外政策环境以及科技的进步等多方面因素有关。这种波动增长不仅显示了天士力在中药智能制造技术研发方面的持续投入和积极探索,也反映了该公司对市场需求变化的快速响应和对技术创新的高度重视。

值得注意的是,天士力在自动化炮制和制药用水智能化这两个领域的专利布局起步较晚，分别在 2016 年和 2014 年才开始进行相关专利的申请。这可能意味着天士力在这两个领域的技术研发相对较晚开始，或者是公司在战略上对其他技术领域给予了更高的优先级。

相较于自动化炮制和制药用水智能化，天士力显然更加重视质量智能管理领域的专利申请。这一战略选择可能基于对中药生产过程中质量控制重要性的认识以及对提升产品市场竞争力的需求。通过在质量智能管理领域的持续创新，天士力能够确保其中药产品的安全性、有效性和一致性，从而满足严格的市场监管要求和消费者对高质量中药产品的期待。

三、技术发展脉络

制剂前处理智能化和制剂成型智能化是天士力在中药智能制造领域中的两个优势技术分支，它们的发展紧密围绕公司的核心滴丸技术。通过对表 5‑11 和表 5‑12 的分析，我们可以深入了解天士力在这两个分支上的技术发展路线和战略布局。

表 5‑11 天士力制剂前处理智能化专利技术发展路线

申请年	公开(公告)号	机器视觉	人工智能	数字化控制
2005	CN1982872A	√	√	
2008	CN101310738A	√	√	
2009	CN101961379A	√	√	
	CN101961360A	√	√	
	CN102058682A	√	√	
2011	CN103091274A	√	√	
	CN102759591A	√	√	√
2014	CN105588885A	√		√
2015	CN106918655A	√		
2016	CN107271577A	√		√
2018	CN110274978A	√	√	
2021	CN116407564A	√		√

表 5‑12 天士力制剂成型智能化专利技术发展路线

申请年	公开(公告)号	机器视觉	人工智能	传感器	数字化控制
2005	CN1982872A	√	√		
	CN1982873A	√	√		
	CN1982874	√	√		
2007	CN101259157A		√		

（续表）

申请年	公开(公告)号	机器视觉	人工智能	传感器	数字化控制
2008	CN101744722A				√
2009	CN102048643A			√	
	CN102048648A			√	
2013	CN104297277A	√			
2014	CN104274320A			√	
	CN204147278U	√			
	CN204033786U	√			
	CN204233450U	√			
2016	CN107782798A	√			
	CN106539690A			√	
2018	CN110274962A	√	√		
	CN110274978A	√	√		
2019	CN111972353A		√		

（一）制剂前处理智能化

在制剂前处理智能化方面,天士力主要围绕机器视觉、人工智能和数字化控制三个关键技术进行专利申请。这些技术的发展不仅体现了天士力对产品质量控制的重视,也彰显了公司在智能制造技术方面的创新能力。机器视觉技术的应用使得药材识别和质量评估更加精准,而人工智能技术则通过对大量数据的分析和学习,优化了制剂前的工艺流程。数字化控制技术则确保了生产过程的稳定性和可追溯性,提高了生产效率和产品质量。这些技术的集成应用,为天士力的滴丸技术提供了强有力的技术支持,确保了制剂前处理智能化工艺的高效和可靠。

（二）制剂成型智能化

在制剂成型智能化方面,天士力的起步较早,公司在机器视觉和人工智能技术分支上进行了深入研究和专利布局。这些技术的运用显著提升了滴丸成型的精确度和质量控制水平,使得滴丸成型过程更加智能化和自动化。此外,天士力也对传感器和数字化控制等传统技术进行了布局,这些技术的结合为滴丸成型提供了全面的智能化解决方案,进一步巩固了天士力在滴丸质量控制领域的知识产权优势。

四、重点专利

对天士力在机器视觉、数字化控制、传感器、人工智能等优势技术外支中的重点专利进行筛选和分析。综合考虑专利的被引用频次、法律状态和权利要求数量 3 个指标,筛选重点专利。

（一）机器视觉

天士力机器视觉重点专利如表 5-13 所示。

表 5-13 天士力机器视觉重点专利

序号	公开(公告)号	名　称	申请日
1	CN101532954A	一种用红外光谱结合聚类分析鉴定中药材的方法	2008 年 03 月 13 日
2	CN102058682A	一种白芍提取液中的芍药苷含量的 NIR 在线检测方法	2009 年 11 月 17 日
3	CN103091274A	近红外漫反射光谱测定注射用丹参多酚酸水分含量的方法	2011 年 10 月 31 日

专利名称：一种用红外光谱结合聚类分析鉴定中药材的方法。申请日：2008 年 3 月 13 日。公开号：CN101532954A。

技术方案：描述了一种结合红外光谱技术和聚类分析方法的中药材鉴定方法。该方法旨在解决传统中药材质量评价中存在的主观性、经验性问题，以及现代仪器分析可能忽略中药材整体性的缺点。

中药材因其复杂的成分、整体性和差异性，需要一种能够进行全面质量评价的方法。本发明提出的方法包括以下几个步骤：

（1）选取同类中药材标准样品，优选 30 个以上的样本；

（2）对标准样品进行红外光谱检测，得到红外谱图，优选近红外谱图或中红外谱图；

（3）对所得到的红外谱图用聚类分析方法建立该中药材的标准红外模型，聚类分析可以采用多种算法，如偏最小二乘算法、主成分分析算法等；

（4）运用标准红外模型和待测中药材样品的红外谱图进行比对，从而对中药材进行快速分析和鉴定。

本发明的优点包括无损性、简便快捷、自动化、仪器通用性强，且不需要专门寻求单个纯的标准物。通过红外光谱技术结合聚类分析，可以客观反映中药材的内在物质基础，并在宏观上有效控制中药材的整体质量。

在具体实施中，本发明提供了三个实施例，分别对不同产地的丹参、鸡血藤正品与伪品、半夏正品与伪品进行了聚类分析。通过 SIMCA 软件建立的标准模型，可以有效地将真实样品与伪品区分开来，从而实现对中药材的快速鉴定。

总体而言，本发明为中药材的质量控制和鉴定提供了一种新的技术手段，有助于提升中药材质量评价的准确性和效率。

专利名称：一种白芍提取液中的芍药苷含量的 NIR 在线检测方法。申请日：2009 年 11 月 17 日。公开号：CN102058682A。

技术方案：提出了一种使用近红外光谱技术在线检测白芍提取液中芍药苷含量的方法。该方法适用于中药生产过程中的质量控制，特别是在白芍的醇提和浓缩过程中。通过这种方法，可以实现对生产过程的实时监控，确保产品质量的稳定性和均一性。

该方法的主要步骤包括：

（1）采集一定数量的白芍提取液样本的 NIR 光谱和芍药苷含量数据；

（2）利用偏最小二乘法根据采集到的 NIR 光谱和芍药苷含量数据建立检测模型；

（3）在线采集待检测样本的 NIR 光谱，并将其输入检测模型，从而得到样本中芍药苷的含量。

在实施过程中，可以使用特定的 NIR 光谱采集仪器和软件，如 ANTARIS 傅立叶近红外分析仪和 TQ Analyst 分析软件。同时，高效液相色谱用于测定样本中芍药苷的实际含量，以建立和验证 NIR 检测模型。

为了提高检测的准确性，可以对采集到的 NIR 光谱进行预处理，如多元散射校正（MSC）、标准正交变换（SNV）、一阶微分、二阶微分、S‑G 平滑和 Norris 导数滤波平滑等。选择最佳的预处理方法和主因子数，以及最佳的光谱范围，都是基于模型的交叉验证均方差（RMSECV）和相关系数（R）来确定的。

本发明的 NIR 在线检测方法具有操作简便、快速、结果准确且无污染的优点，是对中药材在线质量检测和控制方法的有益补充，也是药材分析的新发展方向。通过这种方法，可以实现对白芍提取液中芍药苷含量的有效监控，为中药的生产和质量控制提供了科学依据。

专利名称：近红外漫反射光谱测定注射用丹参多酚酸水分含量的方法。申请日：2011 年 10 月 31 日。公开号：CN103091274A。

技术方案：提出了一种利用近红外漫反射光谱技术快速测定注射用丹参多酚酸中水分含量的方法。该方法的开发是为了解决传统水分测定方法（如烘干法）耗时长、操作复杂、精确度和灵敏度不高的问题。

近红外光谱技术是一种在药物分析领域越来越受欢迎的技术，它能够提供快速、无损、准确的分析结果，且无需化学试剂或破坏样品。该技术的光谱信息主要来源于分子中 C—H、N—H、O—H 等含氢基团的倍频和合频吸收，特别适用于含有大量 O—H 基团的水分子的检测。

该专利方法的关键在于建立一个准确的近红外定量校正模型，该模型通过采集注射用丹参多酚酸样品的 NIR 光谱，并与传统的烘干法测定的水分含量数据进行关联，以建立水分含量的预测模型。模型的建立包括样品的预处理、光谱数据的处理以及最优建模波段的选择等步骤。

在实施过程中，首先需要采集注射用丹参多酚酸样品的 NIR 漫反射光谱，并使用烘干法作为参照测定水分含量。然后，对原始光谱数据进行二阶导数预处理，并在特定波段内运用偏最小二乘法建立校正模型。最终，该方法能够在 2 分钟内完成水分含量的测定，且具有良好的预测精度和稳定性。

通过实例的验证，该方法在预测注射用丹参多酚酸中水分含量方面表现出色，与传统的烘干法相比，具有明显的时间优势和准确性。因此，该 NIR 漫反射光谱法为中药制剂水分含量的快速检测提供了一种有效的技术手段，具有广泛的应用前景和实际意义。

（二）数字化控制

天士力数字化控制重点专利如表 5 - 14 所示。

表 5 - 14　天士力数字化控制重点专利

序号	公开号	名　　称	申请日
1	CN101744722A	滴丸生产线	2008 年 12 月 3 日
2	EP3020395A1	中药的制备方法微滴丸剂和中药利用微滴丸及其制备方法	2014 年 7 月 11 日
3	US20160143976A1	一种中药组合物及其制备和应用	2014 年 7 月 11 日

专利名称：滴丸生产线。申请日：2008 年 12 月 3 日。公开号：CN101744722A。

技术方案：提出了一种滴丸生产线的设计，旨在提高中药滴丸制剂生产的效率和产量，满足工业化大生产的需要。现有的中药滴丸生产通常采用单机生产方式，存在生产效率低、产量少、难以实现自动化和大规模生产等问题。

本发明的滴丸生产线主要包括混合化料系统、滴制成型系统和药液收集分离系统，各系统之间通过管道连接，并集成了自动控制系统，实现了对整个生产过程的自动控制。混合化料系统负责将各种物料混合融化，滴制成型系统负责高速滴制和滴丸的快速成型，而药液收集分离系统则负责将滴丸与冷凝液分离，收集成品滴丸。

生产线的设计特点包括：

（1）多台混合化料罐和循环中转化料罐，通过管路相互连接，实现独立作业或联合作业；

（2）乳化均质装置，如胶体磨，用于分散乳化不相溶的固相、气相、液相物料；

（3）滴制成型系统中的滴制蓄料器单元和冷凝单元，以及自动加料装置和液位探测装置，确保物料的自动供给和准确给料；

（4）冷却系统，包括冷却液储液罐、冷源和换热器，保持物料在恒定温度下进行混合和滴制；

（5）初分离装置和离心分离机，实现滴丸与冷凝液的有效分离。

此外，生产线还采用了 PLC 触摸屏计算机控制系统，实现了对生产过程中关键参数的实时监控和调节。整个生产线的设计满足了现代中药生产的技术要求，能够实现连续稳定的大规模生产，显著提高了生产效率和产品质量。

通过实例的描述和附图，本发明展示了滴丸生产线的具体结构和工作原理，证明了该生产线能够适应不同的生产需求，具有广泛的应用前景。总体来说，本发明为中药滴丸制剂的生产提供了一种高效、自动化的解决方案，实现了由原料到成品的自动工业化大生产过程。

专利名称：中药的制备方法微滴丸剂和中药利用微滴丸及其制备方法。申请日：2014 年 7 月 11 日。公开号：EP3020395A1。

技术方案：一种新型的中药微滴丸制备方法，该方法具有简单、高效、成本低等优点，并且能够有效提高中药的载药量和生物利用度。该方法主要包括三个步骤：化料、滴加和浓缩。在化料步骤中,将药物与滴丸基质加热熔融,形成均质熔融药液,药物与基质的重量比为 1∶5 至 5∶1。滴加步骤中,熔融药液在压力下通过滴加器,利用振动技术产生药液滴。最后在浓缩步骤中,药液滴通过冷却气体迅速冷却固化,形成粒径在 0.2 mm 至 4 mm 的微滴丸。

本发明的微滴丸具有多种应用,可以用于制备多种中药微滴丸,如丹参微滴丸、芪参益气微滴丸等。这些微滴丸具有高载药量、小粒径、无残留冷却剂等特点,提高了药物的疗效和患者的依从性。此外,本发明还提供了一种流化干燥包衣方法,用于微滴丸的干燥和包衣过程,进一步保证了微滴丸的质量和稳定性。

通过实例的验证,本发明的微滴丸制备方法显示出良好的应用前景。与传统的滴丸相比,本发明的微滴丸在载药量、生产效率、释放速率等方面均有显著提升,且能够有效避免传统方法中存在的问题,如滴丸频率低、圆度差、残留有机溶剂等。因此,本发明的微滴丸制备方法为中药现代化和国际化提供了一种新的技术路径。

专利名称:一种中药组合物及其制备和应用。申请日:2014 年 7 月 11 日。公开号:US20160143976A1。

技术方案:描述了一种中药组合物及其制剂,特别是用于治疗心血管疾病的微丸制剂。该中药组合物由丹参和三七提取物与冰片组成,具有改善心肌缺血和心绞痛的功效。本发明还涉及该中药组合物的制备方法,包括化料、滴加和冷凝步骤以及微丸制剂的制备方法。

背景技术指出,心血管疾病患者数量日益增加,心绞痛是其中一种常见的临床症状。现有的治疗方法存在副作用大、不能长期服用等问题。中药治疗心绞痛的方法虽然多样,但传统制剂如药丸、药粉等存在生物利用度低、吸收慢等问题,不适用于心绞痛患者的急救。

本发明提供了一种新的中药组合物,其由重量百分比的丹参和三七提取物以及 0.1% 至 50% 的冰片组成。该组合物可以通过多种制剂形式如注射剂、片剂、胶囊等进行应用,尤其适合制成微丸制剂。微丸是指粒径较小的滴丸,具有高生物利用度、快速起效、便于携带等优点。

本发明的中药组合物具有多种优点,包括结构简单、使用方便、生产成本低、载药量高、减少了药物挥发性、提高了药物稳定性等。此外,本发明还提供了一种制备微丸的方法,该方法包括将药物与滴丸基质加热熔融、通过振动滴加形成药滴以及使用冷却气体快速冷却固化形成微丸。

在实例中,本发明详细描述了中药组合物的制备过程,包括提取丹参和三七的有效成分、混合冰片以及与滴丸基质的结合。此外,还描述了微丸制剂的具体制备步骤,包括预混合、熔化、滴加、冷凝、干燥和包衣等。

本发明的中药组合物及其微丸制剂在治疗心血管疾病方面具有显著的疗效,特别是对于急性心肌梗死和急性心肌缺血的治疗。通过本发明的制备方法,可以获得高载药量、小粒径、快速起效的微丸制剂,适用于现代社会快节奏的生活需求,具有广阔的应用前景。

(三) 传感器

天士力传感器重点专利如表 5-15 所示。

表 5-15　天士力传感器重点专利

序号	公开号	名　　称	申请日
1	CN101259157A	一种中药葛根浸膏干燥新工艺方法	2007 年 03 月 08 日
2	CN104274320A	滴丸气冷循环装置及带有该气冷循环装置的滴丸生产线	2014 年 7 月 11 日
3	CN106539690A	一种液体冷却滴丸的连续智能制备方法	2016 年 09 月 07 日

专利名称:一种中药葛根浸膏干燥新工艺方法。申请日:2007 年 3 月 8 日。公开号:CN101259157A。

技术方案:描述了一种新型的中药葛根浸膏干燥工艺方法,旨在解决现有干燥技术中存在的问题,如产品质量差、操作环境恶劣、生产能力低和能耗大等。葛根作为一种具有多种药用功效的植物,其浸膏的干燥过程对于保证制剂质量至关重要。

本发明的干燥方法包括将葛根浸膏在真空条件下进行低温逐步干燥,具体步骤为:首先将葛根浸膏预热至 30~60 ℃,然后通过螺杆进料泵以 1~10 kg/h 的速度均匀涂布在输送带上,输送带以 3~24m/h 的速度运行,浸膏依次经过加热段和冷却段,最终形成多孔疏松的饼状干燥物。此外,干燥物在设备末端被剥落器刮下,经切断和粉碎后,通过出料装置收集。

该工艺的优势在于能够在保持物料物性的同时,得到色泽浅、水分含量低、多孔疏松、溶解性好的干燥产品。干燥物具有良好的结晶效应和流动性,便于直接压片或灌装胶囊,且速溶性极好。此外,该方法采用连续化操作,生产能力高于传统箱式干燥,且操作环境全封闭,避免了人与物料间的交叉污染,符合 GMP 要求。

本发明还提供了葛根浸膏的多种制备方法,包括水或醇提法、水提醇沉法、萃取法、浸渍法、渗漉法、回流提取法、连续回流提取法和大孔树脂吸附法,或者通过市购获得。无论采用何种提取方法,都不影响本发明的保护范围。

通过多个实例的描述,本发明展示了不同操作条件下干燥效果的差异,证明了该工艺的可行性和重复性。本发明的干燥方法不仅适用于葛根浸膏,还可以用于其他原药材提取物的干燥,具有广泛的应用前景。

专利名称:滴丸气冷循环装置及带有该气冷循环装置的滴丸生产线。申请日:2014 年 7 月 11 日。公开号:CN104274320A。

技术方案:详细介绍了一种滴丸气冷循环装置及其在滴丸生产线上的应用。该装置旨在解决传统滴丸生产中冷却管道温度上升、冷媒浪费和环境污染等问题。通过在冷却管道外部设置夹层,并在夹层内循环冷媒和冷风,本发明有效保持了冷却管道的温度,提高了滴丸的冷却效率,同时减少了冷媒的使用和环境污染。

本发明的滴丸气冷循环装置包括冷却管道、制冷装置和夹层结构。冷却管道外设有夹层,夹层下部通过连通口与冷却管道内部连通。制冷装置包括冷风制冷装置和冷阱制冷装置,前者通过冷风出口与冷却管道底部的冷风进风口相连,使冷风在管道内腔中循环上升;后者则包括装有冷媒的储罐、制冷机和换热器,冷媒通过夹层上部的入口进入夹层内,并与冷风一同循环上升。此外,还包括气体回收装置,用于回收和处理冷却过程中产生的气体,进一步减少环境污染。

本发明还提供了一种气冷滴丸生产线,包括滴丸气冷循环装置、滴丸系统、流化干燥包衣系统等。滴丸系统通过振动装置将药液剪切成滴,滴丸随后在气冷循环装置中冷却固化,再送至流化干燥包衣系统进行后续处理。生产线还包括控制系统和在线监测装置,确保滴丸的质量和生产效率。通过实施例的详细描述,本发明的实用性和有效性得到了验证,为滴丸生产提供了一种高效、环保、低成本的技术解决方案。

专利名称:一种液体冷却滴丸的连续智能制备方法。申请日:2016年9月7日。公开号:CN106539690A。

技术方案:提出了一种液体冷却滴丸的连续智能制备方法,旨在改进现有的滴丸生产技术,解决其耗时长、质量不稳定、污染风险高等问题。该方法通过一系列创新步骤,实现了滴丸的快速、高质量生产。

该方法包括以下关键步骤:

(1) 喂料:精确称重多种物料并输送;

(2) 化料:对物料进行分级加热和混合,确保有效成分的相对标准偏差(RSD)不超过5%;

(3) 均质:对混合物料加压升温,进一步确保有效成分 RSD 不超过5%;

(4) 滴制:将均质物料振动滴制,形成滴丸,并投入冷却液中冷却;

(5) 脱油:通过倾斜离心方式去除滴丸表面的冷却液,提高冷却液的循环利用率并防止污染。

此外,该方法还包括对滴丸大小的精确控制,以及对生产过程的连续性和自动化的优化。通过使用失重式称重、高速离心脱油以及具有温度梯度的冷却液,本发明确保了滴丸的质量和剂量的精确性。

实例中详细描述了复方丹参滴丸、藿香正气滴丸和穿心莲内酯滴丸的制备过程,展示了本发明方法的高效性和实用性。与传统方法相比,本发明具有更高的产能、更低的物料残留、更短的物料经过设备的时间,以及更精确的喂料精度和剂量精度。

总之,本发明提供了一种高效、稳定、智能的滴丸制备方法,适用于多种中药材提取物,具有广泛的应用前景。

(四) 人工智能

天士力人工智能重点专利如表5-16所示。

表5-16 天士力人工智能重点专利

序号	公开号	名 称	申请日
1	CN101310738A	一种中药提取物的中红外光谱多组分定量分析方法	2008 年 05 月 14 日
2	CN102759591A	一种注射用益气复脉中 10 种人参皂苷的含量检测方法	2011 年 04 月 28 日
3	CN110274978A	一种芪参益气滴丸中三七多皂苷成分含量测定方法	2018 年 03 月 13 日

专利名称:一种中药提取物的中红外光谱多组分定量分析方法。申请日:2008 年 5 月 14 日。公开号:CN101310738A。

技术方案:描述了一种中药提取物的中红外光谱多组分定量分析方法。该方法主要用于中药材提取物的质量控制,尤其是快速定量分析的方法。

背景技术指出,在中药提取过程中,需要对标志性成分的含量进行测量,以确保产品质量稳定和批次间的一致性。目前,高效液相色谱是常用的成分含量测量方法,但这种方法操作繁琐、耗时长、试剂消耗大,且数据波动较大,无法快速预测提取物中标志性成分的含量。

本发明提供了一种使用中红外光谱技术进行中药提取物多组分含量预测的方法。该方法简单、成本低、检测周期短,数据具有良好的重现性。即使对于含量非常低的标志性成分(2%以下),也能够较为准确地预测其含量。

具体实施方法包括以下步骤:

(1) 收集同批次不同品种的中药提取物 30 个样本,获取标志性成分的含量;

(2) 对上述提取物进行红外光谱扫描;

(3) 将含量对应的光谱值输入光谱定量分析软件(如美国 PE 公司的软件)建立模型;

(4) 调整参数优化模型,使拟合率接近 1.0;

(5) 实际测量:对给定待测样本进行红外光谱扫描,输入模型进行计算,预测提取物中标志性成分的含量。

在实施中,首选的标志性成分为 1~3 种,并通过全波段分析(4 000~4 500 cm^{-1})选择吸收特征波段。对于含量在 5%以上的标志性成分,优选考虑模型权重和分辨率权重作为主要参数;对于含量在 5%以下的标志性成分,则综合考虑上述 5 个参数。

本发明适用于多种中药材提取物,如牡丹根、丹参、黄芪等。通过建立定量分析模型,实际应用中只需扫描一次中红外光谱并输入模型即可预测含量值,操作简便,成本低,检测周期短,数据重现性好,且无需使用有机溶剂,不产生废物,优于 HPLC 检测方法。

本发明还提供了多个实例,包括牡丹根提取物中牡丹苷含量的预测、丹参提取物中丹参素含量的预测以及黄芪提取物中黄芪苷 IV 含量的预测。通过实验数据,展示了本发明方法的有效性和准确性。

专利名称:一种注射用益气复脉中 10 种人参皂苷的含量检测方法。申请日:2011 年 4 月 28 日。公开号:CN102759591A。

技术方案:描述了一种注射用益气复脉制剂中 10 种人参皂苷含量的检测方法。该方法特别适用于静脉滴注的中药复方制剂,旨在改进现有技术中人参总皂苷含量测定的不足,提高测量的准确性和可靠性。

注射用益气复脉(冻干)是一种由红参、麦冬、五味子制成的中药复方制剂,具有益气复脉、养阴生津的疗效,主要用于治疗冠心病及相关症状。该制剂为浅黄色疏松块状物,具有引湿性,通过加水溶解后用于静脉滴注。

本发明的检测方法包括以下步骤:首先,制备对照品溶液,精密称取 10 种人参皂苷对照品,溶解于甲醇中,制成标准溶液。其次,制备供试品溶液,取注射用益气复脉药物粉末,溶解、过滤并洗脱,得到待测溶液。最后,通过高效液相色谱测定样品中 10 种人参皂苷的含量,并计算其总和。

为了提高检测的准确性,本发明还优选了一些特定的检测条件。例如,使用 Waters Symmetry C18 色谱柱,流动相 A 为 0.05%磷酸,B 为乙腈,进行梯度洗脱。检测波长设定为 203 nm,流速为 1.0 mL/min,柱温维持在 30 ℃。通过这些优化的色谱条件,可以有效地分离并测定各种人参皂苷。

此外,本发明还探讨了近红外光谱法在人参皂苷含量检测中的应用。通过采集样品的近红外光谱,运用偏最小二乘法建立校正模型,从而实现了对人参皂苷含量的快速、无损检测。这种方法不仅简便、快速,而且能够减少样品的破坏,适用于大规模样品的筛查。

在结果与讨论部分,本发明展示了通过近红外光谱法和 HPLC 法得到的检测结果具有高度一致性,证明了近红外光谱法在人参皂苷含量检测中的有效性和准确性。同时,通过对精密度、重复性和稳健性的考察,进一步证实了该方法的可靠性。

综上所述,本发明提供了一种新的注射用益气复脉中人参皂苷含量的检测方法,该方法具有操作简便、准确度高、快速且不破坏样品的优点,适用于生产中大批量样品的快速检测,对于提高中药制剂的质量控制具有重要意义。

专利名称:一种芪参益气滴丸中三七多皂苷成分含量测定方法。申请日:2018 年 3 月 13 日。公开号:CN110274978A。

技术方案:提出了一种用于测定芪参益气滴丸中三七多皂苷成分含量的方法。该方法利用超高效液相色谱(UPLC)技术,结合对照品溶液和供试品溶液的制备,以及色谱条件的精确控制,实现了对三七皂苷 R1、人参皂苷 Rg1、人参皂苷 Re、人参皂苷 Rb1 四种成分的同时定性和定量测定。

在方法的实施过程中,首先需要制备对照品溶液,即精确称取人参皂苷 Rg1 对照品并配制成特定浓度的溶液。接着,通过精确称量芪参益气滴丸样品并进行一系列溶解、洗脱、定容等步骤制备供试品溶液。在色谱测定阶段,通过 UPLC 仪对对照品溶液和供试品溶液进行分析,得到色谱图,并根据色谱图计算得出芪参益气滴丸中人参皂苷 Rg1 的含量,同时利用相对校正因子计算样品中其他三种皂苷成分的含量。

该方法的色谱条件包括使用十八烷基键合硅胶作为填充剂,乙腈和水作为流动相,以及特定的流速、检测波长、柱温和梯度洗脱程序。通过这些条件的优化,确保了色谱分析的高效性和准确性。此外,该方法还涉及建立芪参益气滴丸中三七多皂苷成分的指纹图谱,以及使用该指纹图谱对产品进行质量控制的步骤。

本发明的方法具有操作简便、分析效率高、成本低等优点,适用于芪参益气滴丸中三七多皂苷成分的全面质量控制。通过该方法的应用,可以有效保障芪参益气滴丸产品的疗效和质量稳定性,对促进中药现代化和国际化具有重要意义。

五、合作研发

由表 5-17 可知,天士力合作申请人主要为浙江大学、东富龙。

表 5-17 天士力中药智能制造合作研发专利

公开(公告)号	名　称	申请日	专利有效性	合作申请人
CN1799581A	丹皮有效组分及制备方法	2005 年 08 月 19 日	失效	浙江大学
CN1733092A	中药丹皮有效组分及制备方法	2005 年 08 月 19 日	失效	浙江大学
CN201327269Y	一种制冷系统互为备份的冻干机	2008 年 02 月 22 日	失效	上海东富龙科技股份有限公司

　　天士力在中药智能制造领域的合作研发历史悠久,其与浙江大学和东富龙的合作体现了公司在技术创新和知识产权方面的长期投入和合作策略。天士力与浙江大学的合作主要集中在中药有效组分的提取技术方面。双方合作研发的"丹皮有效组分及制备方法"(CN1799581A)和"中药丹皮有效组分及制备方法"(CN1733092A)虽然已经失效,但这些专利在当时为中药有效成分的提取和应用提供了新的技术路径。通过液相色谱技术的应用,这些研发成果有助于提高中药成分提取的效率和质量,对于推动中药现代化具有重要意义。

　　另外,天士力与东富龙的合作则聚焦在制药设备的研发上。双方共同研发的"一种制冷系统互为备份的冻干机"(CN201327269Y)虽然也已失效,但该专利在当时代表了冻干技术的一个创新点。该冻干机的设计通过实现制冷系统的互为备份,提高了设备的制冷效率和系统的稳定性,对于提升冻干过程的可靠性具有显著效果。

第三节　达　仁　堂

　　津药达仁堂集团股份有限公司前身为达仁堂,由乐氏第十二代传人乐达仁先生于1914年在天津创办,是中国最早的中药工厂之一,见证了中国中药从传统手工作坊向现代化工业的转变。

　　津药达仁堂集团在知识产权保护方面成绩显著,拥有大量的专利技术和商标。公司拥有 5 个企业品牌项目、644 个注册商标以及 51 个专利信息,其中包括多项发明专利和外观设计专利。公司积极推进科研创新、智能制造、数字赋能,制定数字信息化战略实施路线,全面赋能总体战略目标实现。

　　津药达仁堂集团还注重知识产权的国际布局,其产品已在中国、美国、澳大利亚和欧洲获得专利授权,显示了公司在全球知识产权保护方面的实力和影响力。

一、申请趋势

　　由图 5-12 可知,达仁堂作为中药智能制造领域的先行者,自 2002 年起便开始了其全球专利申请的战略布局。这一时期,达仁堂的专利申请量呈现出波动增长的态势,反映了公司在中药智能制造技术研发和创新方面的持续投入和积极探索。从 2002 年至 2020 年,达仁堂不断积累经验,逐步完善其在中药智能制造领域的技术体系和知识产权保护策略。

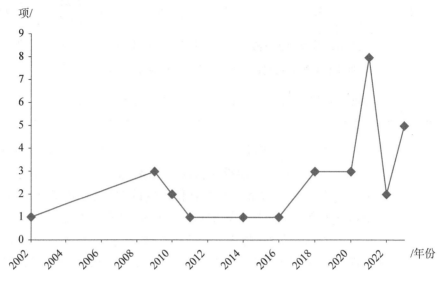

图 5-12　达仁堂中药智能制造全球专利申请趋势

进入 2021 年,达仁堂的中药智能制造专利申请量达到了一个高峰,这一成就标志着公司在该领域的技术积累和创新能力得到了显著的提升。

二、技术布局

(一)专利申请类型及法律状态

达仁堂在中药智能制造领域的专利申请类型及法律状态展现了该公司在技术创新和知识产权保护方面的战略布局和成果。根据表 5-18,达仁堂共申请了 30 项与中药智能制造相关的专利,其中发明专利 21 项,实用新型 9 项,分别占据了专利申请总量的 70％ 和 30％。这一比例分布显示了达仁堂在追求技术创新和产品质量提升方面的坚定决心,同时也反映了公司在中药智能制造核心技术研究和开发上的重视程度。

表 5-18　达仁堂中药智能制造专利申请类型及法律状态

专利类型	有效(项)	失效(项)	审中(项)	总计(项)
发明	9	4	8	21
实用新型	9	0	—	9
总计	18	4	8	30

在发明专利方面,达仁堂拥有 9 项有效专利,占发明专利申请总量的 42.86％。这些有效专利的获得,不仅为达仁堂的产品和技术提供了法律保护,也为公司的市场竞争力和品牌影响力提供了有力支撑。同时,有 8 项发明专利处于审查阶段,占比 38.10％,这表明达仁堂在中药智能制造领域的研发活动十分活跃,且有大量的技术创新正在等待专利授权。

此外,有 4 项发明专利失效,占总量的 19.05%,这可能意味着这些专利在技术更新换代或市场竞争中遇到了挑战,需要公司在未来的研发和专利策略中予以关注和调整。

在实用新型专利方面,达仁堂的 9 项实用新型专利全部有效,占实用新型申请总量的 100%。这一结果表明达仁堂在应用技术创新方面取得了显著成效,其在实际生产中解决技术问题的能力得到了充分验证。实用新型专利的有效性也为达仁堂在中药智能制造领域的技术应用和市场推广提供了坚实的基础。

总体来看,达仁堂在中药智能制造领域的专利申请类型及法律状态反映了公司在技术创新和知识产权保护方面的积极努力和显著成就。通过持续的研发投入和专利布局,达仁堂不仅提升了自身的技术实力和市场竞争力,也为整个中药智能制造行业的发展做出了重要贡献。随着公司对新技术的不断探索和应用,预计达仁堂将继续在中药智能制造领域保持其技术领先地位,并为推动中药产业的现代化和国际化做出更大的贡献。

(二) 技术构成

(1) 达仁堂在中药智能制造领域的专利技术构成占比揭示了该公司在技术创新和研发方面的重点布局。根据图 5-13,制剂前处理智能化技术是达仁堂专利申请的核心领域,占比达到了 30.77%。这一领域的专利申请集中反映了达仁堂在中药制备前期的智能化技术研究上具有显著的优势和深入的探索。这些技术的研究和应用有助于提升中药提取、分离和纯化等前期处理工序的智能化水平,从而保证中药制剂的质量和疗效。

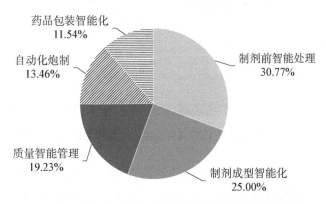

图 5-13　达仁堂中药智能制造全球专利技术构成占比

制剂成型智能化技术作为另一个重要的技术分支,达仁堂的专利申请占比为 25%。这一领域的技术创新主要集中在提高中药成型过程的自动化和智能化水平,包括但不限于滴丸、颗粒剂、注射剂等不同剂型的生产。通过这些技术的研究和开发,达仁堂能够进一步提升中药制剂的生产效率和产品质量,满足市场需求和监管标准。

在质量智能管理方面,达仁堂的专利申请占比为 19.23%。这一领域的技术创新有助于实现对中药生产过程中的质量进行监控和管理,确保产品的一致性和可靠性。通过建立智能化的质量智能管理体系,达仁堂能够实现对生产全过程的实时监控和数据分析,从而提高中药产品的安全性和有效性。

自动化炮制技术领域的专利申请占比为 13.46%,这一领域的探索体现了达仁堂在推动传统炮制工艺与现代自动化技术相结合的新型研发方向。通过自动化炮制技术的研究和应用,达仁堂旨在提高中药炮制的效率和质量,同时保持传统炮制工艺的特色和优势。

药品包装智能化技术领域的专利申请占比为 11.54%。达仁堂在这一领域的技术创新有助于提升包装效率,降低人工成本,同时通过智能化设计提升包装的安全性和美观度,增加产品的附加值。

总体来看,达仁堂在中药智能制造领域的专利技术构成显示了其在中药制备前期的智能化处理和质量智能管理方面的研究优势,同时也表明了公司在药品包装智能化和自动化炮制方面的积极探索。随着研究的深入和技术的进步,预计达仁堂在这些领域的专利申请量将继续保持增长态势,为推动中药产业的现代化和国际化进程做出更大贡献。

(2)达仁堂在中药智能制造领域的专利申请展现了其在多项智能化技术上的深入研究和应用。根据图 5-14,达仁堂的专利申请涉及了包括机器视觉、传感器、数字化控制、人工智能、智能生产管理系统等在内的多种智能化手段。这些技术的集成应用不仅提升了中药生产的智能化水平,也为确保中药产品的质量和疗效提供了强有力的技术支持。

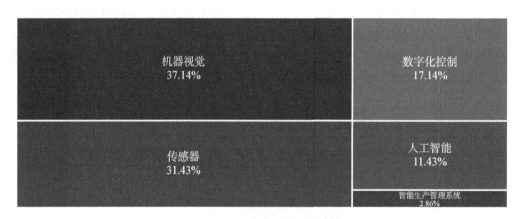

图 5-14　达仁堂中药智能制造全球专利智能技术构成占比

在这些智能化手段中,机器视觉和传感器的应用尤为突出,分别占据了专利申请的37.14%和31.43%。机器视觉技术通过高精度的视觉识别系统,能够对中药材进行快速准确的识别和分类,从而提高药材处理的效率和质量。传感器技术则通过实时监测生产环境中的各种参数,为智能制造系统提供精确的数据输入。

数字化控制和人工智能技术在达仁堂的专利申请中也占有一席之地,各占比 17.14%和 11.43%。数字化控制技术确保了生产过程的精确执行和调控,保障了生产过程的稳定性和可靠性。人工智能技术则通过算法和模型分析,优化生产过程,实现对生产数据的智能分析和决策支持,进一步提升了中药智能制造的自动化和智能化水平。

尽管智能生产管理系统在专利申请中的占比相对较低,仅为 2.86%,但它在中药智能制造过程中同样发挥着重要作用。智能生产管理系统通过信息化手段,加强了对生产过程的管理和控制,提升了生产的灵活性和响应速度。

(3)达仁堂在中药智能制造的制剂前处理智能化和制剂成型智能化两个二级分支技术

构成方面展现了明确的研究方向和专利布局策略。在制剂前处理智能化分支,达仁堂的专利申请集中在混合、筛析、干燥、浓缩、粉碎等核心技术领域,这些技术的专利申请数量分别为 11 项、6 项、5 项、4 项、1 项,见图 5-15。这些技术的研发和应用有助于提升中药提取、分离和纯化等前期处理工序的智能化水平,从而保证中药制剂的质量和疗效。

在制剂成型智能化技术分支,达仁堂的专利申请主要集中在制丸方面,共有 11 项专利申请,这显示了公司在这一领域的深厚技术积累和创新实力。此外,制粒、制片、包衣技术的专利申请各为 1 项,这些技术的研发和应用有助于提升中药制剂的生产效率和产品质量,满足市场需求和监管标准,见图 5-16。

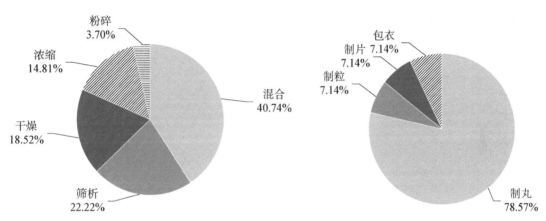

图 5-15 达仁堂制剂前处理智能化全球专利技术构成占比

图 5-16 达仁堂制剂成型智能化全球专利技术构成占比

(4)表 5-19 显示,该公司自 2002 年起便开始在制剂成型智能化和质量智能管理两个技术分支上进行专利布局。这一时期的专利申请量相对较少,特别是在 2009 年及之前,年专利申请量未超过 2 项,这可能反映了达仁堂在智能制造技术初期的探索和市场调研阶段。

表 5-19 达仁堂中药智能制造一级分支全球专利历年申请量分布

年份	自动化炮制(项)	制剂前处理智能化(项)	制剂成型智能化(项)	药品包装智能化(项)	质量智能管理(项)
2002	0	0	1	0	1
2003	0	0	0	0	0
2004	0	0	0	0	0
2005	0	0	0	0	0
2006	0	0	0	0	0
2007	0	0	0	0	0
2008	0	0	0	0	0
2009	0	2	0	0	3

（续表）

年份	自动化炮制（项）	制剂前处理智能化（项）	制剂成型智能化（项）	药品包装智能化（项）	质量智能管理（项）
2010	0	2	0	0	2
2011	0	1	1	0	0
2012	0	0	0	0	0
2013	0	0	0	0	0
2014	0	1	1	1	0
2015	0	0	0	0	0
2016	0	1	0	0	0
2017	0	0	0	0	0
2018	2	1	1	0	0
2019	0	0	0	0	0
2020	1	1	2	1	2
2021	2	4	3	2	0
2022	0	0	1	1	1
2023	7	3	3	1	1

进入 2020 年之后，达仁堂的专利申请量开始呈现波动增长的趋势，这可能与公司对智能制造技术的深入理解和市场需求的增长有关。2020 年，制剂成型智能化和质量智能管理两个分支的专利申请量均有显著提升，分别达到 2 项和 2 项，显示出达仁堂在这两个领域的技术创新和研发投入正在加速。

在 2021 年，达仁堂的专利申请活动进一步增强，制剂前处理智能化领域的专利申请量达到 4 项，显示出公司在中药制备前期的智能化技术研究上开始加大投入。同年，制剂成型智能化和药品包装智能化领域的专利申请量也有所增加，分别为 3 项和 2 项，这表明达仁堂在继续深化其在制剂成型智能化和药品包装智能化技术的研发。

到了 2023 年，达仁堂在自动化炮制领域的专利申请量首次出现，达到 7 项，这可能是公司在自动化炮制技术领域取得的重要突破。同时，制剂前处理智能化和制剂成型智能化领域的专利申请量保持稳定，均为 3 项，而药品包装智能化和质量智能管理领域的专利申请量也有所体现，均为 1 项，这显示了达仁堂在这些领域的持续研发和技术积累。

总体来看，达仁堂在中药智能制造领域的全球专利申请量分布情况反映了公司在技术创新和知识产权保护方面的长期战略和持续努力。

三、技术发展脉络

制剂前处理智能化和制剂成型智能化两个技术分支同样为达仁堂的优势技术分支。在此对上述两个分支的技术发展路线进行分析。分析中我们关注到，达仁堂与天士力不同,这两个技术分支是围绕其滴丸、片剂、丹丸等不同制剂技术展开的。

(一)制剂前处理智能化

达仁堂主要围绕机器视觉、传感器、数字化控制进行专利申请,其中机器视觉是其布局重点,见表5-20。

表5-20　达仁堂制剂前处理智能化专利技术发展路线

申请年	公开(公告)号	机器视觉	传感器	数字化控制
2009	CN102068649A	√		
	CN102068627A	√		
2010	CN102139067A	√		
	CN102139008A	√		
2014	CN203854863U		√	
2020	CN112730670A	√		
2021	CN113145021A			√
	CN214863398U			√
	CN215022456U		√	
2023	CN116637684A		√	
	CN220442911U	√		

(二)制剂成型智能化

由表5-21可以看出,达仁堂在机器视觉、传感器分支的起步较早。发展过程中,也对人工智能分支进行了布局。对于这一技术分支,达仁堂也在滴丸成型控制、滴丸质量控制领域进行了较为深度的专利布局,与天士力存在竞争关系。

表5-21　达仁堂制剂成型智能化专利技术发展路线

申请年	公开(公告)号	机器视觉	人工智能	传感器
2014	CN203854863U			√
2020	CN213384941U	√		√
	CN112730670A	√		
2021	CN215022456U			√
	CN113204253A		√	√
2023	CN220442911U	√		

四、重点专利

对达仁堂在机器视觉、传感器等优势技术外支中的重点专利进行筛选和分析。综合考虑专利的被引用频次、法律状态和权利要求数量3个指标,筛选重点专利。

(一) 机器视觉

达仁堂机器视觉重点专利如表5-22所示。

表5-22 达仁堂机器视觉重点专利

序号	公开(公告)号	名 称	申请日
1	CN102100850A	精制银翘解毒片的质量控制方法	2009年12月16日
2	CN102139067A	清瘟解毒片的质量控制方法	2010年02月03日
3	CN102139008A	小儿导赤片的质量控制方法	2010年02月03日

专利名称:精制银翘解毒片的质量控制方法。申请日:2009年12月16日。公开号:CN102100850A。

技术方案:描述了一种精制银翘解毒片的质量控制方法,旨在提高中药片剂的质量标准,确保药品的安全性和有效性。精制银翘解毒片是一种含有多种中药成分的复方制剂,用于治疗感冒、发热、头痛、咳嗽等症状。

该质量控制方法包括以下几个关键步骤:

使用薄层色谱法鉴别精制银翘解毒片中的连翘、牛蒡子和甘草成分,确保药品中含有正确的药材成分;采用高效液相色谱法测定精制银翘解毒片中对乙酰氨基酚和牛蒡苷的含量,确保每片药品中这些成分的含量符合标准;制备供试品溶液和对照品溶液,通过色谱法进行对比分析,以确认药品中各成分的存在与否。

本发明的优点在于提供了一种简便、准确的质量控制方法,能够有效提高精制银翘解毒片的质量控制水平。通过定性鉴别和定量测定相结合的方式,确保了药品的疗效和安全性,便于生产和监管过程中的质量把控。修订后的质量标准使得药品的定性和定量检测更加准确,质量更加容易控制,从而保障了患者的用药安全。

专利名称:清瘟解毒片的质量控制方法。申请日:2010年2月3日。公开号:CN102139067A。

技术方案:提出了一种针对清瘟解毒片的质量控制方法,旨在提高中成药的检测准确性和简便性。清瘟解毒片是一种广泛用于治疗感冒发热等症状的中药制剂,其配方包含了多种中药材。

该质量控制方法主要包括使用薄层色谱法对清瘟解毒片中的葛根、黄芩、白芷、牛蒡子和川芎等主要成分进行定性鉴别,同时采用高效液相色谱法测定葛根素的含量。这些步骤共同确保了药品中关键成分的存在及其含量的准确性。

通过制备供试品溶液和对照溶液,使用特定比例的展开剂在硅胶薄层板上进行色谱分析。在紫外灯光下观察并比较供试品和对照品的色谱斑点,以确认药品中是否含有相应的药材成分。

采用特定的色谱条件和检测波长,通过测定葛根素对照品和供试品溶液的色谱峰面积,建立标准曲线,从而准确计算出清瘟解毒片中葛根素的含量。

本发明的质量控制方法具有操作简便、结果准确的特点,能够有效提高清瘟解毒片的质量控制水平。通过定性鉴别和定量测定相结合的方式,确保了药品的疗效和安全性,便于生产和监管过程中的质量把控。修订后的质量标准使得药品的定性和定量检测更加准确,质量更加容易控制,从而保障了患者的用药安全。

专利名称:小儿导赤片的质量控制方法。申请日:2010 年 2 月 3 日。公开号:CN102139008A。

技术方案:提出了一种针对小儿导赤片的质量控制方法,旨在提高中药制剂的质量检测准确性和简便性。小儿导赤片是一种用于治疗儿童胃肠积热等症状的中成药,其主要成分包括大黄、滑石、地黄、栀子、甘草、木通和茯苓。

该质量控制方法主要包括使用薄层色谱法对小儿导赤片中的大黄、木通、甘草和栀子等主要成分进行定性鉴别,同时采用高效液相色谱法测定大黄的含量。这些步骤共同确保了药品中关键成分的存在及其含量的准确性。

通过制备供试品溶液和对照品溶液,使用特定比例的展开剂在硅胶薄层板上进行色谱分析。在紫外灯光下观察并比较供试品和对照品的色谱斑点,以确认药品中各成分的存在与否。

采用特定的色谱条件和检测波长,通过测定大黄素和大黄酚对照品和供试品溶液的色谱峰面积,建立标准曲线,从而准确计算出小儿导赤片中大黄的含量。

本发明的质量控制方法具有操作简便、结果准确的特点,能够有效提高小儿导赤片的质量控制水平。通过定性鉴别和定量测定相结合的方式,确保了药品的疗效和安全性,便于生产和监管过程中的质量把控。修订后的质量标准使得药品的定性和定量检测更加准确,质量更加容易控制,从而保障了患者的用药安全。

(二) 传感器

达仁堂传感器重点专利如表 5-23 所示。

表 5-23　达仁堂传感器重点专利

序号	公开(公告)号	名　　称	申请日
1	CN203854863U	一种中药滴丸用瓷瓶灌装装置	2014 年 05 月 07 日
2	CN213384941U	一种清咽滴丸全自动数粒灌装机	2020 年 08 月 20 日
3	CN113204253A	一种滴丸机滴盘液位的模糊控制方法和系统	2021 年 04 月 16 日

专利名称:一种中药滴丸用瓷瓶灌装装置。申请日:2014 年 5 月 7 日。公开号:CN203854863U。

技术方案:描述了一种中药滴丸用瓷瓶灌装装置,旨在提高滴丸灌装过程中的精确度和效率。该装置适用于中药滴丸的现代化生产线,能够精确控制灌装滴丸的数量和质量,解决传统灌装过程中滴丸易碎、灌装数量不足等问题。

该装置包括整机支架、装药料斗、装药滚筒、下粒振荡器、夹瓶器机构和瓷瓶传送机构。

装药滚筒上设有补粒机构、数粒机构、入粒滚刷和滚筒清扫滚刷以及用于放置滴丸的凹槽。通过这些组件的协同工作,实现滴丸的精确灌装。该装置的特点有:

(1) 装药滚筒前端设有滚筒下料板和滚筒下料震荡板,用于控制滴丸的下落和计数;

(2) 下粒振荡器通过振动促进滴丸下落,提高生产效率;

(3) 夹瓶器机构加持瓷瓶,确保滴丸准确灌入瓶中;

(4) 补粒机构在滴丸数量不足时进行补充,保证每瓶滴丸数量的准确性;

(5) 数粒机构(如数粒传感器)用于计数每个瓷瓶内的滴丸数量,确保灌装精度;

(6) 滚筒清扫滚刷用于清洁装药滚筒,保持设备卫生。

该装置自动化程度高,有效控制滴丸灌装数量,减少滴丸破碎,提高产品质量和合格率,节约成本。通过精确的灌装和计数,确保了中药滴丸的疗效和安全性,适用于现代化的中药生产线。

专利名称:一种清咽滴丸全自动数粒灌装机。申请日:2020 年 8 月 20 日。公开号:CN213384941U。

技术方案:描述了一种清咽滴丸全自动数粒灌装机,该设备专门用于药品包装领域,尤其是针对药丸类药品的灌装。该灌装机能够实现药丸的无损快速灌装,确保药丸在灌装过程中不会受到损伤,同时通过瓶口视觉检测装置对瓶口进行检测,有效减少瓶子质量问题带来的产品问题,如包装破损、药丸受潮、药丸被外来物质污染等,确保了包装的良好密封效果。

该灌装机包括理瓶装置、传送装置、灌装装置、封盖装置和控制单元。理瓶装置位于传送装置前端,灌装装置位于中部,封盖装置位于后端,控制单元连接所有装置。理瓶装置进一步包括瓶仓、理瓶机构、分料轴、换向机构等,能够对药瓶进行整理和清洁。传送装置是一个循环运行的传送带,用于在各个装置间传递药瓶。灌装装置采用转盘供药组件和真空管道进行药丸的吸取和灌装,避免了药丸间的挤压和损伤。封盖装置包括理盖机构和压盖机构,用于完成药瓶的封盖工作。该灌装的优势在于:

(1) 灌装机采用的转盘供药组件和真空管道的设计,实现了对药丸的无损灌装,提高了药丸的完整性和灌装的准确性;

(2) 瓶口视觉检测装置能够有效识别并剔除有缺陷的瓶子,减少了不合格产品的产生,提高了产品质量;

(3) 该灌装机可以根据生产需求调整灌装速度,具有高效率和灵活性,能够满足不同规模企业的生产需求,降低了设备采购成本。

该清咽滴丸全自动数粒灌装机,为药品包装行业提供了一种高效、准确的灌装解决方案,有助于提升药品生产企业的生产效率和产品质量。

专利名称:一种滴丸机滴盘液位的模糊控制方法和系统。申请日:2021 年 4 月 16 日。公开号:CN113204253A。

技术方案:介绍了一种应用于滴丸机的滴盘液位模糊控制方法及其系统,旨在提高滴丸生产过程中药液液位的控制精度。滴丸机是用于生产滴丸剂的设备,广泛应用于食品、药品和化工行业。在滴丸生产中,滴盘内的药液液位高度对滴丸的重量和形态有重要影响,因此需要精确控制。

该模糊控制方法通过实时监测滴盘中的液位高度,并计算与预设液位高度的偏差及变化率,将这些数据输入模糊控制器,从而得到滴盘进液口的开度增量。根据这个增量调整进液口的开度,使滴盘液位保持在恒定范围内,实现均匀滴丸。模糊控制器的构建使用了偏差和变化率作为输入,通过三角形隶属函数进行模糊化处理,并应用 Mamdani 法定义的模糊规则,结合加权平均法解模糊化,得到开度增量。

模糊控制系统包括液位获取单元、模糊控制单元和开度调整单元。液位获取单元使用超声波传感器监测滴盘液位,模糊控制单元包含模糊控制算法程序,开度调整单元则负责调整进液口的开度。该系统可以应用于不同类型的滴丸机,具有广泛的适用性。

本发明的优点在于能够实时监测和调整滴盘液位,保持滴丸剂的一致性,无需改变滴丸机的整体结构,易于实施和维护。此外,本发明还提供了计算机可读存储介质和计算机设备,用于执行滴丸机滴盘液位的模糊控制方法的步骤,增强了系统的灵活性和可扩展性。

五、合作研发

达仁堂在中药智能制造领域的合作研发专利列表显示了该公司与不同合作伙伴的紧密合作,这些合作伙伴包括高校和制药装备企业,其中与天津大学的合作专利申请为 1 项,而与楚天科技股份有限公司的合作专利申请最多,达到 7 项,见表 5-24。这种多元化的合作策略不仅加强了达仁堂在中药智能制造技术上的研究和开发,也促进了公司与学术界和工业界的交流与合作。

表 5-24 达仁堂中药智能制造合作研发专利

公开(公告)号	名称	申请日	专利有效性	合作申请人
CN1425909A	中药滴丸制剂中有效成分的红外光谱检测方法	2002 年 12 月 31 日	失效	天津大学
CN203854863U	一种中药滴丸用瓷瓶灌装装置	2014 年 05 月 07 日	有效	天津市润比特斯科技有限公司
CN213384941U	一种清咽滴丸全自动数粒灌装机	2020 年 08 月 20 日	有效	成都合达自动化设备有限公司
CN113640434A	紫龙金片的高效液相色谱指纹图谱的构建方法及应用	2020 年 11 月 30 日	有效	天津市药品检验研究院
CN113145021A	防止热气回流的化料配置系统	2021 年 04 月 16 日	审中	楚天科技股份有限公司
CN214863398U	防止热气回流的化料配置系统	2021 年 04 月 16 日	有效	楚天科技股份有限公司
CN215022456U	药丸生产系统	2021 年 04 月 16 日	有效	楚天科技股份有限公司
CN113081839A	药丸生产系统及其制丸方法和清洗方法	2021 年 04 月 16 日	审中	楚天科技股份有限公司

(续表)

公开(公告)号	名称	申请日	专利有效性	合作申请人
CN113204253A	一种滴丸机滴盘液位的模糊控制方法和系统	2021 年 04 月 16 日	有效	楚天科技股份有限公司
CN216834366U	一种片剂药品自动装瓶生产线	2022 年 03 月 04 日	有效	锦州中联欧仕科技有限公司
CN219448657U	一种全自动卷膜封口机	2023 年 03 月 30 日	有效	锦州中联欧仕科技有限公司
CN116637030A	一种滴盘组件以及滴丸生产系统	2023 年 06 月 28 日	审中	楚天科技股份有限公司
CN220442911U	一种滴盘组件以及滴丸生产系统	2023 年 06 月 28 日	有效	楚天科技股份有限公司

达仁堂与天津市润比特斯科技有限公司合作研发的"一种中药滴丸用瓷瓶灌装装置"(CN203854863U)目前处于有效状态,这项技术通过自动化装置精确控制滴丸的灌装数量,确保了产品的质量,提高了产品的合格率,有效降低了生产成本。这一成果不仅提升了达仁堂的生产效率,也为中药滴丸的灌装过程提供了新的技术解决方案。

与成都合达自动化设备有限公司合作研发的"一种清咽滴丸全自动数粒灌装机"(CN213384941U)处于有效状态,该技术方案实现对药丸的无损快速灌装,保证不会损伤药丸,瓶口视觉检测装置可以对瓶口进行检测,有效减少瓶子质量问题带来的产品质量问题,如包装破损、药丸受潮、药丸被外来物质污染等问题,保证包装的良好密封效果,各个模块可以灵活调整,满足对不同灌装速度的要求。

达仁堂与楚天科技股份有限公司合作研发的"一种滴丸机滴盘液位的模糊控制方法和系统"(CN113204253A)也处于有效状态,该技术通过模糊控制方法精确控制滴盘液位,保证了滴丸生产过程中滴丸的重量和形状的一致性,实现了滴丸生产的恒定速度和高质量标准。这一技术的实施显著提升了滴丸生产系统的智能化水平,为中药制剂的标准化生产提供了有力支持。

第四节 小 结

本章对天津中药智能制造领域的 3 家代表性创新主体——天津中医药大学、天士力集团和达仁堂集团的专利技术进行了深入分析。通过考察这些创新主体的专利申请趋势、技术布局、技术发展脉络、重点专利以及合作研发等方面,我们可以全面了解他们在中药智能制造技术创新方面的现状和潜力。

天津中医药大学作为学术研究和教育的重要基地,其在中药智能制造领域的研究动态和创新能力得到了充分体现。该校的专利申请活动自 2007 年起逐渐展开,尤其在 2016 年后,随着国家对中医药行业的重视和支持,专利申请量显著增长。天津中医药大学在制剂前处理智能化和质量智能管理两个技术分支上的研究动态和发展趋势表明,该校在推动中药制剂前处理智能化技术的智能化和现代化方面发挥了重要作用。

天士力集团自1994年成立以来,已经成为一家以全面国际化为引领,以大健康产业为主线,以生物医药产业为核心的高科技企业集团。天士力集团的专利申请趋势显示,自2003年起,公司在中药智能制造领域的创新探索和技术积累逐渐加强。天士力集团的技术布局主要集中在制剂前处理智能化和制剂成型智能化两个领域。

达仁堂在中药智能制造领域的专利申请类型及法律状态展现了公司在技术创新和知识产权保护方面的战略布局和成果。通过持续的研发投入和专利布局,达仁堂不仅提升了自身的技术实力和市场竞争力,也为整个中药智能制造行业的发展做出了重要贡献。

合作研发方面,天津中医药大学与多家制药企业建立了合作关系,共同推动了中药智能制造技术的发展。天士力和达仁堂通过与高校和科研机构的合作,加强了技术创新和成果转化的能力。这些合作研发的专利不仅体现了天津中医药大学在中药智能制造领域的研究实力,也展示了其在推动中药产业技术创新和质量提升方面的积极作用。

总体而言,这三家创新主体在中药智能制造领域的技术创新活动,不仅推动了自身的技术进步和市场竞争力提升,也为整个中医药行业的现代化和智能化发展提供了有力支撑。其中天士力持续在中药新剂型──滴丸领域发力深耕,达仁堂则擅于发挥传统优势积极合作运营。随着国家对中医药行业的持续关注和投入,这些创新主体的技术创新活动将更加活跃,对行业的推动作用也将更加显著。未来,期待这些创新主体能够继续发挥自身优势,加强合作研发,推动中药智能制造技术的进一步发展和应用。对于天津地区而言,这三家创新主体各具特色,既积极竞争又优势互补,中药产业未来可期。

第六章
中药智能制造核心技术前瞻性分析

本章涉及对自动化炮制、制剂前处理智能化、制剂成型智能化和质量智能管理等关键技术的前瞻性分析,同时从分析方法和数据来源、研究现状、研究热点和研究趋势等方面对中药智能制造进行全面分析,最后还总结了中药智能制造核心技术前瞻性分析结果。

为了探究中药智能制造的研究发展趋势,为中药智能制造的技术研究及产业发展提供参考,本章将分别从文献和专利两个角度,对智能制药的研究现状、研究热点和发展趋势进行分析,可帮助创新主体把握中药智能制造的技术发展方向,为聚焦研究热点提供一定的借鉴。

第一节 专利分析

一、自动化炮制

由图 6-1 可以看出,自动化炮制涉及的各智能化技术分支专利申请数量由多到少分别为数字化控制、传感器、机器视觉、人工智能、智能生产管理系统、工业机器人、物联网、智能标签、大数据以及云计算,区块链与数字孪生分支的专利申请量均为 0;按照专利首次申请年份分布,上述智能化分支在自动化炮制中出现的顺序由前到后依次为传感器 & 数字化控制、智能标签、智能生产管理系统、机器视觉 & 大数据 & 人工智能、物联网 & 云计算。

其中传感器与数字化控制的专利申请数量均为 700 项以上,两个分支的专利申请总量占自动化炮制的 73.8%,且两个技术分支的申请趋势非常相似,均早在 1989 年就已经出现了相关专利申请,自 2012 年左右专利申请数量开始大增,2012—2023 年,每年都有较多的专利申请,表现出较好的连续性,说明传感器以及数字化控制技术至今都是自动化炮制常用的智能化技术。

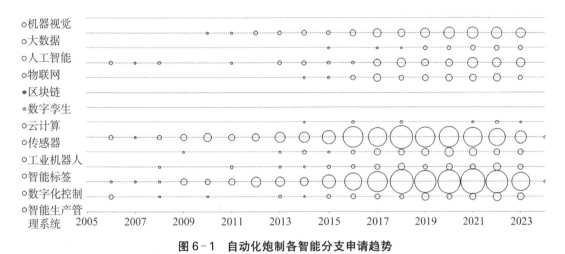

图6-1　自动化炮制各智能分支申请趋势

注:由于2005年之前的数据量很少,不具备明显的统计意义,为了更直观地进行展示和分析,图中仅显示了2005年之后的申请趋势,本章同理。

机器视觉、大数据、人工智能、物联网、云计算、工业机器人、智能标签、智能生产管理系统的专利申请量分布在9~158区间,其中机器视觉的申请量最多,为158项,云计算的申请量较少,为9项,机器视觉、人工智能、工业机器人、智能标签以及智能生产管理系统自2017年专利申请量开始出现显著增长,并一直持续至今;大数据、物联网以及云计算的专利申请相对较少且连续性较差。

单就专利申请情况而言,目前传感器以及数字化控制已经成为自动化炮制中的成熟技术,相关的专利布局情况较为稳定,且在产业中的应用较广,可减少在此分支中的专利申请布局;机器视觉、人工智能、工业机器人、智能标签以及智能生产管理系统在自动化炮制中属于可以应用但还未广泛应用的智能化技术,实际产业应用中的效果暂时还不如传感器以及数字化控制成熟,可以对这几个智能化分支的相关技术进行如何产业化的研究,探索以上技术在自动化炮制中广泛应用的可行性;区块链以及数字孪生属于自动化炮制中的技术空白点,可以探索区块链以及数字孪生技术在自动化炮制中应用的可能性,并进行相关技术的研发以及提前进行专利申请布局。

二、制剂前处理智能化

在制剂前处理智能化阶段主要包括粉碎、筛析、提取、浓缩、干燥等环节,基于智能化分支的分析,选取提取、干燥2个关键环节进行智能化分支的趋势分析。

(一)提取

由图6-2中可以看出,中药提取中涉及的各智能化技术分支专利申请数量由多到少分别为传感器、数字化控制、机器视觉、人工智能、智能生产管理系统、物联网、智能标签、大数据、工业机器人、云计算以及数字孪生,区块链分支的专利申请量为0;按照专利首次申请年份分布,上述智能化分支在中药提取中出现的顺序由前到后依次为传感器 & 数字化控制、智能生产管理系统、机器视觉 & 人工智能、智能标签、大数据 & 物联网、工业机器人、数字孪生。

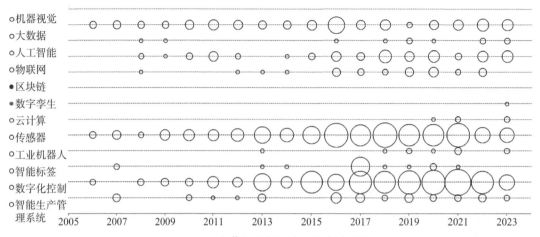

图6-2 中药提取各智能分支申请趋势

其中,传感器、数字化控制的专利申请量较多,分别为343与327,且传感器与数字化控制分支的首次专利申请出现的时间最早,均在1989年就出现了相关的申请,且均从2013年开始专利量出现稳步提升,每年都有一定数量的专利申请,并一直持续至今,专利申请连续性较好,这说明传感器与数字化控制是中药提取中的常用智能化技术。

机器视觉、人工智能、智能生产管理系统、物联网的专利申请量均在30~109,上述智能化分支从首次提出专利申请至今,断断续续的有一定的申请量,有一定的连续性,说明业内一直不断地在探索机器视觉、人工智能、智能生产管理系统、物联网在中药提取中的应用,且证实上述智能化手段可以应用在中药提取中,但产业应用上仍然不如数字化控制以及传感器,也说明上述智能化分支目前缺少可以为产业带来较大影响的技术和专利。

智能标签、大数据、工业机器人、云计算与数字孪生的专利申请量较少,最多的为智能标签,共13项,最少的为数字孪生,共1项,这说明业内也对上述智能化分支在中药提取中的应用进行了研究,但目前的研究缺乏突破性,尚未找到上述智能化分支在中药提取中的合理定位和正确的技术发展方向。同时,业内尚未出现区块链在中药提取中的应用技术和专利。

结合上述分析,建议在中药提取中针对传感器、数字化控制以应用为主;针对机器视觉、人工智能、智能生产管理系统、物联网,可以积极探索能够为产业带来较大影响的突破性技术和专利;针对智能标签、大数据、工业机器人、云计算与数字孪生,可以加大上述分支的技术研究,找准技术定位和发展方向,并进行相应的专利申请布局;针对区块链,属于中药提取的技术空白点,可以验证其在中药提取中应用的可能性,如果可行,可以着重此方面的专利申请布局。

(二) 干燥

由图6-3可以看出,中药干燥涉及的各智能化技术分支专利申请数量由多到少分别为传感器、数字化控制、机器视觉、人工智能、智能生产管理系统、工业机器人、物联网、大数据、智能标签、云计算以及数字孪生,区块链分支的专利申请量为 0;按照专利首次申请年份分布,上述智能化分支在中药干燥中出现的顺序由前到后依次为传感器、数字化控制、人工智能、机器视觉、智能生产管理系统、工业机器人、大数据、智能标签、物联网、云计算、数字孪生。

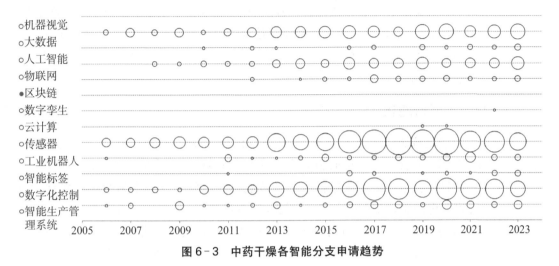

图 6-3　中药干燥各智能分支申请趋势

其中,传感器、数字化控制与机器视觉的专利申请量较多,分别为 868、573 与 313,传感器分支的首次专利申请出现的时间最早,在 1989 年就出现了相关的申请,传感器、数字化控制与机器视觉均从 2013 年开始专利量出现稳步提升,每年都有较多数量的专利申请,有较好的专利连续性,这说明传感器、数字化控制与机器视觉目前已经是中药干燥中应用较为成熟的智能化技术。

人工智能、智能生产管理系统、工业机器人、物联网、大数据以及智能标签的专利申请量分布在 20~183 内,人工智能的最多,为 183,智能标签的最少,为 20,其中人工智能、智能生产管理系统、工业机器人以及物联网在首次专利申请之后,几乎每年都会有少量的专利申请,这说明业内一直在不断地针对上述智能化手段进行相关的研究,针对上述智能化技术一直保持关注度;而大数据以及智能标签的专利申请连续性较差,首次申请与第二次出现专利申请的时间间隔长达 4~5 年,并且之后也存在多个年份没有专利申请的情况,这说明目前上述智能化技术在中药干燥中的应用尚未取得较好的效果,导致对于上述智能化技术的研究时断时续。

云计算与数字孪生的专利申请量较少,分别为 2 项和 1 项,并且中药干燥中首次出现云计算与数字孪生的相关专利申请分别为 2019 年以及 2022 年,这说明业内近几年刚刚开始研究云计算与数字孪生在中药干燥中的应用,属于较新的智能化技术,同时区块链在中药干燥中的专利申请量为 0,即云计算、数字孪生与区块链目前均为中药干燥中的技术空白点,也是技术突破点。

结合上述分析,建议在中药干燥中针对已经较为成熟的传感器、数字化控制以及机器视觉技术可以适当减少研发投入,或者可以探索传感器、数字化控制以及机器视觉与其他智能化技术的结合点研究;针对人工智能、智能生产管理系统、工业机器人以及物联网,目前上述智能化技术在中药干燥中尚未形成规模,缺乏可以大幅提高产能的相关技术,因此可以积极探索如何运用上述智能化技术来有效辅助实际生产;针对大数据以及智能标签,目前两项技术在中药干燥中的应用可能存在一些实际困难,导致相关研究经常出现中断,可以结合实际的产业现状针对技术难点进行攻关,以获得相应的突破性技术;针对云计算、数字孪生与区块链,目前业内对于这3项智能化技术的研究刚刚起步或还未出现,建议可以针对这3种智能化技术进行尝试性的研究,若有可以应用于中药干燥的技术,可以提前进行相关的专利和技术布局。

三、制剂成型智能化

制剂成型智能化按照成型技术分类,可划分为制丸、制膏、制胶囊、制片、制粒、制液和包衣,基于其智能化分支的分析,选取制丸关键环节进行智能化分支的趋势分析。

由图6-4可以看出,中药制丸中涉及的各智能化技术分支专利申请数量由多到少分别为传感器、数字化控制、机器视觉、人工智能、工业机器人、智能生产管理系统、物联网、大数据以及智能标签,云计算、数字孪生以及区块链分支的专利申请量均为0;按照专利首次申请年份分布,上述智能化分支在中药制丸中出现的顺序由前到后依次为传感器 & 数字化控制、智能标签、人工智能 & 机器视觉、智能生产管理系统、工业机器人、物联网、大数据。

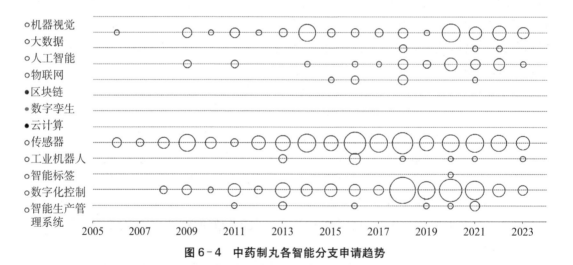

图6-4 中药制丸各智能分支申请趋势

其中,传感器、数字化控制与机器视觉的专利申请量较多,分别为147、116与62,传感器与数字化控制分支的首次专利申请出现的时间最早,均为1990年,其中,传感器自2005年、数字化控制自2008年、机器视觉自2009年开始,实现每年若干项的连续性专利申请,但专利申请量并未实现每年的稳步提升,传感器与数字化控制自2018年、机器视觉自2020年专利申请量开始下降,这说明传感器、数字化控制与机器视觉智能化技术在前些年的中药制丸领域出现过聚集性的研究,但后劲疲乏,没有形成规模性的研发和应用,或者可能目前的智能化技术的研发就已经可以满足产业中制丸的需要,单就中药制丸的专利申请情况来说,目前传感器、数字化控制与机器视觉仍是中药制丸中应用最多的智能化技术。

人工智能、工业机器人、智能生产管理系统、物联网的专利申请量分布在7~29项内,人工智能的最多,为29项,物联网的最少,为7项,其中人工智能自2017年开始实现每年的连续性专利申请,并在近几年内专利申请量稳中有进,说明近几年业内主要关注人工智能在中药制丸中的应用,并且实现了一定的效果;工业机器人、智能生产管理系统、物联网的专利申请连续性较差,专利申请都是偶发性的,这说明目前业内还未针对以上智能化技术在中药制丸中的应用达成一致,尚处于多角度的探索阶段。

大数据以及智能标签的专利申请量较少,分别为4项和2项,其中中药制丸中首次出现大数据的相关专利申请为2018年,说明大数据属于中药制丸领域中较新的智能化技术,存在研发潜力;中药制丸中首次出现智能标签的相关专利申请为2001年,第二次为2020年,中间间隔了9年,说明智能标签技术之前的研究未取得明显的进展,业内对此技术持较为谨慎的态度,但也属于目前的技术空白点;同样属于技术空白点的包括云计算、数字孪生以及区块链。

结合上述分析,建议在中药制丸中针对传感器、数字化控制以及机器视觉技术,可以分析以上智能化技术在近几年研发减少的根本原因,并针对性的调整以上智能化技术的研发投入;针对人工智能,目前的研究还处于前期探索阶段,存在持续性的关注度,建议可以顺应产业的发展现状,着重提高中药制丸中人工智能技术的研发投入;针对工业机器人、智能生产管理系统以及物联网这类还未找到准确发展方向的智能化技术,如果有相关的技术研究基础,可以尝试性地进行突破性研究,引领行业内的技术发展方向;针对大数据、智能标签、云计算、数字孪生以及区块链,验证上述智能化技术在中药制丸中的可行性之后,可以进行开拓性的研究和专利布局。

四、质量智能管理

质量智能管理主要包括质量追溯、全流程质量控制以及流程中质量控制,为了更直观地进行质量智能管理中的智能化技术分析,选择将质量追溯、全流程质量控制以及流程中质量控制进行智能化分支的趋势比较分析。

由图6-5~图6-7可以看出,按照专利首次申请年份分布,各智能化分支在质量追溯中出现的顺序由前到后依次为机器视觉 & 传感器 & 数字化控制、人工智能、物联网 & 智能标签 & 智能生产管理系统、大数据、云计算、区块链 & 工业机器人,数字孪生在质量追溯中的专利申请量为0;各智能化分支在全流程质量控制中出现的顺序由前到后依次为数字化控制、传感器、智能标签、人工智能、机器视觉 & 智能生产管理系统、物联网 & 工业机器人、大数据 & 云计算 & 区块链,数字孪生在全流程质量控制中的专利申请量为0;各智能化分支在流程中质量控制中出现的顺序由前到后依次为数字化控制、传感器、人工智能 & 机器视觉、大数据 & 智能标签、物联网、智能生产管理系统、云计算 & 工业机器人、区块链、数字孪生,没有专利申请量为0的智能化分支。

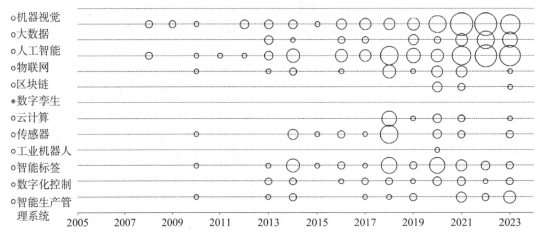

图6-5 中药质量追溯各智能分支申请趋势

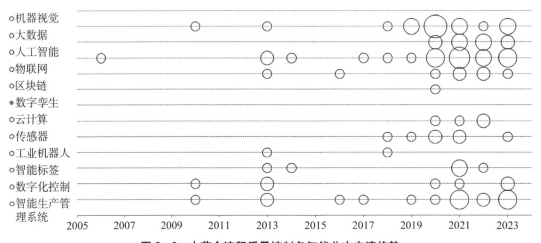

图6-6 中药全流程质量控制各智能分支申请趋势

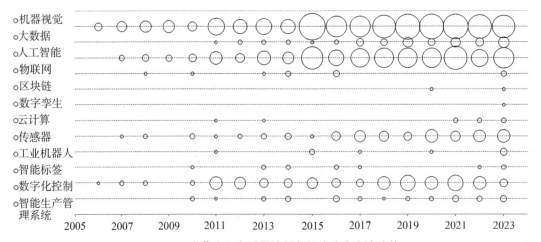

图6-7 中药流程中质量控制各智能分支申请趋势

其中,机器视觉与人工智能在质量追溯、全流程质量控制以及流程中质量控制中的专利申请量均为最多,专利申请的持续性好,且近年的专利申请量也在稳步增长中,说明机器视觉与人工智能属于中药质量智能管理中应用较多、已经相对成熟且还在持续研发关注的智能化技术,这也与实际生产中质量智能管理所涉及的主要技术手段相符。

在质量追溯中,大数据、智能标签、传感器、物联网、数字化控制、智能生产管理系统以及云计算的申请量较为中等,分布在16～41;在全流程质量控制中,智能生产管理系统、大数据、数字化控制、物联网、传感器以及智能标签的申请量较为中等,分布在7～17;在流程中质量控制中,数字化控制、传感器、大数据、智能生产管理系统的申请量较为中等,分布在30～182;然而以上智能化技术在质量智能管理的三个分支中的分布情况却不相同,质量追溯中大数据、智能标签、数字化控制的专利申请连续性较好,机器视觉、大数据以及人工智能为质量追溯近年除机器视觉和人工智能之外的研发热点技术;全流程质量控制中,大数据、传感器、智能生产管理系统的专利申请连续性较好,大数据、物联网以及智能生产管理系统为全流程质量控制近年除机器视觉和人工智能之外的研发热点技术;流程中质量控制中,大数据、传感器、数字化控制的专利申请连续性较好,同时大数据、传感器、数字化控制也为流程中质量控制近年除机器视觉和人工智能之外的研发热点技术。

质量追溯中申请量较少的为区块链和工业机器人,数字孪生申请量为0;全流程质量控制中申请量较少的为云计算、工业机器人和区块链,数字孪生申请量为0;流程中质量控制中申请量较少的为物联网、智能标签、工业机器人、云计算、区块链和数字孪生;可见,工业机器人、区块链以及数字孪生在质量智能管理的三个分支中申请量均较少,属于质量智能管理的技术空白点。

结合上述分析,机器视觉与人工智能是质量智能管理中常用且还在持续不断研发过程中的智能化技术,可以尝试将这两类智能化技术相关的专利进行有效的产业转化运用,可带来相应的收益;大数据、传感器、数字化控制为近年来的质量智能管理研发热点技术,其中质量追溯中的热点技术还包括智能标签,全流程质量控制中的热点技术还包括物联网和智能生产管理系统,流程中质量控制的热点技术还包括智能生产管理系统和数字孪生,建议可以基于自身的技术研究基础,针对上述热点技术在质量智能管理整体或者对应的各智能分支进行相应的针对性的技术研发以及专利布局;工业机器人、区块链以及数字孪生为目前质量智能管理中的技术空白点,需要对这类智能化技术做可行性分析,以免研发的技术无法在产业中应用,可行性分析完成后,即可针对技术空白点规划好技术的研发路线,并进行针对性的专利前瞻性布局。

第二节　文献分析

一、分析方法和数据来源

(一) 分析方法

文献计量方法可以对海量文献进行可视化分析,得到特定领域的文献特征,能够全面分析某一领域的热点及发展趋势。社会网络是指行动者(个体、群体或组织等)及其关系的集合。社会网络分析则是对这些关系数据的分析与研究。科学知识图谱是结合文献计量法及信息可视化原理,以科学知识为对象,展示科学知识的演进过程与结构关系的一种图形表示方法。知识图谱采用 CiteSpace(6.3.R1)软件,该软件主要运用共引分析理论对某领域的文献信息进行计量,通过寻径网络算法等方法找出关键节点,绘制出相关的科学知识图谱,实现信息可视化分析。通过它展现的知识图谱,可以较直观地显示该研究学科过往的演化历程、当今的研究热点、日后的研究趋势。迄今为止,CiteSpace 被广泛运用于对文献的可视化分析。

在 CNKI 上收集智能制药的相关文献,使用数据可视化软件 CiteSpace 分析了发文核心机构分布和核心作者群,并对文献关键词进行聚类,并根据时间脉络进行分析,呈现出智能制药的知识图谱,并对其研究热点和趋势进行了探究,指明今后的研究方向。

(二)数据来源

在 CNKI 上收集智能制药的相关文献进行统计分析。采用的数据库为 CNKI 上的期刊、特征期刊、硕士论文、博士论文、国内会议和成果 6 个数据库,以"制造""制药""智能"和"药"等关键词在"篇关摘"中进行检索,获得 1110 篇文献。经过相关内容筛选后共获得 524 篇和本研究相关的有效文献。

二、研究现状分析

(一)核心研究机构分析

排名前 10 的研究机构中,有 9 个为科研院所,有 1 个为企业,可见在国内智能制药领域的研究机构比较集中,主要为科研院所,见表 6-1。排名前 3 的研究机构分别是江西中医药大学、北京中医药大学和天津中医药大学,三者的发文量几乎相当,且远超于后面几个机构,可见,江西中医药大学、北京中医药大学和天津中医药大学 3 所高校在智能制药领域的研究实力较强。

表 6-1 智能制药领域研究机构 TOP10

排名	机构	发文量(篇)	首发年份
1	江西中医药大学	17	2016
2	北京中医药大学	17	2017
3	天津中医药大学	16	2013
4	中国药科大学	10	1998
5	湖南大学	9	2007
6	北京市科委中药生产过程控制与质量评价北京市重点实验室	8	2017

（续表）

排名	机构	发文量（篇）	首发年份
7	南京中医药大学	8	2012
8	天士力	5	2019
9	现代中医药海河实验室	4	2022
10	电子科技大学	4	2014

（二）作者合作分析

作者的发文量可间接反映作者在此研究领域的研究水平和权威性。如表6-2，在发文数量前10的作者中，乔延江的发文量第一10篇，首发年份为2017年；伍振峰和李正的发文量都是9篇，首发年份分别是2016年和2019年。在高产作者中，乔延江、徐冰和史新元属于同一个研究团队，伍振峰、杨明和王学成属于同一个研究团队，李正、于洋、张伯礼和程翼宇属于同一个研究团队。

表6-2　高产作者TOP10

排名	作者	发文量（篇）	首发年份	所属团队
1	乔延江	10	2017	团队1
2	伍振峰	9	2016	团队2
3	李正	9	2019	团队3
4	杨明	8	2017	团队2
5	徐冰	7	2017	团队1
6	于洋	7	2020	团队3
7	史新元	5	2017	团队1
8	张伯礼	4	2013	团队3
9	王学成	4	2022	团队2
10	程翼宇	4	2019	团队3

作者共现频率越高，则作者在这一研究领域的学术相关性越强。因此，通过图谱和网络结构分析，可以了解智能制药领域的核心作者群。为了更明显地展示出主要合作团队，使用CiteSpace生成作者合作知识图谱。在图6-8中，用作者名称大小表示发文数量，链接在周围的线条表示合作关系，颜色透明度代表活跃程度，可以分析得出该领域中贡献较大的团队。

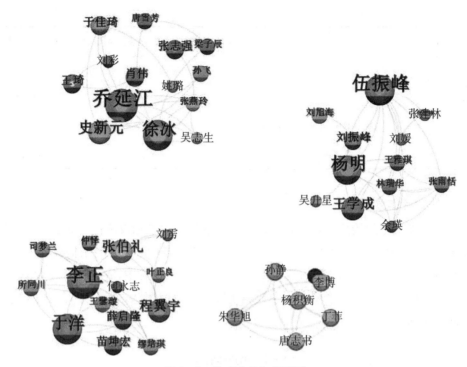

图 6-8　作者合作知识图谱

　　作者合作网络排前 3 的团队分别由来自于北京中医药大学和北京市科委中药生产过程控制与质量评价北京市重点实验室的乔延江教授、来自于江西中医药大学的伍振峰教授和来自于天津中医药大学的李正教授带领。乔延江教授的团队排名第一,高产作者徐冰、史新元也是团队成员,主要研究方向为中药质量控制。伍振峰教授的团队排名第二,高产作者杨明、王学成都属于该团队成员,主要研究方向为中药智能制造技术和装备。李正教授的团队排名第三,高产作者于洋、张伯礼和程翼宇都属于该团队成员,主要研究方向为中药智能制药和绿色制药。

三、研究热点分析

(一) 关键词共线

　　使用 CitcSpacc 进行关键词共现分析后得到 296 个关键词,关键词共线图谱如图 6-9所示,其中节点大小代表词频的大小,线段代表关键词之间的联系。

　　中心性指的是网络中经过某点并连接这两点的最短路径占这两点之间的最短路径线总数之比,中心性越高,其在网络中越重要。关键词是一篇论文重点的凝练,通过对关键词词频和中心性的统计比较分析,可以得出该领域内目前的研究热点和未来趋势。通过对关键词的词频进行排序,结合其中心性,可以发现中药提取、质量控制、制药设备、中药片剂、过程控制、中药炮制等环节是智能制药领域的主要分支,人工智能、智能工厂、深度学习、数字化、传感器、数据仓库、区块链、机器学习、决策支持、神经网络、网络相机和机器视觉是智能制药领域的主要智能手段,见表 6-3。

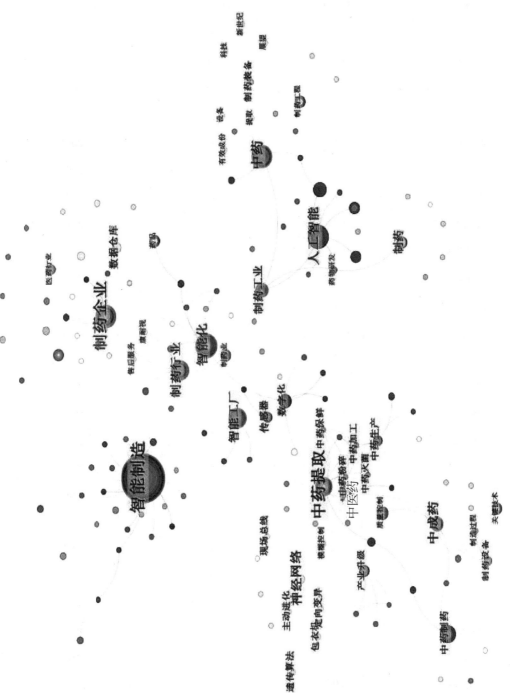

图 6-9 关键词共线知识图谱

表6-3　词频排名前40的关键词

关键词	中心线	词频（次）	首发年份
智能制造	0.14	85	2016
人工智能	0.06	26	2014
制药企业	0.25	26	2004
中药	0.1	24	2007
制药行业	0.24	17	2011
智能化	0.17	15	2003
中药制药	0.03	12	2009
智能工厂	0.17	12	2016
中药提取	0.18	11	2002
制药	0.04	8	2010
深度学习	0	7	2023
数字化	0.07	7	2021
质量控制	0.06	6	2017
中药生产	0.02	6	2007
传感器	0.07	6	2007
中成药	0.15	6	2013
数据仓库	0.02	6	2004
制药业	0.01	5	2001
医药行业	0.01	5	2004
制药工业	0.2	5	2016
制药设备	0.01	5	2012
药品	0	4	2004
区块链	0	4	2020
产业升级	0.02	4	2017
关键技术	0.02	4	2013
制药工程	0.01	4	2013
机器学习	0	4	2023
医药工业	0.01	4	2004

（续表）

关键词	中心线	词频（次）	首发年份
现代中药	0	4	2022
中药片剂	0	4	2008
中医药	0.15	4	2017
智能	0	4	2017
过程控制	0.02	3	2023
中药炮制	0.01	3	1998
智能控制	0	3	1997
决策支持	0.01	3	2006
神经网络	0.04	3	2006
网络相机	0.01	3	2015
机器视觉	0	3	2007
现场总线	0.01	2	2006

通过对关键词首次出现的年份进行梳理，得到关于年份的关键词数量变化，如图6-10所示。通过计算可得2003年和2020年为2个变动幅度最大的年份，因此，将关键词划分为起步、摸索、发展3个阶段，1994—2002为起步阶段，主要关键词为智能化、中药提取、制药业、中药炮制和智能控制；2003—2019为摸索阶段，主要关键词为智能制造、人工智能、制药企业、制药行业、智能化和智能工厂；2020—2024为发展阶段，主要关键词为深度学习、数字化、区块链、机器学习和过程控制。

（二）关键词聚类

CitcSpacc软件的关键词聚类是按照相关程度快速聚合，并按照聚类规模大小进行排序的。编号♯0～♯10代表聚类的排序，♯0为最大聚类，即该聚类（制药企业）所含文献量最多。前3位聚类词分别是制药企业、制药行业以及数据仓库。第二名是"智能制造"，第三名为"中药提取"，第四名为"人工智能"，第五名是"中药"，第六名是"制药设备"，第七名是智能化"，第八名是"神经网络"，第九名是"产业升级"，第十名是"中药制造"，见图6-11。

为更直观了解关键词聚类的特点和分布，生成关键词聚类时序图谱，如图6-12所示。CiteSpace中的时间序列图是以时间为轴，展现关键词随时间变化特征的时序图，右边为每一聚类代表的关键词。图中节点的大小表示该节点关键词的重要程度，节点所在位置为该关键词出现的时间。从垂直方向分析，从上到下按照聚类规模由大到小排列，不同的颜色代表不同的聚类，聚类前编号数字越大，聚类内的关键词越少；从水平方向分析，聚类内的关键词按时间分布，可以展现聚类内部随时间变化的研究情况。

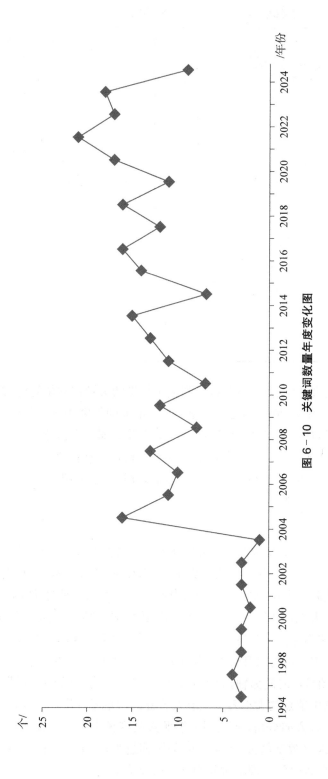

图 6 - 10　关键词数量年度变化图

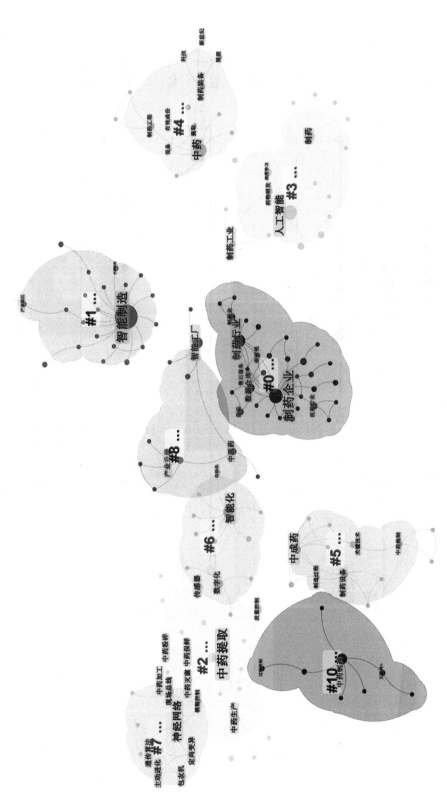

图 6 – 11　关键词聚类知识图谱

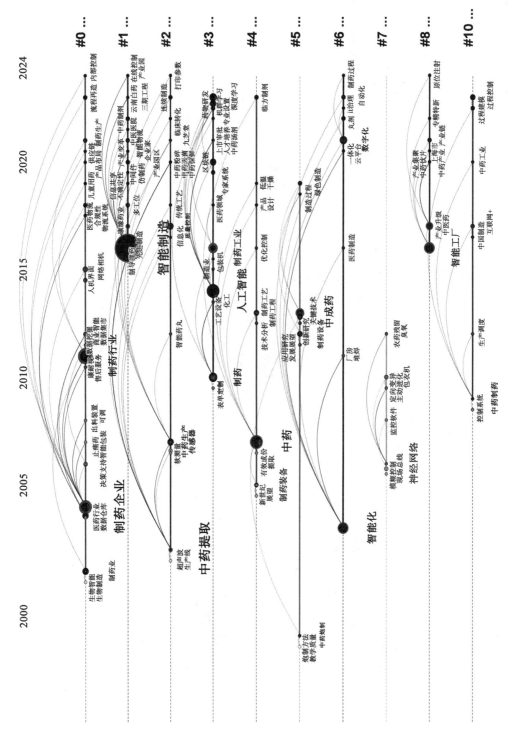

图 6-12 关键词聚类时序图谱

四、研究趋势分析

突显词分析是 CitcSpacc 软件提供的一项关于提取一段时间内使用频次突增或受到该领域研究学者强烈关注的专业术语,它代表这一领域的热点和研究前沿,其有较大的研究潜力,是分析发展趋势的重要依据。在突显词生成过程中,为细化内容处理,将 γ 系数缩减为 0.6,结果发现 8 个突显词,图 6 - 13 是使用 CitcSpacc 分析得出的关键词突显图谱,按照时间变化将突显词分为 3 个阶段。

引用次数最多的前8个关键词

关键词	开始时间	强度	开始	结束	1994—2024
数据仓库	2004	2.71	**2004**	2014	
制药	2010	2.45	**2010**	2016	
制药企业	2004	2.6	**2015**	2016	
制药行业	2011	3.22	**2016**	2020	
智能制造	2016	8.95	**2018**	2021	
医药行业	2004	2.14	**2018**	2019	
智能工厂	2016	2.83	**2020**	2022	
人工智能	2014	5.36	**2021**	2024	

图 6 - 13　关键词突显图谱

2004—2009 年为理论积累期,突显词为"数据仓库",数据仓库是为企业所有级别的决策制定过程,提供所有类型数据支持的战略集合,出于分析性报告和决策支持目的而创建,为需要业务智能的企业,提供指导业务流程改进、监视时间、成本、质量以及控制。

2010—2019 年为快速增长期,突显词为"制药""制药企业""制药行业""智能制造""医药行业",不难看出,在该阶段开始逐渐形成医药行业的智能制造。

2020—2024 年为研究深入期,突显词为"智能工厂""人工智能",随着人工智能和互联网的发展,智能制药的研究也开始向更广阔和更深入的方向探索,"智慧工厂"和"人工智能"体现了智能制药新的研究趋势,即利用智慧工厂或人工智能的技术进行制药,说明未来的制药领域将逐步结合人工智能技术,使得制药过程更加智能。

第三节　小　　结

从文献研究角度分析,目前的研究现状:江西中医药大学、北京中医药大学和天津中医药大学三所高校在智能制药领域的研究实力较强,但各个研究学者之间、研究机构之间的合作关系比较缺乏,未来还需要进一步加强研究之间的合作。研究热点:对关键词共线关系进行分析,发现中药提取、质量控制、制药设备、中药片剂、过程控制、中药炮制等环节是目前智能制药领域的主要分支,人工智能、智能工厂、深度学习、数字化、传感器、数据仓库、区块链、机器学习、决策支持、神经网络、网络相机和机器视觉是智能制药领域的主要智能手段;对关键词首次出现年份进行分析,可以将关键词的发展划分为起步、摸索、发展三个阶段,1994—2002 为起步阶段,主要关键词为智能化、中药提取、制药业、中药炮制和智能控制;2003—2019 为摸索阶段,主要关键词为智能制造、人工智能、制药企业、制药行业、智能化和智能工厂;2020—2024 为发展阶段,主要关键词为深度学习、数字化、区块链、机器学习和过程控制。研究趋势:对关键词的突显词进行分析,可以将突显词分为 3 个阶段,2004—2009 年为理论积累期,突显词为"数据仓库",该阶段为智能制药的发展提供理论基础;2010—2019 年为快速增长期,突显词为"制药""制药企业""制药行业""智能制造""医药行业",不难看出,在该阶段开始逐渐形成医药行业的智能制造;2020—2024 年为研究深入期,突显词为"智能工厂""人工智能",体现了智能制药新的研究趋势,即利用智慧工厂或人工智能的技术进行制药,说明未来的制药领域将逐步结合人工智能技术,使得制药过程更加智能。

从专利角度分析,目前传感器以及数字化控制是自动化炮制、提取、干燥以及制丸中使用较多的成熟性技术,干燥以及制丸中的成熟技术还包括机器视觉,质量智能管理中的常用智能化技术包括机器视觉与人工智能,这些智能化技术在相应分支中的专利布局情况较为稳定,可以在产业中进行应用,或者可尝试将这些智能化技术相关的专利进行有效的产业转化运用,但作为技术研发方向的话则较难取得突破;自动化炮制中的机器视觉、人工智能、工业机器人、智能标签以及智能生产管理系统,提取中的机器视觉、人工智能、智能生产管理系统、物联网,干燥中的人工智能、智能生产管理系统、工业机器人、物联网,制丸中的人工智能,以及质量智能管理中的大数据、传感器、数字化控制,上述分支中对应的智能化技术属于各分支中可以应用但还未广泛应用的智能化技术,有一定的研究基础,但还未获得可以在产业上广泛应用的技术,或者技术目前还不成熟,可以结合产业实践,对这几个智能化分支研究探索可以为产业带来较大影响的突破性技术和专利;区块链以及数字孪生属于自动化炮制中的技术空白点,智能标签、大数据、工业机器人、云计算、数字孪生以及区块链属于提取中的技术空白点,大数据、智能标签、云计算、数字孪生与区块链属于干燥中的技术空白点,大数据、智能标签、云计算、数字孪生以及区块链属于制丸中的技术空白点,工业机器人、区块链以及数字孪生为质量智能管理中的技术空白点,针对上述分支中相应的智能化技术,可首先验证以上智能化技术在相应分支中应用的可行性,如果可行,可进行相关技术的研发以及前瞻性的专利申请布局。

第七章
中药智能制造专利研究结果与展望

本章涉及中药智能制造专利申请格局、关键技术、代表性企业以及文献与专利前瞻性分析总结,提出了针对中药智能制造领域的建议,旨在推动产业的进一步发展。

第一节　中药智能制造专利研究结果

一、专利申请格局

全球专利分析: 全球中药智能制造专利申请始于 20 世纪 80 年代末,1989—2001 年为技术萌芽期,2002—2008 年为技术起步期,2009—2014 为平稳发展期,2015—2023 年为快速发展期。从申请人分布角度来看,中国申请人数量最多,楚天科技申请量最大,其次是浙江大学,国外申请人中排名最靠前的是伊马集团,其次是博世。从技术构成角度来看,在一级技术分支中制剂前处理智能化的占比最高,在二级分支中药品包装智能化中的包装占比最高,在三级分支中数字化控制的占比最高,传统的智能技术的应用较为广泛,新兴智能技术的应用还有待进一步发展。

中国专利分析: 1987 年中国全面放开制药设备产品供应,中国的制药技术创新水平有了新的突破,同时随着中国专利制度的实施,中国制药装备专利技术开始萌芽。1989—2001 年为技术萌芽期,2002—2005 年为技术起步期,2006—2011 年为平稳发展期,2012—2024 年为快速发展期。从省份分布角度分析,发现专利地域集中度较高。从申请人分布角度分析,发现该领域技术产业化程度相对较高,但申请人专利申请量较为分散、集中度不高。从技术构成角度分析,发现传统的智能技术的应用比较广泛,新兴智能技术的应用还有待进一步发展。

二、关键技术

(一)制剂前处理智能化

制剂前处理智能化是中药制备过程中的关键环节,中国在该领域的创新活动最为活跃,同时,韩国和日本市场对于中药制剂前处理技术的需求正在增长,为国内企业提供了拓展海外市场的重要机遇。浙江省、江苏省和山东省在中药制剂前处理技术研究和产业化方面的领先地位,但技术创新主体较为分散,产业集中度较低。混合设备、干燥设备、筛析设备和浓缩设备的专利申请量较高,但创新活跃度相对较低,发明申请的有效占比相对较低。楚天科技和东富龙科技等企业在制剂前处理智能化技术的研发和应用方面走在行业前列,同时,高校和科研院所在基础研究和人才培养方面也发挥了重要作用。智能化手段方面,数字化控制、传感器和工业机器人是目前应用最为广泛的技术。

对于制剂前处理智能化的关键技术,中国在智能提取技术研究和应用方面的领先地位,江苏省、浙江省和山东省在专利申请量上位居前列,企业和技术发明人在智能提取技术的应用和推广方面更倾向于通过实用新型专利来快速保护和实现其技术创新成果的应用。智能化技术方面,智能提取技术领域的专利申请较为分散,数字化控制、传感器和机器视觉等新兴技术在智能提取领域的应用逐渐增多。重点企业和高校方面,浙江大学在智能提取领域的专利申请量位居高校之首,华润集团在企业中表现突出。

(二)制剂成型智能化

制剂成型智能化相关技术专利申请主要集中于中国,全球在制剂成型智能化技术领域中制丸、制膏、制胶囊专利占比较高。制剂成型智能化的智能化手段仍处于早期智能化技术,机器视觉、大数据、人工智能、物联网、数字孪生等新的智能化手段技术的专利布局较少。企业是制剂成型智能化中的主要申请人和创新主体,重点企业在制剂成型智能化技术手段上多集中于单一类成型技术进行重点技术开发创新。

(三)质量智能管理

质量智能管理分支中中国在该领域的创新活动最为活跃,其中江苏省、浙江省、北京市在专利申请量上位居前列,智能化技术中机器视觉技术占比最高,其次就是人工智能技术,中药智能制造质量控制技术在中国呈现出积极的发展趋势。

三、代表性企业

(一)国内主体专利分析

浙江大学专利申请量在 2016 年前整体处于上升阶段,2016 年后受各种政策以及产业环境影响有所放缓,更加注重发明专利申请,技术创新度更高,主要研发方向为制剂前处理智能化和质量智能管理,智能化技术方面,在人工智能和传感器技术手段的专利占比最高;楚天科技、东富龙、新华医疗更加注重根据市场需要和企业经营状况调整自身专利申请策略,但技术创新的稳定性不如高校,企业型创新主体的专利申请类型以实用新型为主,且更加注重技术及时转化运用,企业的主要研发方向为药品包装智能化和灭菌,智能化技术方面传感器和数字化控制智能化手段的专利占比较高;四个创新主体均更重视中国市场。

(二)国外主体专利分析

德国的博世公司目前的专利技术及市场已根植于全球,随着博世公司全球化发展进程的加速,其全球专利申请量进一步增长,中国、印度等亚洲国家成为其新兴市场拓展区域,其在药品包装智能化领域占据研发优势,多年来该公司在药品灌装、封装、灌封一体设备方面持续进行技术改进,且该公司在发展期间持续进行中国专利布局,我们要警惕该公司带来的专利侵权风险。对于意大利的伊马集团,欧洲、美国为该公司最重要的海外市场,印度、中国为该公司在亚洲最重要的海外市场,该公司在药品包装智能化和制剂成型智能化领域技术优势显著,其在制剂成型智能化各细分技术领域,如制片、制胶囊和包衣相关设备领域都进行了全球专利布局,在药品包装智能化领域的灌装和封装设备方面的技术也有一定优势,但该公司近年来在中国专利申请量较少。

四、文献与专利的前瞻性分析

(一)文献研究角度分析

目前的研究现状:江西中医药大学、北京中医药大学和天津中医药大学三所高校在智能制药领域的研究实力较强,但各个研究学者之间、研究机构之间的合作关系比较缺乏,未来还需要进一步加强研究之间的合作。研究热点:对关键词共线关系进行分析,发现中药提取、质量控制、制药设备、中药片剂、过程控制、中药炮制等环节是目前智能制药领域的主要分支,人工智能、智能工厂、深度学习、数字化、传感器、数据仓库、区块链、机器学习、决策支持、神经网络、网络相机和机器视觉是智能制药领域的主要智能手段;对关键词首次出现年份进行分析,可以将关键词的发展划分为起步、摸索、发展 3 个阶段,1994—2002 为起步阶段,2003—2019 为摸索阶段,2020—2024 为发展阶段。研究趋势:对关键词的突显词进行分析,可以将突显词分为 3 个阶段,2004—2009 年为理论积累期,突显词为"数据仓库",该阶段为智能制药的发展提供理论基础;2010—2019 年为快速增长期,突显词为"制药""制药企业""制药行业""智能制造""医药行业",不难看出,在该阶段开始逐渐形成医药行业的智能制造;2020—2024 年为研究深入期,突显词为"智能工厂""人工智能",体现了智能制药新的研究趋势,即利用智慧工厂或人工智能的技术进行制药,说明未来的制药领域将逐步结合人工智能技术,使得制药过程更加智能。

(二)专利分析角度

专利申请方面,传感器以及数字化控制是自动化炮制、提取、干燥以及制丸中使用较多的成熟性技术,质量智能管理中的常用智能化技术有所不同,着重点在于机器视觉与人工智能,说明这些智能化技术在相应分支中的产业中进行应用,但作为技术研发方向的话则较难取得突破;自动化炮制中的机器视觉、人工智能、工业机器人、智能标签以及智能生产管理系统,提取中的机器视觉、人工智能、智能生产管理系统、物联网,干燥中的人工智能、智能生产管理系统、工业机器人、物联网,制丸中的人工智能,以及质量智能管理中的大数据、传感器、数字化控制,属于各分支中可以应用但还未广泛应用的智能化技术,有一定的研究基础,可以结合产业实践,对这几个智能化分支研究探索可以为产业带来较大影响的突破性技术和专利;区块链以及数字孪生属于自动化炮制中的技术空白点,智能标签、大数据、工业机器人、云计算、数字孪生以及区块链属于提取中的技术空白点,大数据、智能标签、云计算、数字孪生与区块链属于干燥中的技术空白点,大数据、智能标签、云计算、数字孪生以及区块链属于制丸中的技术空白点,工业机器人、区块链以及数字孪生为质量智能管理中的技术空白点,针对这些空白点,可通过验证相应智能化技术在相应分支中应用的可行性,来进行相关技术的研发以及前瞻性的专利申请布局。

第二节 展 望

基于上述中药智能制造产业的政策环境以及相关专利和文献分析,为推动中国中药智能制造的技术和产业发展提出以下几点建议:

(1) 目前中药智能制造领域在中国应用较为广泛,但是缺乏国外市场布局,建议国内企业加强创新技术在国外市场的专利保护意识,应加强国际上其他区域的专利布局;同时,国外的企业在发展期间持续进行中国专利布局,国内创新主体应警惕国外企业可能带来的专利侵权风险。

基于前述对于国外企业的分析选择博世以及伊马集团作为国外代表性企业,对上述两个国外企业在中国的专利布局情况进行了大概分析,博世与伊马集团在中国进行专利布局的概况如表 7-1 所示。

表 7-1 国外代表性主体在中国的专利概况

申请号	申请人	标题(中文)	申请日	专利类型
CN201510707428.4	博世	用于药用封盖的检验装置以及具有检验装置的药用装置	2015/10/27	发明申请
CN201611035796.X	博世	用于灌装容器的方法	2016/8/19	发明申请
CN201710235627.9	博世	用于使容器转向的转向装置	2017/1/5	发明申请
CN201780028742.7	博世	用于求取在封闭胶囊时的闭合力的装置和方法	2017/3/6	发明申请
CN201710850550.6	博世	用于包装器件的输送装置	2017/9/20	发明申请
CN201810390817.2	博世	用于灌装容器的方法	2018/4/27	发明申请
CN201880085419.8	博世	用于确定布置在增量旋转输送机轮的胶囊保持器中的胶囊的重量的装置	2018/11/20	发明申请
CN202121346602.4	博世	灌装机及其进液系统、缓冲罐和用于缓冲罐的盖	2021/6/17	实用新型
CN202121436621.6	博世	用于操作灌装机的灌装针的操作装置以及相应的灌装机	2021/6/25	实用新型
CN202180074020.1	博世	用于在洁净室内操纵容器的装置、包括相应装置的系统和洁净室以及用于在洁净室内操纵容器的方法	2021/9/17	发明申请

（续表）

申请号	申请人	标题（中文）	申请日	专利类型
CN202111170312.3	博世	用于灌封机的充填气体特性检测装置、灌封机及操作方法	2021/10/8	发明申请
CN202122657860.0	博世	用于灌装机的进液系统以及相应的灌装机	2021/11/2	实用新型
CN202220692988.2	博世	用于灌装机的进液系统以及相应的灌装机	2022/3/25	实用新型
CN202222333002.5	博世	蠕动泵灌装系统	2022/8/30	实用新型
CN00121767.4	伊马	包装有序组产品的方法及有关的纸板箱制造设备	2000/7/28	发明申请
CN201380047329.7	伊马	用于在多胶囊包装中包装胶囊的机器和方法	2013/9/9	发明申请
CN201780011611.8	伊马	配量方法和灌装机	2017/2/17	发明申请

由上述分析可知，博世公司在中国的专利以药品包装智能化为主，此外还涉及灭菌以及制剂前处理智能化，涉及的智能化手段主要包括数字化控制、传感器、人工智能以及工业机器人；伊马集团在中国的专利以药品包装智能化为主，涉及的智能化手段主要包括数字化控制以及传感器。其中博世公司从2015年开始一直到近年一直在中国进行专利的申请，国内相关主体应警惕国外企业在中国的布局，警惕侵权风险和市场占有风险，并进行针对性的专利布局调整。

（2）高校和企业之间技术构成存在互补性，高校相对于企业在智能化上具有更好的创新性，高校科研院所的专利申请量高于企业的申请量，但企业在技术运用转化上更有优势，建议高校和企业之间加强合作研发，进一步支持"产学研用"的进一步融合，以国内高校院所创新技术为依托，结合中药制造的特点，致力于开发智能高效、节能降耗的中药智能制造方法及设备，提高技术的转化运用，提高整个行业技术化水平。

根据专利申请量筛选出国内重点高校为：浙江大学、天津中医药大学、南京中医药大学、北京中医药大学、浙江中医药大学、中国中医科学院中药研究所，其重点专利如表7-2所示。

表7-2　重点高校申请人重点发明授权专利

申请号	申请人	标题（中文）	申请日
CN201810214989.4	浙江大学医学院附属妇产科医院	一种医用AGV小车智能分配系统	2018/3/15
CN202210562774.8	浙江大学医学院附属第一医院	一种基于多维信息采集与智能处理的药品监控方法及系统	2022/5/23
CN201610159736.2	浙江大学滨海产业技术研究院	一种用于液体中微型机器人的驱动装置	2016/3/18

(续表)

申请号	申请人	标题(中文)	申请日
CN201911363406.5	浙江大学;正大青春宝药业有限公司	一种基于近红外光谱的流化床制备中药颗粒的过程监控方法	2019/12/26
CN201310399571.2	浙江大学;云南白药集团股份有限公司	一种重楼药材多指标快速检测方法	2013/9/5
CN201010515830.X	浙江大学;温州浙康制药装备科技有限公司	一种中药大孔树脂分离纯化过程关键点的判别方法	2010/10/22
CN201410135322.7	浙江大学;山东丹红制药有限公司	一种丹红注射液双效浓缩过程在线检测方法	2014/4/4
CN201410068578.0	浙江大学;牡丹江友搏药业股份有限公司	一种中药材多指标成分含量的快速测定方法	2014/2/27
CN201510177436.2	浙江大学;江苏康缘药业股份有限公司	金银花浓缩过程在线实时放行检测方法	2015/4/15
CN201210070474.4	浙江大学;菏泽步长制药有限公司	一种丹红注射液醇沉过程在线检测方法	2012/3/17
CN201210184920.4	浙江大学;菏泽步长制药有限公司	一种丹红注射液中8种有效成分含量测定方法	2012/6/3
CN201510737972.3	浙江大学;北京康仁堂药业有限公司	中药提取过程动态响应模型的在线识别与终点判定方法	2015/11/3
CN200610154406.0	浙江大学	高纯精馏的动态矩阵控制系统和方法	2006/10/30
CN200810060307.5	浙江大学	全自动灌汤机	2008/4/3
CN200810122079.X	浙江大学	一种蒸发浓缩过程中液体质量在线测量方法	2008/10/31
CN200910153700.3	浙江大学	一种丹参注射液生产浓缩过程密度的软测量方法	2009/10/26
CN201010039544.0	浙江大学	一种用于中药复杂成分分析的实时特征提取方法	2010/1/5
CN201010125531.5	浙江大学	一种快速测定丹参提取液中鞣质含量的方法	2010/3/16
CN201210195977.4	浙江大学	微机控制中药材自动切片机	2012/6/11
CN201310232266.4	浙江大学	一种基于控制变量参数化方法的间歇反应釜控制系统	2013/6/8
CN201310302133.X	浙江大学	一种快速评定人参品质的方法	2013/7/15
CN201310300476.2	浙江大学	一种快速无损评定名贵药材年限的方法	2013/7/15
CN201310372406.8	浙江大学	一种银杏叶药材实时放行检测方法	2013/8/24

（续表）

申请号	申请人	标题（中文）	申请日
CN201310480474.6	浙江大学	一种利用味觉指纹图谱快速鉴别宁夏枸杞生产年份的方法	2013/10/14
CN201410518813.X	浙江大学	一种金银花药材多指标快速检测方法	2014/10/5
CN201410611534.8	浙江大学	一种穿心莲浓缩脱色过程在线快速检测方法	2014/11/4
CN201410624515.9	浙江大学	工业过程控制工艺流程安全的检测方法及其系统	2014/11/7
CN201410640394.7	浙江大学	一种基于液体残留的超微量液滴操控装置及方法	2014/11/13
CN201410792758.3	浙江大学	一种连翘药材多指标同时快速检测方法	2014/12/19
CN201510078022.4	浙江大学	一种提高感冒灵颗粒中间体质量的方法	2015/2/14
CN201510217757.0	浙江大学	一种黄芪药材多指标快速检测方法	2015/5/2
CN201510226657.4	浙江大学	一种基于嗅觉指纹图谱快速检测柑橘品质的方法	2015/5/6
CN201510315584.6	浙江大学	一种连续搅拌釜式反应器的一体化多模型控制方法	2015/6/10
CN201510638050.7	浙江大学	制粒流化床颗粒直径分布在线检测装置	2015/9/29
CN201510779512.7	浙江大学	一种基于狄利克雷过程混合模型的TAC聚类方法	2015/11/13
CN201510873261.9	浙江大学	一种桑枝抗肿瘤活性多糖 RMPW-2 的制备方法	2015/12/2
CN201610016168.0	浙江大学	一种中药材地龙饮片加工方法	2016/1/8
CN201610846568.4	浙江大学	流化床制粒过程中颗粒多性质的在线检测装置	2016/9/23
CN201610846823.5	浙江大学	用于流化床制粒过程中颗粒性质在线检测的装置	2016/9/23
CN201611206559.5	浙江大学	一种基于深度学习的跨媒体中草药植物图像搜索方法	2016/12/23
CN201710033108.4	浙江大学	一种结合图像识别的滴丸自动筛选装置	2017/1/18
CN201710702091.7	浙江大学	一种基于电润湿台阶乳化的液滴制备与尺寸控制装置	2017/8/16

(续表)

申请号	申请人	标题(中文)	申请日
CN201810767009.3	浙江大学	一种桑椹中重金属元素铬的快速准确检测方法	2018/7/13
CN201910058028.3	浙江大学	一种基于显著图的药用植物分类方法	2019/1/22
CN202010053583.X	浙江大学	一种产油微藻中三酰甘油含量的检测方法及其检测装置	2020/1/17
CN202010733490.1	浙江大学	一种流化床制粒过程状态监测系统及方法	2020/7/27
CN202010783949.9	浙江大学	一种中药浓缩器的性能分析方法及其应用	2020/8/6
CN202010803940.X	浙江大学	一种中药提取过程数据分析方法	2020/8/11
CN202110259617.5	浙江大学	一种肾移植抗感染药物剂量预测模型的构建方法	2021/3/10
CN202111025706.X	浙江大学	一种三维无线磁性机器人及控制方法	2021/9/2
CN202111150619.7	浙江大学	一种移动式电解杀菌装置	2021/9/29
CN202111317638.4	浙江大学	一种用于测量径向梯度分布液滴尺寸变化的差分相位干涉成像方法及装置	2021/11/9
CN202111547346.X	浙江大学	一种载药胶囊及包含载药胶囊的植入式给药装置	2021/12/16
CN202111588947.5	浙江大学	一种磁驱动胶囊机器人	2021/12/23
CN202210295750.0	浙江大学	一种医用药品打包设备	2022/3/24
CN202211642553.8	浙江大学	一种中药材分拣机器人及其分拣方法	2022/12/20
CN202310311070.8	浙江大学	一种基于深度学习的中药制药过程质量检测机器人及方法	2023/3/28
CN202310313693.9	浙江大学	一种检测流化床制粒过程中多质量指标的机器人及方法	2023/3/28
CN202310746337.6	浙江大学	一种基于光谱变换融合的中药制药过程质量智能检测方法	2023/6/21
CN202311091363.6	浙江大学	一种药用辅料用智能化仓储输送灭菌设备	2023/8/28
CN201110098541.9	天津中医药大学	单池仿生系统装置及药物溶解液与评价方法	2011/4/20
CN201610382170.X	天津中医药大学	一种基于UPLC指纹图谱模式识别鉴别何首乌的方法及其应用	2016/5/31
CN201610957669.9	天津中医药大学	一种具有近红外在线检测功能的中药提取、浓缩罐	2016/11/3

（续表）

申请号	申请人	标题（中文）	申请日
CN201610997212.0	天津中医药大学	一种自动装柱连续操作串联大孔树脂吸附分离装置	2016/11/11
CN201711174101.0	天津中医药大学	一种基于证据库的中草药肝毒性评价与辨识方法	2017/11/22
CN201811527674.1	天津中医药大学	一种带有泡沫自动检测及消除功能的智能旋转蒸发装置	2018/12/13
CN201910700944.2	天津中医药大学	一种中药浓缩设备冷凝液冷凝速率智能计量装置	2019/7/31
CN202011030705.X	天津中医药大学	不含挥发油的中药提取设备微沸状态智能控制方法及系统	2020/9/27
CN202011030666.3	天津中医药大学	含挥发油的中药提取设备微沸状态智能控制方法及系统	2020/9/27
CN202011141391.0	天津中医药大学	一种人参皂苷虚拟数据库的构建方法及人参皂苷的鉴定方法	2020/10/22
CN202110703784.4	天津中医药大学	一种检测锦灯笼质量等级的方法	2021/6/24
CN202110897774.9	天津中医药大学	一种鉴别鹅不食草的方法	2021/8/5
CN202310537854.2	天津智云水务科技有限公司;浙江大学	具有在线模拟实验功能的水厂加药系统及其控制方法	2023/5/15
CN201710513206.8	神威药业集团有限公司;天津中医药大学;河北神威药业有限公司	一种在线快速筛选和定量中药中抗氧化活性成分的方法	2017/6/29
CN201310130669.8	山东东阿阿胶股份有限公司;浙江大学	一种基于近红外光谱测定溶液中总黄酮含量的方法	2013/4/15
CN201310130446.1	山东东阿阿胶股份有限公司;浙江大学	一种基于近红外光谱的软测量方法	2013/4/15
CN201310162814.0	山东东阿阿胶股份有限公司;浙江大学	一种采用近红外光谱快速测定复方阿胶浆中总皂苷含量的方法	2013/5/6
CN201310165079.9	山东东阿阿胶股份有限公司;浙江大学	一种采用近红外光谱快速测定复方阿胶浆中可溶性固形物的方法	2013/5/7
CN202210082115.4	南京中医药大学第二附属医院	一种中药煎煮方法和系统	2022/1/24
CN201310091479.X	南京中医药大学	利用超高效液相色谱-质谱联用技术和化学模糊识别研究中药复杂成分配伍相互作用的方法	2013/3/21
CN201510206724.6	南京中医药大学	中置式双向循环控温控湿干燥机	2015/4/28
CN201510274549.4	南京中医药大学	一种栀子炮制过程在线控制的方法	2015/5/26

（续表）

申请号	申请人	标题（中文）	申请日
CN201910126120.9	南京中医药大学	一种基于近红外光谱技术的干姜药材质量评价方法	2019/2/20
CN202010433350.2	南京中医药大学	一种山楂炮制生产程度控制及质量评价的方法	2020/5/20
CN202011286107.9	南京中医药大学	一种快速实时检测蒲黄炭炮制的近红外质控方法	2020/11/17
CN202110212396.6	南京中医药大学	基于图像结构纹理信息的当归药材产地识别方法	2021/2/25
CN202110212125.0	南京中医药大学	一种蒲黄炭炮制品的近红外在线质量检测方法	2021/2/25
CN202210066184.6	南京中医药大学	一种基于图像颜色及纹理特征的真伪酸枣仁鉴别方法	2022/1/20
CN202210121066.0	南京中医药大学	一种大柴胡汤加工半自动化生产设备	2022/2/9
CN202210378234.4	南京中医药大学	一种中药材和天然产物的提取装置及提取方法	2022/4/12
CN202310551983.7	南京中医药大学	构建分子网络和共识谱图接口框架以建立质谱谱库的方法	2023/5/16
CN201510748348.3	江苏康缘药业股份有限公司；浙江大学	一种栀子萃取过程快速检测方法	2015/11/6
CN201710770922.4	江苏康缘药业股份有限公司；浙江大学	一种中药生产过程知识系统	2017/8/31
CN201910512582.4	江苏康缘药业股份有限公司；北京中医药大学	一种胶囊制剂装量偏差的检测方法	2019/6/13
CN201310005101.3	北京中医药大学；亚宝北中大（北京）制药有限公司	多阶段间歇生产过程的全程优化方法	2013/1/7
CN201610836387.3	北京中医药大学；北京康仁堂药业有限公司	中药配方颗粒混合过程终点在线监控方法	2016/9/21
CN200710063804.6	北京中医药大学	制药过程药物成分在线检测方法及在线检测系统	2007/2/9
CN200810090656.1	北京中医药大学	中药液体制剂自动化生产线	2008/4/7
CN200910206754.1	北京中医药大学	一种药物制剂包衣质量的鉴别方法	2009/11/9
CN201410011440.7	北京中医药大学	一种用近红外光谱技术识别不同生长方式人参及对人参中组分含量测定的方法	2014/1/9

（续表）

申请号	申请人	标题（中文）	申请日
CN201810179494.2	北京中医药大学	一种中药生产过程质量控制的模型建立方法	2018/3/5
CN202110096835.1	北京中医药大学	一种大蜜丸质构感官属性检测方法在质量控制中的应用	2021/1/25
CN202110097973.1	北京中医药大学	一种人工智能高光谱成像的粉体混合均匀度检测方法	2021/1/25
CN202110559534.8	北京中医药大学	一种智能制造炼蜜过程质量的实时监测装备与方法	2021/5/21
CN202210597025.9	北京中医药大学	人工智能芯片与液质联用集成方法在同仁牛黄清心丸关键质量属性辨识中的应用	2022/5/26
CN202210581117.8	北京中医药大学	一种生物传感集成 UPLC‑MS 技术的止咳关键质量属性辨识方法	2022/5/26
CN202310822337.X	北京中医药大学	中药性味检测装置及检测方法	2023/7/6
CN201811443243.7	北京康仁堂药业有限公司;北京中医药大学	定量预测中药配方颗粒混合过程终点时间的方法	2018/11/29
CN201810005258.9	浙江中医药大学	基于 R 语言和正交试验的水蛭素提取工艺的优化方法	2018/1/3
CN201911052832.7	浙江中医药大学	基于多特征和随机森林的中药饮片自动分类系统及方法	2019/10/31
CN201911107896.2	浙江中医药大学	基于 LS‑SVM 模型的丹参有效成分超声提取工艺优化方法	2019/11/13
CN202210446433.4	浙江中医药大学	一种用于防治外感热病的颗粒药物的智能化混合装置以及混合工艺	2022/4/26
CN202210446306.4	浙江中医药大学	一种用于酒精肝损伤治疗药物生产的智能化制粒机以及制粒方法	2022/4/26
CN202210457790.0	浙江中医药大学	一种治疗脂肪肝颗粒药物生产的智能化自动烘干器以及烘干方法	2022/4/27
CN202210458281.X	浙江中医药大学	一种中药细粉牙膏的智能化制造设备以及制造工艺	2022/4/27
CN202111472898.9	中国中医科学院中药研究所;北京林业大学	一种基于机器视觉的栀子炒焦过程监测方法	2021/12/1
CN201410602212.7	中国中医科学院中药研究所	利用人参端粒长度鉴别人参年限的方法	2014/10/31
CN201510386714.5	中国中医科学院中药研究所	一种药材中总重金属含量检测的方法	2015/6/30

（续表）

申请号	申请人	标题（中文）	申请日
CN201610670997.0	北京师范大学珠海分校；中国中医科学院中药研究所	一种二维码转换的方法及装置	2016/8/15
CN201910082990.0	中国中医科学院中药研究所	基于高光谱成像技术的枸杞子产地识别方法	2019/1/25
CN201910071737.5	中国中医科学院中药研究所	基于高光谱成像技术的枸杞子品种识别方法	2019/1/25
CN202011372240.6	中国农业大学；中国中医科学院中药研究所	一种中药材一体化蒸制/杀青与干燥设备与中药材加工方法	2020/11/30
CN202111351435.7	中国中医科学院中药研究所	一种基于可视化传感器通道的石斛产地溯源方法	2021/11/16
CN202111351454.X	中国中医科学院中药研究所	一种免仪器的石斛产地可视化溯源方法	2021/11/16
CN202111521236.6	中国中医科学院中药研究所	针对中药的形状特征采集装置、数据库以及鉴定系统	2021/12/13
CN202210422604.X	中国中医科学院中药研究所	一种外来药药味的认定方法	2022/4/21
CN202211482820.X	中国中医科学院中药研究所	基于高光谱成像结合深度学习的皂苷含量预测方法及系统	2022/11/24
CN202310725972.6	中国中医科学院中药研究所	一种用于炮制火力火候量化的方法	2023/6/19
CN202311053849.0	中国中医科学院中药研究所	一种动物组织渗出液萃取装置	2023/8/21

　　浙江大学、天津中医药大学、南京中医药大学、北京中医药大学以及浙江中医药大学和中国中医科学院中药研究所等高校和研究机构在这一领域均有显著表现。

　　首先，浙江大学表现出强大的创新能力和广泛的技术覆盖面，其专利涵盖了医用 AGV 小车智能分配系统、基于多维信息采集与智能处理的药品监控方法及系统、微型机器人驱动装置、流化床制备中药颗粒的过程监控方法等多个方面。这些技术的应用不仅提高了制药过程中的效率和安全性，也代表了智能制造在现代中医药生产中的应用前景。

　　天津中医药大学则专注于智能化设备的开发和应用，例如具有近红外在线检测功能的中药提取、浓缩罐，以及智能旋转蒸发装置等。这些设备和方法的应用有效地提升了中药材加工过程的精准度和效率，确保了药材质量的同时，也优化了生产流程。

　　南京中医药大学在中药煎煮方法和系统上取得了创新，利用超高效液相色谱-质谱联用技术和化学模糊识别研究中药复杂成分配伍相互作用的方法，不仅为传统中药的现代化发展提供了技术支持，也为保证中药疗效和安全性提供了科学依据。

北京中医药大学则注重于质量控制和鉴别技术的研发,如用近红外光谱技术识别不同生长方式人参及对人参中组分含量测定的方法,以及基于高光谱成像技术的枸杞子产地识别和品种识别方法。这些技术的应用大大提高了中药材鉴别的准确性和效率。

浙江中医药大学在智能化制粒机和自动烘干器等方面的研发同样不可小觑,这些技术的应用有效提升了部分药物生产的自动化和智能化水平,同时也推动了相关制药设备的技术进步。

中国中医科学院中药研究所作为一个重要的科研机构,也在该领域有所建树,其研发的机器视觉监测方法、二维码转换的方法及装置等技术,为中药材加工过程的质量控制和管理提供了新的解决方案。

总体而言,这些重点高校和研究机构在中药智能制造领域的重点专利反映了他们在促进中医药现代化进程、提高生产效率和质量控制能力方面做出的重要贡献。通过不断的技术创新和应用实践,他们正推动着中医药产业向更加智能化、精准化的方向发展。

(3)制剂前处理和中药提取作为中药制药工艺中的关键环节,其在专利申请量上的显著优势,以及在学术论文中的高频出现,反映出这些领域在中药现代化进程中的重要作用和研究热度。制剂前处理包括清洗、粉碎、浸泡、提取等一系列步骤,是确保中药有效成分得以充分释放和保留的前提。这一过程对最终产品的质量有着决定性的影响。专利申请量的领先表明,业界对于提高制剂前处理技术的创新性和效率有着迫切的需求。

从重点专利申请情况来看,企业和高校在制剂前处理和提取技术领域的合作日益增多,见表7-3。这种产学研合作模式能够结合企业的市场洞察和高校的科研能力,加速技术创新的转化和应用,推动中药产业的技术进步。

表7-3　制剂前处理提取重点申请人重点发明授权专利

步骤	申请号	申请人	名称	申请日	同族
提取	CN201010515830.X	浙江大学;温州浙康制药装备科技有限公司	一种中药大孔树脂分离纯化过程关键点的判别方法	2010/10/22	2
	CN201210070474.4	浙江大学;菏泽步长制药有限公司	一种丹红注射液醇沉过程在线检测方法	2012/3/17	2
	CN201510748348.3	江苏康缘药业股份有限公司;浙江大学	一种栀子萃取过程快速检测方法	2015/11/6	2
	CN201920341310.8	浙江华康药业股份有限公司;浙江大学;浙江工业大学	集成蒸发、结晶和离心分离制备木糖醇的装置	2019/3/18	1
	CN201910205265.8	浙江华康药业股份有限公司;浙江大学;浙江工业大学	集成蒸发、结晶和离心分离制备木糖醇的装置及控制方法	2019/3/18	10
	CN201920557514.5	楚天科技股份有限公司	吊篮、中药吊篮自动起吊装置及篮式提取中药提取系统	2019/4/23	1
	CN201921844917.4	楚天科技股份有限公司	一种应用于配液系统液体过滤器滤芯在线完整性检测系统	2019/10/30	1

（续表）

步骤	申请号	申请人	名称	申请日	同族
	CN202211420410.2	楚天科技股份有限公司	一种真空离心脱泡容器、脱泡装置及脱泡方法	2022/11/15	1
	CN201420423104.9	上海东富龙制药设备制造有限公司；上海东富龙科技股份有限公司	低速蒸汽分离设备	2014/7/29	1
	CN201720682886.1	浙江迦南科技股份有限公司	一种带压力检测和大过滤面积的可自动振动过滤器	2017/6/13	1
	CN200910233784.1	南京中医药大学	一类具有抗氧化活性的角类多肽、其分离方法及用途	2009/10/26	2
	CN202110466290.9	南京中医药大学	一种抗酒精性肝损伤的白术多糖及其制备方法与应用	2021/4/28	2
干燥	CN201210070474.4	浙江大学；菏泽步长制药有限公司	一种丹红注射液醇沉过程在线检测方法	2012/3/17	2
	CN200910233784.1	南京中医药大学	一类具有抗氧化活性的角类多肽、其分离方法及用途	2009/10/26	2
	CN202110466290.9	南京中医药大学	一种抗酒精性肝损伤的白术多糖及其制备方法与应用	2021/4/28	2
	CN202110227048.6	江中药业股份有限公司	一种在线感知的车间气体净化分离结构	2021/3/2	2

炮制是中药特有的加工工艺，其过程复杂且对技艺要求高，智能化改造存在一定的难度。但随着人工智能、机器学习等技术的发展，炮制工艺的自动化和智能化也将成为可能，进一步提升中药生产的标准化和现代化水平。

专利不仅是技术创新的体现，也是企业保护自身知识产权、增强市场竞争力的重要手段。在制剂前处理和提取领域的专利布局，有助于企业构建技术壁垒，把握行业发展趋势。

制剂前处理和提取技术是中药现代化的"牛鼻子"，即关键的突破口。抓住这一核心，可以带动整个中药产业的技术升级和转型，实现从传统手工作坊到现代化、智能化生产的跨越。鉴于制剂前处理和提取技术的重要性，建议企业和研究机构将这部分作为研发的重点，投入更多的人力和资源。通过持续的技术创新和优化，不仅可以提升产品质量，也能够增强企业的核心竞争力。

（4）目前国内外关于中药智能制造中质量智能管理的专利申请量较少，建议提高质量控制系统的智能化程度研究。质量智能管理技术中全流程质量控制技术专利相对较少，建议将重点放在全流程质量控制的研究中。

中药质量智能管理的专利共 1088 项，占中药智能制造专利的 11.75%，而制剂前处理占中药智能制造专利的 50.48%,因此中药质量智能管理的专利相对于其他分支来说占比较少,说明中药智能制造中质量管理和质量控制方面的技术研究目前仍存在欠缺,申请的广度不够,而质量智能管理和智能控制对于中药智能制造来说是较为重要的分支,建议国内主体可以提高质量智能管理和控制方面的研究。

对中药智能制造的二级分支进行分析,其中流程中质量控制占比为 79.58%,质量追溯占比 16.93%,全流程质量控制占比 4.69%,见表 7-4。因此,质量智能管理中流程中质量控制的专利占比最多,全流程质量控制的专利占比最少,同样的,全流程质量控制对于中药智能制造中整体质量的把握来说较为重要,建议申请主体可以将研究重点放在全流程质量控制中。

表 7-4　质量智能管理专利申请概况

专利总数	质量智能管理	质量智能管理占比	质量智能管理二级分支	二级分支占比
			流程中质量控制	79.58%
9 258	1 088	11.75%	质量追溯	16.93%
			全流程质量控制	4.69%

(5)目前中药智能制造的文献研究中,各个研究学者之间、研究机构之间的合作关系比较缺乏,未来还需要进一步加强研究之间的合作。突显词"智能工厂""人工智能"体现了智能制药新的研究趋势,即利用智慧工厂或人工智能的技术进行制药,说明未来的制药领域将逐步结合人工智能技术,使得制药过程更加智能,见表 7-5。

表 7-5　研究学者团队

团队	研究学者
团队 1	乔延江
	徐冰
	史新元
团队 2	伍振峰
	杨明
	王学成
团队 3	李正
	于洋
	张伯礼
	程翼宇

(6)中国中药智能制造专利中失效专利占比约为 40.30%,国内从业者可以充分利用这些失效专利信息进行技术研究和产业应用,见表 7-6、表 7-7。

表 7-6　近十年失效专利数量

年份	失效专利数量(项)
2024	118
2023	525
2022	318
2021	609
2020	401
2019	354
2018	300
2017	182
2016	157
2015	125

表 7-7　部分失效专利

申请号	申请人	名称	申请日	同族
CN201620005099.9	河北航跃机械设备有限公司	一种卡箍式密闭煎药机	2016/1/6	1
CN201910071354.8	北京东华原医疗设备有限责任公司	一种基于桁架机器人的煎药系统及其控制方法	2019/1/25	1
CN201911206180.8	湖北菲特沃尔科技有限公司	一种化工用高效液体药剂双节冷凝装置	2019/11/30	1
CN202120104466.1	达州市精达智能装备有限公司	一种机械自动化领域螺旋冲洗装置	2021/1/15	1
CN202120452642.0	重庆医科大学附属永川医院	一种核素自动分药仪	2021/3/2	1
CN202210538035.5	南京工业大学;绍兴兰红智能科技有限公司	一种基于双注意力机制的卷积神经网络的中药种类识别方法	2022/5/18	1
CN200410004449.1	北京同仁堂科技发展股份有限公司制药厂;中国医学科学院药用植物研究所	治疗心血管疾病的缓释制剂及其制备方法、质量控制方法	2004/2/25	2
CN201110036524.2	中国科学院海洋研究所	一种植物纤维药用空心胶囊及其制备方法	2011/1/31	2
CN201420012372.1	广州白云山光华制药股份有限公司	高速装盒机铝塑板输送装置	2014/1/8	1
CN201420012347.3	广州白云山光华制药股份有限公司	自动装盒机铝塑板剔废装置	2014/1/8	1

（续表）

申请号	申请人	名称	申请日	同族
CN201420022915.8	山东东阿阿胶股份有限公司	一种阿胶注胶冷却成形一体机	2014/1/15	1
CN201420045688.0	楚天科技股份有限公司	冻干机板层温度监控装置及冻干机	2014/1/24	1
CN201420044517.6	珐玛珈（广州）包装设备有限公司	物料高速检测装置上的摄像头结构	2014/1/24	1
CN201420044531.6	珐玛珈（广州）包装设备有限公司	一种物料高速检测装置	2014/1/24	1
CN201420059431.0	南昌弘益科技有限公司	滴丸机	2014/2/9	1
CN201420074567.9	上海天士力药业有限公司	冻干机掺氮气装置	2014/2/20	1
CN201420074167.8	上海天士力药业有限公司	注射用水管路在线冷却装置	2014/2/20	1
CN201420080975.5	山东新华医疗器械股份有限公司	塑瓶自动装箱机快速分道理瓶机构	2014/2/25	1
CN201420088791.3	楚天科技股份有限公司	用于无菌药品冻干制剂生产线的集中监控系统	2014/2/28	1
CN201420101217.7	汕头保税区洛斯特制药有限公司	一种用于纯化水处理的输送处理装置	2014/3/6	1
CN201420106100.8	山东新马制药装备有限公司	胶囊片剂充填装置	2014/3/10	1
CN201420106481.X	山东新马制药装备有限公司	药用流化床制粒机	2014/3/10	1
CN201420115815.X	南京大树智能科技股份有限公司	一种片剂药品缺粒检测系统	2014/3/14	1

附 表

（续表）

约定名称	申请人或专利权人
	天津天士力之骄药业有限公司
	天津天士力医药商业有限公司
	天津天士力圣特制药有限公司
	天津天士力（辽宁）制药有限责任公司
	天士力东北现代中药资源有限公司
	上海天士力药业有限公司
	天士力制药集团股份有限公司
浙江大学	浙江大学
	浙江大学医学院附属邵逸夫医院
	浙江大学自贡创新中心
	浙江大学苏州工业技术研究院
	浙江大学智能创新药物研究院
	浙江大学湖州研究院
	浙江大学医学院附属第一医院
	浙江大学山东（临沂）现代农业研究院
东阿阿胶	东阿阿胶股份有限公司
	山东东阿阿胶股份有限公司
	东阿阿胶阿华医疗器械有限公司
瑞阳制药	山东瑞阳制药有限公司
	瑞阳制药有限公司
	瑞阳制药股份有限公司
华瑞集团	安徽华润金蟾药业股份有限公司
	北京华润高科天然药物有限公司
	华润三九医药股份有限公司
	珠海华润包装材料有限公司
	华润包装材料有限公司
	华润三九（雅安）药业有限公司
	华润三九（枣庄）药业有限公司
	华润三九（郴州）制药有限公司
	华润三九（南昌）药业有限公司
	华润双鹤利民药业（济南）有限公司

(续表)

约定名称	申请人或专利权人
	华润双鹤药业股份有限公司
迦南科技	浙江迦南科技股份有限公司
东华原医疗	北京东华原医疗设备有限责任公司
苏州浙远	苏州浙远自动化工程技术有限公司
江中药业	江中药业股份有限公司
泽达兴邦	苏州泽达兴邦医药科技有限公司
康绿宝	广东康绿宝科技实业有限公司
天江药业	江阴天江药业有限公司
康缘药业	江苏康缘药业股份有限公司
科达机电	广东科达机电股份有限公司
泽达易盛	泽达易盛(天津)科技股份有限公司
达仁堂	津药达仁堂集团股份有限公司